高等职业教育系列教材

数控机床编程与操作教程

主编 张 军
参编 柳青松 张 煜 李凌林

U0379544

机械工业出版社

本书根据高等职业教育"理论联系实际、工学结合、书证融通"的要求,参照新版国家车工、铣工职业技能鉴定规范,以及职业技能等级标准而编写。内容包括数控机床基础、数控加工工艺及编程基础、数控车床的编程、数控铣床的编程、加工中心机床的编程、CAD/CAM与高速切削技术、数控车床操作实训、数控铣床操作实训和加工中心机床操作实训。本书以发那科和西门子系统为主,将数控加工工艺和数控编程、数控编程理论学习和数控机床实训操作、传统数控手工编程和现代数控自动编程三方面有机地结合在一起,并列举大量实例予以介绍。

本书可作为高等职业院校、技师学院、职业本科院校及成人院校的数控技术、机电一体化技术、机械制造及自动化、模具设计与制造等专业的教材和培训用书,也可供相关工程技术人员参考,亦可作为有关读者的自学用书。

本书配有授课电子课件和教学视频,需要的教师可登录机械工业出版社教育服务网 www.cmpedu.com 免费注册后下载,或联系编辑索取(微信:15910938545,电话:010-88379739)。

图书在版编目(CIP)数据

数控机床编程与操作教程/张军主编. —北京:机械工业出版社,2021.12

高等职业教育系列教材

ISBN 978-7-111-69174-7

Ⅰ.①数… Ⅱ.①张… Ⅲ.①数控机床-程序设计-高等职业教育-教材 ②数控机床-操作-高等职业教育-教材 Ⅳ.①TG659.022

中国版本图书馆 CIP 数据核字(2021)第 191070 号

机械工业出版社(北京市百万庄大街22号 邮政编码100037)
策划编辑:曹帅鹏 责任编辑:曹帅鹏
责任校对:郑 婕 责任印制:邵 敏
北京富资园科技发展有限公司印刷
2021年11月第1版第1次印刷
184mm×260mm · 15.5 印张 · 379 千字
标准书号:ISBN 978-7-111-69174-7
定价:59.00元

电话服务   网络服务

客服电话:010-88361066   机 工 官 网:www.cmpbook.com
           010-88379833   机 工 官 博:weibo.com/cmp1952
           010-68326294   金 书 网:www.golden-book.com
封底无防伪标均为盗版   机工教育服务网:www.cmpedu.com

前言

当前，我国工业生产制造实力不断增强，各种数控机床在机械制造业的应用日益广泛，已成为机械加工的首选设备。数控设备的使用程度以及数控设备操作者的技术水平，已成为决定企业生产制造水平的关键因素。培养大批数控技术高级应用型人才已经成为社会和企业生产的需要与共识，也成为高等职业教育相关专业的责任。

为了适应数控技术人才培养的需要，同时，也为了适应我国高等职业教育的改革与发展需要，编者根据多年的工厂实践和教学经验，编写了本书。

本书有以下特点：

（1）通俗易懂、重点突出。在编写方式方面，本书针对数控加工技术，较全面地介绍了数控编程基础知识和数控加工工艺；在机床使用方面，以常用加工方法为主进行介绍；在系统使用方面，以发那科和西门子系统为主进行介绍；在编程方式方面，以手工编程为主进行介绍。另外，为突出实用性和新技术应用，适应现阶段高等职业教育"1+X"的改革趋势，本书在上述内容基础上增加一章，对自动编程和高速加工等新内容特别加以介绍。

（2）实例众多。列举大量实例，是学生学习必不可少的教学手段。本书除数控加工概述外，在其余章节中都列举了众多实例。如第3章、第4章、第5章配合讲述编程指令列举了大量的编程实例供读者参照学习，方便读者了解每一章的主要内容和提高学习能力。

（3）突出实训。针对现阶段高职高专学生学习规律、数控设备的使用情况、常用的设备或者编程方式，本书专门安排了三章实训项目。分别是第7章数控车床操作实训、第8章数控铣床操作实训和第9章加工中心机床操作实训，其中第9章还列举了一个自动编程进行三维曲面加工的实训项目。这些实训项目都是经过精心挑选，每一个实训都解决不同的问题，从而达到知识积累、技术积累、编程积累、经验积累和岗位能力积累的目的。

在教学安排上，建议分为一学年（即两学期）进行教学，第一学期教学内容为第1~3章、第7章；第二学期教学内容为第4章、第5章、第6章（选学）、第8章和第9章。也可以先讲授理论，再讲授实践，第一学期教学内容为第1~6章；第二学期教学内容为第7~9章。教师在教学的时候，应根据本校的教学任务进行灵活调整。

在本书的编写过程中，承蒙中航成都飞机工业（集团）公司、四川科技职业学院和成都航空职业技术学院等有关单位领导和技术人员的指导和帮助，对此，深表感谢！

由于编者水平有限，时间仓促，书中难免存在一些疏漏和错误，恳请读者提出宝贵意见。

编　者

目录

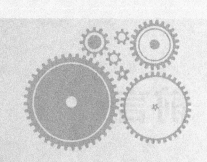

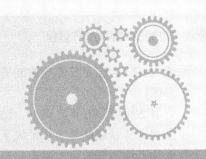

第1章

数控机床基础

本章知识要点:

◎ 数控机床简介
◎ 数控机床的特点
◎ 数控机床的组成和分类

1.1 数控机床简介

1.1.1 数控机床及其发展简介

数控是数字控制 (Numerical Control, NC) 的简称, 是一种利用数字、字符或其他符号组成的数字信息对某一工作过程 (如加工、测量、装配等) 进行可编程控制的自动化方法。数控机床是典型的机电一体化产品。

1948 年, 美国帕森斯公司在研制加工直升机叶片轮廓用检查样板的机床时, 提出了数控机床的设想, 在麻省理工学院的协助下, 于 1952 年试制成功了世界上第一台数控机床样机。后又经过三年时间的改进和自动程序编制的研究, 数控机床进入实用阶段。

1959 年, 美国克耐·杜列克公司首次成功开发了带有自动换刀装置的加工中心 (Machining Center, MC), 它可以在一次装夹中对工件的多个面进行钻、扩、铰、攻螺纹、镗削、铣削等多种加工, 命名为 "Machining Center", 即加工中心。加工中心将钻、镗、铣等多种机床的功能集于一身, 不但节省了工件的反复搬运、装夹找正、换刀等辅助时间, 而且减少了装夹误差, 使加工精度大大提高。由于它的诸多优点, 逐步成为数控机床中的主力军。

现在数控技术已成为制造业实现自动化、柔性化、集成化生产的基础技术, 现代的 CAD/CAM (Computer Aided Design/Computer Aided Manufacturing)、柔性制造系统 (Flexible Manufacturing System, FMS) 和计算机集成制造系统 (Computer Integrated Manufacturing System, CIMS)、工厂自动化 (Factory Automation, FA)、敏捷制造和智能制造等, 都是建立在数控技术之上。由多台加工中心、物流系统、工业机器人、相应的信息流和中央控制系统所组成的柔性制造系统 (FMS) 与办公自动化 (Office Automation, OA) 集成, 实现了工厂自动化（FA），改变了传统的制造模式，走向一种崭新的生产模式，即计算机集成制造系统（CIMS）。

自 20 世纪 90 年代以来，随着计算机技术突飞猛进的发展，数控技术不断采用计算机、控制理论等领域的最新技术成果，使其朝着运行高速化、加工高精度化、功能复合化、控制智能化、体系开放化、驱动并联化和交互网络化的方向发展。

我国数控机床的研究工作是从 1958 年开始的，经过 60 多年的发展，目前数控技术已在车、铣、钻、镗、磨和电加工等多个领域全面展开，数控机床品种已达 200 多个，年产量达 20 多万台。

我国五轴加工中心和工业机器人的相继研制成功，特别是五轴激光加工中心机床的研制成功，标志着我国综合国力水平迈上了一个新的台阶。五坐标联动数控技术是我国国防、军工、船舶工业急需的高档关键技术，国外至今仍将其列入技术封锁和控制出口之列。"华中数控"开发的华中 2000 型数控系统是具有自主知识产权的高性能数控系统，实现了高速、高精度、高效、经济的加工效果，能完成高复杂度的五坐标曲面实时插补控制，可加工出较复杂的整体叶轮及复杂刀具。

1.1.2　数控机床型号

我国现在使用的数控机床型号较多，主要有以下三种表示方法。

1. 以机床的通用特性代号表示

根据金属切削机床型号编制方法（GB/T 15375—2008）的规定，在类代号之后加字母 K、H 表示。其中，K（拼音 kong 的第一个字母，大写）表示数控，读"控"；H（拼音 huan 的第一个字母，大写）表示加工中心自动换刀，读"换"。

例如，型号 CK6136 表示数控车床，XK5040 表示数控铣床，XH714 表示铣削类加工中心；J 用于表示经济型，如 CJK6153 表示经济型数控车床。

2. 英文字母表示

以英文字母的缩写表示。例如，VMC850、FMC1000，VMC 为英文立式加工中心的缩写，FMC 为柔性制造单元的缩写。

3. 以企业名称的拼音字母表示

例如，ZK400 表示镇江机床厂生产的数控机床；ZHS-K63 表示大连组合机床研究所生产的数控机床。

当今世界，数控系统较多，每个工业大国都有自己的数控系统，我国作为工业门类齐全的大国，也不例外。国内外比较知名的数控系统见表 1-1。

表 1-1　知名数控系统一览表

国外知名数控系统	国家	国内知名数控系统	城市
发那科（FANUC）	日本	华中数控系统	武汉市
西门子（SIEMENS）	德国	广州数控系统	广州市
发格（FAGOR）	西班牙	凯恩帝数控系统	北京市
三菱（MITSUBISHI）	日本	广泰数控系统	成都市
山崎马扎克（MAZAK）	日本	沈阳机床 i5 数控系统	沈阳市
德玛吉（DMG）	德国	航天数控系统	北京市
辛辛那提（CINCINNATI）	美国	华兴数控系统	南京市

1.2 数控机床的特点

1. 数控机床的优点

数控机床有许多优点，因而发展很快，逐渐成为机械加工的主导设备。数控机床的主要优点如下。

（1）加工精度高。数控机床采用程序控制，从而避免了生产者的人为操作误差，同一批加工零件的尺寸一致性好，加工质量稳定。

（2）加工生产率高。与普通机床相比，数控机床生产率可提高 2~3 倍或更高。

（3）对加工对象改型的适应性强。同一台机床上可适应不同品种和不同尺寸规格的零件的自动加工，只要更换加工程序，就可以改变加工零件的品种。这为单件小批量零件加工及试制新产品提供了极大的便利。

（4）减轻了操作工人的劳动强度。操作者不需要进行繁重的重复性手工操作，劳动强度大大减轻。

（5）能加工复杂型面。与普通机床相比，数控机床可以加工普通机床难以加工的复杂型面零件。

（6）有利于生产管理的现代化。用数控机床加工零件，能精确地估算零件的加工工时，有助于精确编制生产进度表，有利于生产管理的现代化。

2. 数控机床的不足之处

（1）提高了初始阶段设备的投资。

（2）需要专业的维护人员，增加了维修的技术难度和维修费用。

（3）对操作人员的技术水平要求较高。

（4）加工成本较高。

（5）需要经过培训、熟练掌握数控编程技术的人员。

3. 适合数控机床加工的零件

数控机床综合了电子计算机、自动控制、伺服驱动和精密测量的新型机械结构等多方面的技术成果。随着数控技术的迅速发展，数控机床在机械制造业中的地位越来越重要，例如航空航天制造、国防军工制造、汽车制造、模具制造、医疗器械制造、船舶制造，工程机械制造以及电器制造等，如图 1-1 所示。

（1）几何形状复杂的零件。从图 1-2 可以看出，数控机床非常适合加工形状复杂的零件。

（2）多品种、小批量零件。图 1-3 表明了通用机床、专用机床和数控机床加工批量与成本的关系。从图中可以看出，数控机床比较适合加工中小批量的零件。

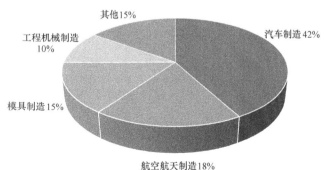

图 1-1 数控机床的行业占比

（3）精度要求高的零件。数控机床适合加工贵重的、不允许报废的关键零件和必须严格要求公差的零件。

（4）需要频繁改型的零件。

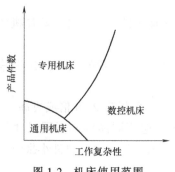

图 1-2　机床使用范围

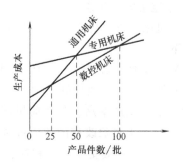

图 1-3　加工批量与成本的关系

1.3　数控机床的组成和分类

1.3.1　数控机床的组成

数控机床主要由数控系统和机床主体组成，如图 1-4 所示。此外，数控机床还有许多辅助装置，如自动换刀装置（Automatic Tool Changer，ATC）、自动工作台交换装置（Automatic Pallet Changer，APC）、自动对刀装置，自动排屑装置，电、液、气、冷却、防护、润滑等装置。数控系统包括程序及载体、输入/输出装置、计算机数控装置（CNC）和伺服驱动系统等。

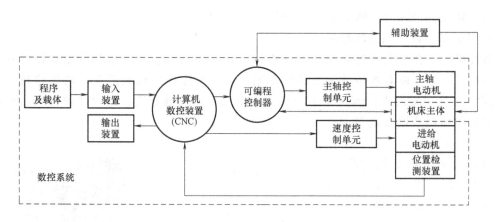

图 1-4　数控机床的组成

1．程序及载体

在用数控机床加工零件之前，首先要根据零件图样上的要求制定合理的加工工艺，然后编制加工程序。将零件加工程序以一定的格式和规定的代码存储在一种载体上，如 CF 卡或 U 盘等，然后将程序输入数控装置内。

2. 输入/输出装置

存储介质中存储的加工信息必须由输入装置输送给计算机数控装置,计算机数控装置中存储的加工程序也可通过输出装置传送到程序介质上。输入装置主要有 RS-232C 串行通信口以及 MDI(手动输入程序控制)方式等。

3. 计算机数控装置

计算机数控装置是数控机床的核心,它可根据输入的数字化信息,完成数值计算、逻辑判断、输入/输出控制等功能,并将处理后的各种指令信息输出给伺服系统,使设备按规定的动作执行。

4. 伺服驱动系统

伺服驱动系统的作用是把来自计算机数控装置的指令信息,经功率放大后严格按照指令信息的要求驱动机床移动部件的运动,以加工出符合要求的零件。因此,它的伺服精度和动态响应能力是影响数控机床加工精度、零件表面质量和生产率等指标的重要因素之一。常用的伺服驱动元件有直流伺服电动机、交流伺服电动机和电液伺服电动机等。

5. 检测装置

检测装置的作用是将数控机床各坐标轴的实际位移值检测出来,并经反馈系统输送到机床的计算机数控装置中,计算机数控装置将反馈来的实际位移值与设定值相比较,计算出实际位置与指令位置之间的偏差,并发出指令,纠正所产生的误差。检测元件从检测方式上可分为直接测量和间接测量两种,在数控机床中常采用的直接测量元件有光栅和直线感应同步器;常采用的间接测量元件有光电编码器和旋转变压器。

6. 机床主体

数控机床的主体包括床身、立柱、工作台、主运动机构和进给运动机构等机械部件。主体结构的特点是结构刚度和抗振性能高,热变形小,传动链短,具有更高的传动精度,且可实现无级变速。

1.3.2 数控机床的分类

数控机床的品种繁多,品种已达数千种,结构、功能也各具特色,归纳起来可以用下面的几种方法来分类。

1. 按工艺用途分类

(1)数控车床(含有铣削功能的车削中心)。

(2)数控铣床(含铣削中心)。

(3)数控镗床。

(4)以铣镗削为主的加工中心。

(5)数控磨床(含磨削中心)。

(6)数控钻床(含钻削中心)。

(7)数控拉床。

(8)数控刨床。

(9)数控切断机床。

(10)数控齿轮加工机床。

(11)数控激光加工机床。

（12）数控电火花切割机床（含电加工中心）。

（13）数控板材成型加工机床。

（14）数控管料成型加工机床。

（15）其他数控机床（如三坐标测量机等）。

2．按运动方式分类

（1）点位控制数控机床：这类数控机床只控制刀具相对工件从某一个加工点移到另一个加工点之间的精确坐标位置。对于点与点之间移动的轨迹不进行控制，且移动过程中不做任何加工。通常采用这种类型控制方式的数控机床有数控钻床、数控坐标镗床和数控冲剪床等。

（2）直线控制数控机床：这类数控机床不仅要控制点与点的精确位置，还要控制两点之间的移动轨迹，保证其是一条直线，且使刀具在移动过程中按给定的进给速度进行加工。通常采用这种类型控制方式的数控机床有数控车床、数控铣床等。

（3）连续控制数控机床：这类机床的控制系统又称为轮廓控制系统或轨迹控制系统。这类系统能够对两个或两个以上的坐标方向进行严格控制，它不仅控制每个坐标的行程位置，同时还控制每个坐标的运动速度。各坐标的运动按规定的比例关系相互配合，精确地协调起来连续进行加工，以形成所需要的直线、斜线、曲线、曲面。通常采用此类控制方式的数控机床有数控车床、数控铣床、加工中心和特种加工机床等。

3．按控制原理分类

（1）开环控制系统的数控机床：这类机床的控制系统没有位置检测装置，即不能将位移的实际值反馈后与指令值进行比较修正，通常使用功率步进电动机作为执行元件，系统控制信号的流程是单向的。开环控制系统的控制原理如图 1-5 所示。

图 1-5　开环控制系统控制原理示意图

开环控制系统结构简单，反应迅速，工作稳定可靠，成本较低。但是，由于系统没有位置反馈装置，不能进行误差校正，系统的精度完全取决于步进电动机的步距精度和机械传动的精度，因此，开环数控系统仅适用于加工精度要求不高的中小型数控机床，特别是简易经济型数控机床。

（2）半闭环控制系统的数控机床：这类数控机床控制系统的控制原理如图 1-6 所示。它

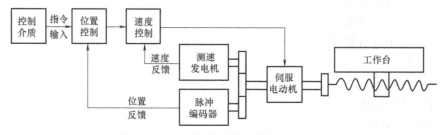

图 1-6　半闭环控制系统控制原理示意图

与闭环控制系统的不同之处在于，可将检测元件装在传动链的旋转部位，如安装在驱动电动机的端部或传动丝杠的端部。它所检测得到的不是工作台的实际位移量，而是与位移量有关的旋转轴的转角量，能自动进行位置检测和误差比较，可对部分误差进行补偿控制，故其精度比闭环系统稍差，但比开环伺服系统要高。

由于这种系统结构简单，便于调整，检测元件价格也较低，因而是广泛使用的一种数控系统。

（3）闭环控制系统的数控机床：如图 1-7 所示，这类机床的控制系统带有位置检测装置，可将检测到的实际位移值反馈到数控装置中，与输入的指令值进行比较，用比较后的差值对机床进行修正，使移动部件按照实际需要的位移量运动，直至差值消除时才停止修正动作。这类机床一般采用直流伺服电动机或交流伺服电动机驱动。位置检测元件有直线光栅、磁栅和同步感应器等。

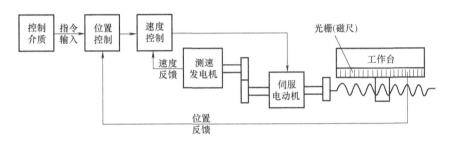

图 1-7　闭环控制系统控制原理示意图

（4）混合环控制系统的数控机床：这种方式实际上是半闭环和闭环的混合形式，内环是速度环，控制进给速度；外环是位置环，控制进给部件的坐标移动量。现在数控机床大多采用这种方式，如图 1-8 所示。

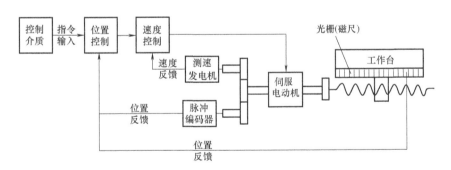

图 1-8　混合环控制系统控制原理示意图

本 章 小 结

本章主要讲解了数控机床及相关的一些基本概念，国外/国内数控技术发展历史和发展方向，数控机床加工范围，数控机床的组成和特点以及数控机床的分类等。重点是数控机床的发展方向、数控机床加工范围和数控机床的组成。

思考与练习题

1-1 什么是数控技术？

1-2 数控机床有哪些优点和不足之处？

1-3 数控机床多用于什么场合？

1-4 数控机床的组成与控制原理如何？

1-5 什么是点位控制、直线控制、轮廓控制机床？各有何特点？

1-6 何谓开环、半闭环和闭环控制数控机床？各有何特点？

1-7 数控技术发展的趋势怎样？

1-8 NC、CNC、ATC、APC、FMS、CAD/CAM 和 CIMS 的含义是什么？

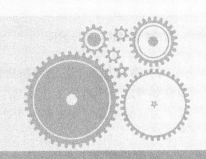

第2章

数控加工工艺及编程基础

本章知识要点：

◎ 数控加工工艺的特点

◎ 数控加工工艺路线设计

◎ 数控机床工具系统

◎ 数控编程基础

◎ 数控程序代码基础

2.1 数控加工工艺的特点及内容

1. 数控加工工艺的特点

直接改变生产对象的形状、尺寸、相对位置关系和性质等，使其成为成品或半成品的过程称为工艺过程。在数控机床上进行零件加工的工艺方法就是数控加工。

数控加工的工艺文件主要有数控加工工艺规程、数控加工工序卡、数控加工刀具使用卡和数控加工程序说明卡等。合理的工艺过程以一定格式的文件（例如固定形式的表格等）书写下来，作为生产加工的依据，称为工艺规程。工艺规程具有以下几方面的作用：①工艺规程是组织生产的主要技术文件；②工艺规程是生产准备的依据；③工艺规程是新建和扩建车间的基本技术文件之一。

工艺设计是对工件进行数控加工的前期工艺准备工作，它必须在程序编制工作之前完成。因为只有工艺设计方案确定以后，编程才有依据。工艺方面考虑不周是造成数控加工差错的主要原因之一，工艺设计搞不好，往往要成倍地增加工作量，有时甚至要推倒重来。因此，编程人员一定要注意先把工艺设计做好，不要急急忙忙考虑编程。

普通加工是用工艺规程、工艺卡片来规定每道工序的操作程序，操作人员按规定的步骤加工零件，而数控加工是要把这些工艺规程、加工数据和工艺参数等以数字信息的形式记录下来，控制并驱动机床加工。由此可见，数控加工工艺与普通加工工艺在原理上基本相同，但数控加工的过程是自动进行的，因而又有其特点。数控加工工艺的特点如下。

1）数控加工的工序内容比普通加工的工序内容复杂。数控机床上通常安排较为复杂的工序和在普通机床上难以加工的工序。

2）数控加工工艺的编制比普通加工工艺规程的编制复杂。这是因为数控程序在编制时通常要考虑工序内的工步安排、对刀点的选择、换刀点及走刀路线的确定、加工数值的计算、刀具的选择及加工中是否产生刀具干涉等问题，而这些在普通加工工艺规程中是不需要考虑的。

2. 数控加工工艺的主要内容

（1）制定机械加工工艺规程的内容：

1）进行零件结构的工艺分析，确定零件的关键技术问题；

2）确定毛坯（毛坯类型及制造方法），绘制毛坯图，计算总余量、毛坯尺寸和材料利用率；

3）拟定工艺路线；

4）确定各工序的加工余量、计算工序尺寸及其公差，绘制工序图；

5）选择切削用量及计算时间定额；

6）确定各主要工序的技术要求和检验方法；

7）进行技术经济分析，选择最佳方案；

8）编制工艺文件；

9）审核签字等。

（2）数控加工工艺的主要内容：

1）选择并确定零件的数控加工内容；

2）零件图样的数控加工工艺分析；

3）数控加工工艺路线的确定；

4）数控加工的工序设计，选择刀具、夹具及切削用量；处理特殊的工艺问题，如对刀点、换刀点、走刀路线的确定，刀具补偿、分配加工误差、数值计算等；

5）编写数控加工专用技术文件。

2.2 数控加工工艺路线的设计

1. 机械加工工艺过程的组成及其原则

为进一步分析机械加工工艺过程，合理使用设备和劳动力，确保加工量和提高生产率，将机械加工工艺过程分解为一系列的工序，毛坯通过各工序变成零件，而每个工序又可分解为安装、工步和工位。

一个或一组工人，在一个工作地对同一个或同时对几个工件所连续完成的那一部分工艺过程，称为工序。划分工序的要点关键在于工人、工件、工作地点三不变且连续完成。工件经一次装夹后所完成的那一部分工序称为安装，安装是以装夹次数为依据的。工步就是在加工表面、加工刀具不变的情况下，所连续完成的那一部分工序。工件在机床上占据的每一个位置就是工位。

2. 数控加工工艺路线设计

数控加工工艺路线设计与通用工艺路线设计的主要区别在于数控加工是几道数控加工工序的概括，而不是指从毛坯到成品的整个过程。因此，数控加工工艺路线的设计要与整个工艺过程相协调。

数控加工工艺路线设计时应注意以下几点：

（1）确定走刀路线和安排工步顺序；

（2）定位基准与夹紧方式的选择；

（3）夹具的选择；

（4）刀具的选择；

（5）确定对刀点和换刀点；

（6）确定加工用量；

（7）测量方法的选择（如在线测量）。

> 💡 **说明**：刀位点是用于确定刀具在机床坐标系中位置的刀具上的特定点，图2-1所示为常用铣刀的刀位点。

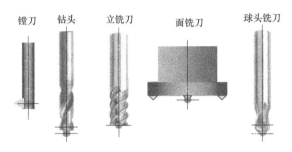

图2-1 常用铣刀的刀位点

2.3 数控工具系统及刀具

1. 数控机床的工具系统

数控镗铣床及加工中心使用的刀具种类繁多，每种刀具都有特定的结构及使用方法，要想实现刀具在主轴上固定，就要有一个中间装置，该装置必须既能装夹刀具又能在主轴上准确定位，装夹刀具的部分叫工作头，安装工作头并实现与主轴接触的标准定位部分叫刀柄。

铣镗类工具系统由工作头、刀柄、拉钉和接长杆组成，分为整体式和模块式两种。整体式工具系统是将刀柄和工作头做成一体，而模块式工具系统的刀柄和工作头是分开的。

刀柄的种类主要有：弹簧夹头刀柄、侧固式刀柄、莫氏锥度铣刀柄、莫氏锥度钻头刀柄、整体式钻夹头刀柄、分体式钻夹头刀柄、内键槽刀柄、攻螺纹刀柄、面铣刀刀柄、盘铣刀刀柄、镗刀刀柄、直角头刀柄、增速刀柄、热固式刀柄以及液压锁紧式刀柄等。

工作头的种类主要有：直柄弹簧夹头、直柄小弹簧夹头、钻夹头、攻螺纹夹头、镗刀头、小直径镗刀工作头、找正器、直柄莫氏锥度过渡套、面铣刀头以及镗刀接长杆等。

2. 数控镗铣床常用刀具

按照加工方式的不同，数控镗铣床所用刀具分为钻削刀具、镗削刀具、铣削刀具、铰削刀具和螺纹刀具。

（1）钻削刀具：①中心钻（定心钻）；②麻花钻；③扩孔钻；④群钻；⑤锪钻；⑥硬质合金可转位钻头；⑦枪钻；⑧扁钻；⑨阶梯钻。

（2）镗削刀具：①单刃镗刀；②双刃镗刀；③单刃微调镗刀；④双刃微调镗刀。

（3）铣削刀具：①普通铣刀（立铣刀、键槽铣刀、面铣刀、成形铣刀、盘铣刀和专用铣刀等）；②数控用铣刀（整体球头铣刀、环形刀、可转位面铣刀、可转位立铣刀、可转位螺旋立铣刀、整体硬质合金立铣刀和过中心立铣刀等）。

（4）铰削刀具：①直齿铰刀；②螺旋齿铰刀；③锥铰刀。

（5）螺纹刀具：①丝锥（当加工右旋通螺纹时，用左旋容屑槽丝锥，这时排屑往下；当加工右旋不通孔螺纹时，用右旋容屑槽丝锥，屑自动往上排）；②单刃螺纹铣刀；③螺纹梳刀。

3. 刀具材料

刀具材料应具备高硬度、足够的韧性、高耐磨性、高耐热性以及良好的工艺性。图 2-2 所示为切削刀具材料的分类。

（1）工具钢：这种材料的硬度、耐磨性和耐热性都不高，只适合做一些低速的手动刀具。

（2）高速钢：用高速钢制造的刀具，易磨出锋利的刃口，刃口的强度和韧性较高，能承受较大的冲击，常用来制造形状复杂、受冲击载荷的低速刀具。

（3）硬质合金：硬质合金是由难溶金属碳化物（硬质相）和黏结相（Fe 族金属）通过粉末冶金工艺制备的金属陶瓷。硬质合金的硬度高、耐磨性和耐热性好，具有一定的使用强度，用于制造高速切削刀具。

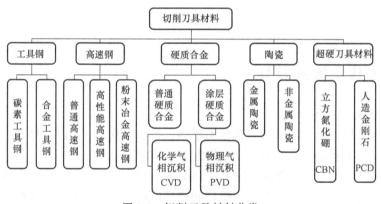

图 2-2　切削刀具材料分类

（4）金属陶瓷 [TiN(TiC)+WC+Mo2C+Ni(Co)]：金属陶瓷是适用于精加工的刀具材料，可保证较好的尺寸精度与表面粗糙度。金属陶瓷以其较高的耐磨性和较小的摩擦系数，加上新的工艺赋予刀片较优化的角度和精度，被制成各种微型可转位刀片，用于孔的精镗加工和"以车代磨"等精加工领域。金属陶瓷主要应用于钢等长切屑材料的加工，目前也用来加工铸铁等材料。为获得最佳的生产率与安全性，进给率应尽可能大，切削深度应尽可能小。

（5）超硬刀具材料：随着现代空间技术的发展，现代工程材料的使用日益繁多，如有色金属及其合金、碳化硅增强铝基复合材料、玻璃钢、碳纤维增强塑料、高密度复合纤维等。当切削上述材料时，需要更锋利更耐磨的刀具材料。另一方面，随着现代机械制造与加工工业的迅猛发展，自动机床、数控加工中心和无人加工车间的广泛应用，为进一步提高加工精度，减少换刀时间，提高加工效率，越来越迫切地要求有耐用度更高、性能更稳定的刀具材料。在这种情况下，超硬刀具迅速发展。

超硬刀具材料主要有立方氮化硼（CBN）和人造金刚石（PCD）。

2.4 数控编程基础

数控机床是一种高效的自动化加工设备。数控加工过程是指通过数控加工程序精确控制数控机床，加工出合格的产品。这个数控加工程序不同于 C 语言等计算机高级语言编程。它既要保证加工出符合零件图样要求的合格零件，还要使数控机床的功能得到合理的应用与充分的发挥，使数控机床能安全、可靠、高效地工作。因此，数控编程时必须将所要加工零件的全部信息，包括工艺过程、刀具运动轨迹及方向、位移量、工艺参数（主轴转速、进给速度、切削深度、进退刀方式等）以及辅助动作（主轴转动、切削液开关、自动换刀、工件的自动夹紧和松开等），按真实的加工条件，用数控代码和规定的程序格式正确地编制出加工程序。国际上广泛采用两种标准代码：ISO（国际标准化组织）标准代码和 EIA（美国电子工业协会）标准代码。

2.4.1 数控编程的基本概念

在数控机床上加工零件，首先要编制零件的加工程序，然后才能加工。数控编程就是将零件加工的工艺、加工顺序、零件轮廓轨迹尺寸、工艺参数（F、S、T）及辅助动作（变速、换刀、冷却液启停、工件夹紧松开等），用规定的由文字、数字、符号组成的代码按一定的格式编写出加工程序单，并将程序单的信息变成控制介质（如光盘、硬盘和 U 盘等）的整个过程。程序编制的方法主要有手工编程和自动编程两种。

手工编程：整个编程过程由人工完成。对编程人员的要求高（需要熟悉数控代码功能、编程规则，并且具备机械加工工艺知识和数值计算能力）。手工编程适用于几何形状不太复杂的零件和三坐标联动及以下加工程序。手工编程过程如图 2-3 所示。

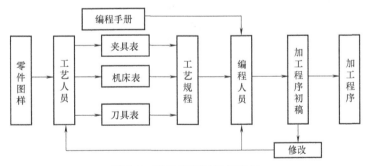

图 2-3 手工编程过程示意图

自动编程：利用计算机软件进行数控加工程序的编制（第 6 章专门讲解）。这种编程方法对编程人员的要求更高，编程人员不仅要具备手工编程的能力，而且要熟练应用 CAD/CAM 软件。自动编程适用于几何形状复杂的零件、几何形状虽不复杂但编程工作量很大的零件（如有很多孔的零件）以及几何形状虽不复杂但计算工作量很大的零件（如非圆曲线轮廓的计算）。

> **说明**：用手工编程时，零件编程时间与机床实际加工时间之比，平均约为30：1，效率较低。编程自动化是当今的趋势，但手工编程是学习自动编程的基础。数控机床不能开动的原因中，20%~30%是由于加工程序不能及时编制出来而造成的。

2.4.2　程序编制的内容与步骤

（1）零件图样的数控加工工艺分析（分析零件的材料、形状、尺寸、精度、毛坯及热处理要求等）。

（2）数控加工的工艺设计（确定零件的加工方法、定位夹紧方法、走刀路线、对刀点和换刀点、机床刀具的选择和切削用量等）。

（3）数值计算（设定坐标系，计算零件轮廓和刀具运动轨迹的坐标值）。

（4）编写加工程序单（根据计算出的数值和已确定的走刀路线、刀具编号、切削用量、辅助动作等，按数控系统规定的指令代码和程序格式，逐段编写程序）。

（5）制备控制介质（将程序单的内容记录在控制数控机床的控制介质上，作为数控装置的输入信息，若程序简单，也可通过键盘输入）。

（6）程序校验与修改（采用阅读法、软件模拟法、空运行法或试切法进行程序的校验与修改，但这些方法只能检查轨迹的正确性，不能判断加工误差）。

（7）首件试切（进行零件的实际切削检查，不仅可检查程序错误，还可检查加工误差，当有误差时，分析错误原因，进行修改或刀具补偿）。

2.4.3　数控编程的几何基础

1. 数控机床的坐标系及运动方向

为了确定机床的运动方向和移动距离，需要在机床上建立一个坐标系，这个坐标系就是机床坐标系。数控机床的标准坐标系采用的是右手直角笛卡儿坐标系，如图2-4所示。

大拇指的方向为 X 轴的正方向，食指为 Y 轴的正方向，中指为 Z 轴的正方向。其旋转轴为：绕 X 轴的旋转轴为 A 轴，绕 Y 轴的旋转轴为 B 轴，绕 Z 轴的旋转轴为 C 轴，方向则用右手螺旋法则来判定。

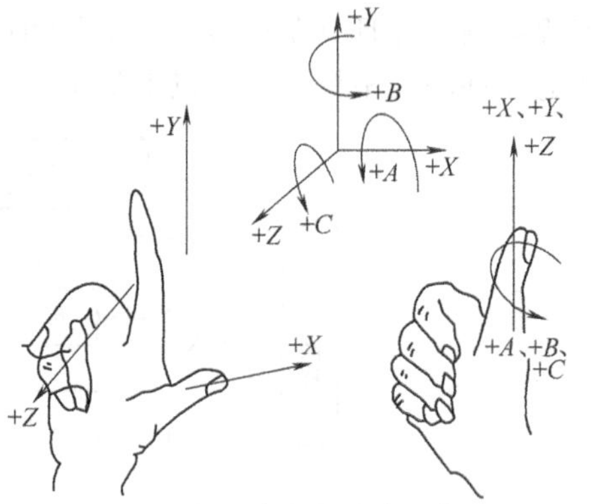

2. 数控机床坐标轴的确定

坐标轴方向：定义为刀具相对工件运动的方向。编程时不必知道机床运动的具体配置，就能正确地进行编程。

图2-4　右手直角笛卡儿坐标系

在确定数控机床坐标轴时，一般先确定 Z 轴，然后再确定 X 轴和 Y 轴，最后确定其他轴。坐标轴的正方向是指增大工件与刀具之间的距离的方向。

（1）Z 轴：Z 轴是由传递切削力的主轴来确定的，与主轴轴线平行的坐标轴即 Z 轴。刀具远离工件的方向为 Z 轴的正方向。当没有主轴或有多个主轴时，垂直于工件装夹面的方向为 Z 轴。当主轴能摆动，若在摆动的范围内只与标准坐标系中的某一坐标平行，则这

个坐标便是 Z 轴；若在摆动的范围内与多个坐标平行，则取垂直于工件装夹面的方向为 Z 轴。

（2）X 轴：X 轴是水平的，平行于工件装夹面，且垂直于 Z 轴。对于工件旋转的机床（如车床、磨床等），X 轴的运动方向是工件的径向并平行于横向拖板，且刀具离开工件旋转中心的方向是 X 轴的正方向。

对于刀具旋转的机床（如铣床、镗床钻床等），X 轴的方向如下。

Z 轴是铅垂方向：当从刀具主轴向立柱看时，X 轴的正方向指向右。

Z 轴是水平方向：当从刀具主轴向工件看时，X 轴的正方向指向右。

Z 轴铅垂的数控龙门机床：当从刀具主轴向左侧立柱看时，X 轴的正方向指向右。

（3）Y 轴：Y 坐标轴垂直于 Z、X 坐标轴。Y 轴的正方向用右手直角笛卡儿坐标系来判断。

（4）旋转轴：围绕直线坐标轴 X、Y、Z 旋转的旋转轴分别用 A、B、C 来表示。其正方向用右手螺旋法则来判断。

（5）附加轴：如果在主要坐标轴 X、Y、Z 以外，还有平行于它们的坐标轴，则可用 U、V、W 表示，如还有一组，可用 P、Q、R 表示，方向和所对应的主坐标轴相同。

2.4.4 数控机床坐标系与工件坐标系

1. 坐标系

数控编程总是基于某一坐标系的，因此，弄清楚机床坐标系和工件坐标系的概念及相互关系是至关重要的。

机床坐标系：为了确定机床的运动方向和移动距离，在机床上建立的一个坐标系，就是机床坐标系。机床原点是机床坐标系的基准位置，是测量机床运动坐标的起始点，是机床上固有的点。机床原点用回零方式建立。机床原点建立的过程实质上是机床坐标系建立的过程。机床坐标系一般不作为编程坐标系。

工件坐标系：为了便于编程，在工件中建立的一个直角坐标系或极坐标系。工件原点即工件坐标系的原点，也称程序原点。该点也可以是和对刀点重合的。程序中各坐标轴的运动位置都是以程序原点为基准的。工件原点的选用原则如下。

（1）选在图样的尺寸基准上。

（2）能使工件方便地装夹与测量。

（3）尽量选在尺寸精度高、表面质量好的表面上。

（4）对于具有对称形状的零件，工件原点最好选在对称中心上。

机床坐标系与工件坐标系的相对关系如图 2-5 所示。工件装夹在机床上后，可通过对刀确定工件在机床上的位置。所谓对刀，就是确定工件坐标系与机床坐标系的相互位置关系。在加工时，工件随夹具在机床上安装后，测量工件原点与机床原点之间的距离，这个距离称为工件原点偏置。在用绝对坐标编程时，该偏置值可以预存到数控装置中，在加工时，工件原点偏置值可以自动加到机床坐标系上，使数控系统可按机床坐标系确定加工时的坐标值。

2. 绝对坐标编程和相对坐标编程

绝对坐标编程：工件所有点的坐标值基于某一坐标系（机床或工件）原点计量的编程方式。

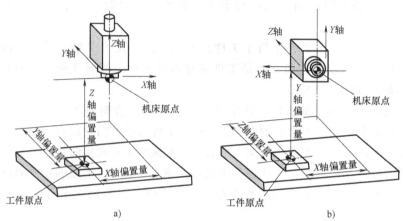

图 2-5　机床坐标系与工件坐标系的相对关系

a）立式数控机床　b）卧式数控机床

相对坐标编程：运动轨迹的终点坐标值是相对于起点计量的编程方式（增量坐标编程）。

如图 2-6 所示，A、B 两点的编程值在绝对坐标编程中为：A（10，20）、B（25，50），在相对坐标编程中为：A（0，0）、B（15，30）。

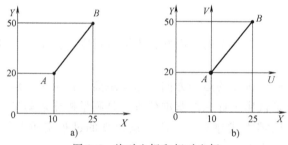

图 2-6　绝对坐标和相对坐标

a）绝对坐标　b）相对坐标

编程如下：

绝对坐标编程
$$\begin{cases} \text{G90 G01 X10. Y20. F300（定位到 } A \text{ 点）} \\ \text{G90 G01 X25. Y50. F200（} A\text{-}B\text{）} \end{cases}$$

相对坐标编程
$$\begin{cases} \text{G91 G01 X0. Y0. F300（定位到 } A \text{ 点）} \\ \text{G91 G01 X15. Y30. F200（} A\text{-}B\text{）} \end{cases}$$

当然，我们也可以用公式来表示增量坐标，公式如下：

$$\Delta U = U_2 - U_1$$

在上式中，ΔU 表示增量坐标，U_2 表示终点坐标，U_1 表示起点坐标。

> ☺ 注意：在编写程序时，可以用绝对坐标，也可以用相对坐标，但是有方便与否的区别。这可以根据图样的尺寸标注方式来确定。在同一程序中，为了编程的方便，也可以绝对编程与增量编程混用。在工厂实际加工中，数控铣床编程时，绝对编程使用较多，而数控车床是混合编程使用较多。

2.5 数控程序代码

2.5.1 程序结构与格式

1. 程序的结构

数控加工程序是为使机床运转而给数控装置的一系列指令的有序集合，加工程序是数控加工中的核心部分，一个完整的加工程序包括程序名、程序段和程序结束三部分。一个程序段又由若干个字组成，每个字又由字母（地址符）和数字（有些数字还带有符号）组成，而字母、数字、符号统称为字符。例如：

O00023（程序号）

N10 G90 G54 G00 X60.Y-70.Z100.；┐

N20 M3 S500；　　　　　　　　　　数

N30 Z20.；　　　　　　　　　　　　控

N40 G41 D01 X56.Y-60.；　　　　　机

N50 G01 Z-3.F500；　　　　　　　　床

N60 Y42.F100；　　　　　　　　　　移

N70 G03 X56.Y-42.R-70；　　　　　动

N80 G01 Y-60.；　　　　　　　　　　轨

N90 G40 X0 Y0　　　　　　　　　　迹

N100G0 Z100.；　　　　　　　　　　┘

N110 M05；（主轴停止）

N120 M30；（程序结束）

上例为一个完整的零件加工程序。由程序编号和 11 个程序段组成，其中 O00023 是程序号（即文件名），便于区别其他程序和从数控装置程序存储器中检索、调用该加工程序。M05 是主轴停止，M30 是程序结束指令，都放在程序的结尾。

每个程序段都包括了开始、内容及结束三部分。程序段都以序号"N"开头，后跟数字，以"；"结束。每个程序段都表示一个完整的加工工步或动作。

> 🌐 **注意：**数控程序段中数字大多数时候可以省略，因为数控机床是按照数控程序输入的先后顺序运行，而不是取决于程序段数字的大小。每个程序段是有结束符号的。大多数数控系统的程序段结束符为"；"，例如 FANUC、三菱、广州数控等。西门子数控系统的程序段结束符是"LF"。也有其他符号，具体情况需要查阅该数控系统编程说明书。

2. 程序名

程序名是一个程序必须要有的标识符，也叫程序号。程序名由地址符后带若干位数字组成。地址符常见的有"%""O""P"等，视具体数控系统而定。国产华中数控系统第一个字符是"%"，日本 FANUC 系统第一个字符是"O"，后面所带的数字一般为 4~8 位，如 %2000、O2008。德国 SIEMENS 系统前两个字符必须是字母，后面可以是字母、数字或下划线，如 ZK200、XDM3000、XP315_9，SIEMENS 系统最多可用 31 个字符。程序名也有主程序文件名和子程序文件名之分。

每种数控系统程序文件的扩展名是不相同的。如日本 FANUC 系统程序文件的扩展名是
".NC"，德国 SIEMENS 系统程序文件的扩展名是".MPF"（主程序）或".SPF"（子程序）。

3. 子程序

有时在被加工零件上有多个形状和尺寸都相同的部位，若按通常的方法编程，则有一定量的连续程序段在几处完全重复地出现，可以将这些重复的程序段，单独抽出来按一定格式做成一个称为子程序的独立的单元，在原程序中相应位置处使用子程序调用指令即可。某些固定顺序的动作，也可作为子程序进行编程，保存在存储器中，需要时直接调用，简化了主程序的设计编写，如图 2-7 所示。

主程序部分：	子程序部分：
ZK2000：主程序开始	L100：子程序开始
N10 G54 G90 G0 M3 S500；	N10 G0 Z50；
N20 G0 X100 Y50；	N20 G1 Z5 F100；
N30 ……；	N30 ……；
N40 L100：调用子程序L100	N40 ……；
N50 ……；	N50 ……；
N60 M30：主程序结束	N60 M17：子程序结束

图 2-7　SIEMENS 主程序和子程序

子程序的结构同主程序一样，也包含程序名、程序段和程序结束。子程序的程序名由于数控系统的不同，也不尽相同。FANUC 系统的子程序名和主程序规定的一样，例如 O2002；SIEMENS 系统的子程序名和主程序不同，例如 L2400。子程序的结束指令，各系统也不尽相同。如 FANUC 系统的程序结束指令为 M99，SIEMENS 系统的程序结束指令为 M17。

子程序的程序段和主程序结构一样。子程序中也可以再调用子程序，嵌套深度随系统的不同而不同。子程序的调用指令也随系统的不同而不同。如 FANUC 系统为 M98，SIEMENS 系统直接写入子程序名即可。

子程序的应用包括以下三方面。

（1）同一个平面内多个相同轮廓形状工件的加工。在一次装夹中，若要完成多个相同轮廓形状零件的加工，编程时只编写一个轮廓形状的加工程序，然后用主程序来调用子程序即可。

（2）实现零件的分层切削。当零件在 Z 方向上的总铣削深度比较大时，须采用分层切削方式进行加工。实际编程时先编写该轮廓加工的刀具轨迹子程序，然后通过子程序调用方式来实现分层切削。

（3）实现程序的优化。加工中心的程序往往包含有许多独立的工序，为了优化加工顺序，通常将每一个独立的工序编写成一个子程序，主程序只有换刀和调用子程序的命令，从而实现优化程序的目的。

4. 程序段格式

程序段格式有三种：固定顺序程序段格式、分隔符程序段格式和地址符可变程序段格式。目前广泛采用地址符可变程序段格式。

程序由程序段组成，每个程序段代表一次操作。每个程序段是由若干程序字和回车符组成的，每个程序字又由地址符和数字组成。在程序中能做指令动作的最小单位是字，仅有地址符或数字是不能作为指令的。

程序段格式是指程序段中的字、字符和数据的安排形式，即排列书写方式和顺序。不同

的数控系统往往有不同的程序段格式，格式若不符合规定，则数控系统不能接受。地址符由英文字母所构成，由它确定了其后续数值的含义。

程序段格式：

/N ＿ G ＿ X ＿ Y ＿ Z ＿ A ＿ B ＿ C ＿ F ＿ S ＿ T ＿ D ＿ M ＿ H ＿ LF(＊＊)

程序段格式中各字符含义见表 2-1。

表 2-1　程序段格式中各字符含义

地址	含义	地址	含义
/	程序跳段	T	刀具号
G	G 功能代码	D	刀具半径补偿寄存器号
X、Y、Z	直线坐标轴位置数据（mm）	M	辅助功能代码
A、B、C	旋转坐标轴位置数据（°）	H	刀具长度补偿寄存器号
F	进给速度或者螺纹导程	LF	程序段结束符
S	主轴转速	（＊＊）	程序注释

2.5.2　数控地址符（指令代码）简介

1. 准备功能

也称 G 功能，是由字母 G 加数值所构成的指令，主要指令如下。

（1）动作指令：如 G01（直线插补）、G02（圆弧插补）、G33（螺纹切削）等。

（2）平面指令：如 G17（XY 平面选择）、G18（XZ 平面选择）等。

（3）刀具补偿指令：如 G41（左刀补）、G42（右刀补）等。

（4）坐标系指令：如 G54～G59（工件坐标系）等。

（5）固定循环指令：如 G81（钻孔循环）等。

（6）其他指令：如 G04（暂停）、G90（绝对编程方式）等。

G 功能代码（简称 G 代码）由于各自功能的不同，进行了分组。根据分组的不同，G 代码有模态（续效）指令和非模态指令之分。所谓模态指令就是指在程序中一旦被执行，则会一直到同一组的指令出现或被取代为止都有效的指令；而非模态指令只在本程序段中有效。不同组的 G 代码可以放在同一程序段里，而且与书写顺序无关。但在同一程序段里，如果出现两个或两个以上的同一组的 G 代码，则只有最后一个 G 代码才有效。与上段相同的模态指令（包括 G、M、F、S 及尺寸指令等）可以省略不写。

2. 尺寸指令

（1）坐标轴的移动指令：指刀具沿坐标轴的移动方向和目标位置的指令，如 X35.15、Y-100.52、X-25、Y65.2、W25.4 等。

（2）旋转轴的移动指令：指刀具沿旋转轴的转动方向和角度位置的指令，如 A80、C231.5、B-35.1 等。

（3）圆弧坐标指令：圆弧插补圆心位置和半径指定指令，圆心坐标用 I、J、K 表示，圆弧半径用 R 表示，如 I20、K-25、R50、CR＝50 等。

3. 辅助功能

即 M 功能，控制机床及其辅助装置通断的指令。如开、停冷却泵，主轴正反转，停转，程序结束等。有模态（续效）指令与非模态指令之分。

4．进给功能

用 F 表示切削中的进给速度，有每分钟进给和每转进给两种，是模态指令。

5．主轴功能

用 S 表示主轴的转速，是模态指令。

6．刀具功能

用 T 表示选择刀具，即刀具号。

7．刀具补偿功能

用 D 和 H 分别表示刀具的半径和长度补偿量的代码。

> 说明：不同数控系统，指令不尽相同，在编程时，应先仔细阅读相关数控系统的编程说明书。

本 章 小 结

本章主要讲了数控加工工艺的特点及内容、数控加工工艺性分析、数控加工工艺路线的设计、数控工具系统及刀具、数控编程基础以及数控程序代码等内容。重点是：数控加工工艺内容、数控加工工艺分析、数控工具系统（后面章节还要具体讲述）和数控编程基础等。难点是：数控工艺分析和数控编程代码。

思考与练习题

2-1　数控机床加工程序的编制主要包括哪些内容？

2-2　数控机床加工程序编制的方法有哪些？它们分别适用于什么场合？

2-3　在数控机床加工中，应考虑建立哪些坐标系？它们之间有何关系？

2-4　M00、M01、M02、M30 的区别是什么？

2-5　什么是绝对坐标与增量坐标？

2-6　在数控加工中如何确定切削用量？

2-7　数控刀具应具备哪些特点？

2-8　对刀点有何作用？应如何确定对刀点？

第3章

数控车床的编程

本章知识要点：

◎ 数控车床简介
◎ 数控车床工艺基础
◎ 数控车床坐标系统设定
◎ 数控车床的编程特点和基本编程指令
◎ 数控车床编程实例

3.1 数控车床简介

数控车床是使用数量最多的数控机床，约占数控机床总数的 25%。它主要用于精度要求高、表面粗糙度好、轮廓形状复杂的轴类、盘类、套类等回转体零件的加工。能够通过程序控制自动完成圆柱面、圆锥面、圆弧面和各种螺纹的切削加工，并能进行切槽、钻孔、扩孔、铰孔等加工。

1. 数控车床的分类

根据数控车床的结构特点和功能，数控车床可分为以下几种。

（1）水平床身数控车床：水平床身的数控车床又称为卧式车床，它的主轴为水平放置，刀架多为四工位或六工位前置刀架，跟普通车床结构类似。由于它的结构简单、操作方便、价格便宜，适用于一般机械制造厂家的使用，所以它的使用范围比较广，故该种机床又称为经济型车床。水平床身数控车床如图 3-1 所示。

（2）倾斜床身数控车床：倾斜床身数控车床的水平床身上布置了三角形截面的床鞍。其布局兼有水平床身的造价低、横滑板导轨倾斜便于排屑和方便接近操作的优点。滑板的倾斜角度有 75°、70° 和 45° 等几种。倾斜床身数控车床如图 3-2 所示。

（3）立式数控车床：立式数控车床主轴为立置方式，卡盘为圆形水平放置，高度较低，

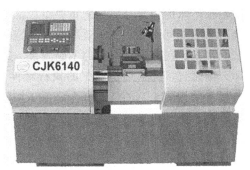

图 3-1　水平床身数控车床

方便装卸工件，适用于加工中等尺寸的盘类或壳体类零件。立式数控车床如图3-3所示。

图3-2 倾斜床身数控车床

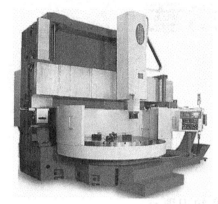

图3-3 立式数控车床

（4）四坐标数控车床：四坐标数控车床设有两个 X、Z 坐标或多坐标复式刀架。可提高加工效率，扩大工艺能力。

（5）车削中心：车削中心是在数控车床的基础上又配了刀库和自动换刀装置，实现了在一台车床上完成多道工序的加工，从而缩短了加工周期，提高了机床的生产效率和加工精度。还可以实现铣削的加工，如键槽的加工。若配上机械手、刀库和自动监测装置可构成车削加工单元，用于中小批量的柔性加工。数控车削中心机床如图3-4所示。

图3-4 数控车削中心机床

（6）专用数控车床：专用数控车床是专门用于加工某一种或几种工件的数控机床，如汽车曲轴加工数控车床。

2. 数控车床的基本组成

数控车床的整体结构组成与普通车床相同，由床身、主轴、刀架及拖板和尾座组成。但数字控制系统是数控装置特有的部件。下面以 CK6140 配装 SIEMENS801 数控系统的数控车床为例，来介绍数控车床的基本组成。

（1）机床本体：机床本体是数控车床的机械部件，包括主轴箱、床鞍、刀架、尾座、进给机构和床身等。

数控车床的刀架是机床的重要组成部分。刀架用于夹持切削用的刀具，因此其结构直接影响机床的切削性能和切削效率。在一定程度上，刀架的结构和性能体现了机床的设计和制造技术水平。随着数控车床的不断发展，刀架结构形式也在不断变化。

刀架是直接完成切削加工的执行部件，所以，刀架在结构上必须具有良好的强度和刚度，以承受粗加工时的切削抗力。由于切削加工精度在很大程度上取决于刀尖位置，所以要求数控车床选择可靠的定位方案和合理的定位结构，以保证有较高的重复定位精度。此外，刀架的设计还应满足换刀时间短、结构紧凑和安全可靠等要求。

按换刀方式的不同，数控车床的刀架系统主要有回转刀架、排式刀架和带刀库的自动换刀装置等几种形式。

（2）控制部分：控制部分（CNC装置）是数控车床的控制核心，包括专用计算机、显示器、键盘、输入和输出装置等。

（3）驱动装置：驱动装置是数控车床执行机构的驱动部件，包括主轴电动机、进给伺服电动机等。

（4）辅助装置：辅助装置是指数控车床的一些配套部件，包括对刀仪、液压、润滑、气动装置、冷却系统和排屑装置等。

（5）机外编程器：由于数控车床经常用于加工一些外形、结构比较复杂的零件，手工编程会非常困难，所以经常要借助于机外编程器。通常在普通计算机上安装一套编程软件，使用这套软件可生成加工程序。再通过通信接口把生成的程序输入给数控车床的控制系统，完成对零件的加工。它也是数控车床的重要组成部分。

3. 数控车床的主要技术参数

以CK6140数控车床为例。

（1）CK6140主机的技术参数。

床身最大回转直径：400mm。

最大加工长度：930mm。

主轴中心距床身导轨面的距离：250mm。

主轴转速范围：25~2200r/min。

主轴驱动电动机：7.5kW。

床鞍行程：X轴230mm，Z轴1045mm。

进给速度：X轴工进速度0.01~3000mm/min，快进速度4000mm/min。

Z轴工进速度0.01~6000mm/min，快进速度8000mm/min。

床鞍定位精度：X轴0.015/100mm，Z轴0.025/300mm。

床鞍重复定位精度：X轴±0.003mm，Z轴±0.005mm。

机床外形尺寸（长×宽×高）：2310mm×1200mm×1500mm。

净重：1700kg。

（2）数控装置主要性能（以SIEMENS801数控系统为例）。

控制轴数：2轴。

联动轴数：2轴。

最小输入增量：X轴0.001mm，Z轴0.001mm。

最小指令增量：X轴0.0005mm/P，Z轴0.001mm/P（P指脉冲）。

最大编程尺寸：±9999.999mm。

另外，数控装置还具有多坐标轴联动功能、插补功能、进给功能、主轴功能、刀具功能、刀具补偿功能、机械误差补偿功能、操作功能、程序管理功能、图形显示功能、辅助编程功能、自诊断报警功能和通信功能等。

3.2 数控车床工艺基础

3.2.1 数控车床工艺简介

数控车床是随着现代化工业发展的需求在普通车床的基础上发展起来的。数控车床与普通车床相比，其加工效率和加工精度更高，可胜任普通车床无法加工的、具有复杂曲面的高精度零件的加工，并且可保证批量工件的一致性更好。

普通车床的加工工艺是由操作者操作机床实现的，而数控车床的工艺是预先在所编制的程序中体现的，由程序控制车床自动实现。合理的加工工艺对提高数控车床的加工效率和加工精度至关重要。

1. 数控车床加工对象的选择

（1）精度要求高的回转体零件。

由于数控车床刚性好、制造和对刀精度高，并且能方便和精确地进行人工补偿和自动补偿，所以能加工精度要求高的零件，甚至可以以车代磨。

（2）表面粗糙度要求高的回转体零件。

（3）轮廓形状特别复杂和难以控制尺寸的回转体零件。

由于数控车床具有直线和圆弧插补功能，部分车床数控装置还有某些非圆曲线和平面曲线插补功能，所以可以加工形状特别复杂或难以控制尺寸的回转体零件。

（4）带特殊螺纹的回转体零件。

普通车床所能车削的螺纹类型相当有限，它只能车削等导程的直、锥面米、寸制螺纹，而且一台车床只能限定加工若干导程的螺纹。而数控车床不但能车削任何导程的直、锥面螺纹和端面螺纹，而且能车削变螺距螺纹，还可以车削高精度螺纹。

2. 数控车床加工工艺的基本特点和主要内容

（1）数控车床加工工艺的基本特点：数控车床的加工程序不仅要包括零件的工艺过程，而且还要包括切削用量、走刀路线、刀具尺寸以及车床的运动过程。

（2）数控车床加工工艺的主要内容

1）选择适合在数控车床上加工的零件，确定工序内容。

2）分析被加工零件的图样，明确加工内容及技术要求。

3）确定零件的加工方案，制定数控加工工艺路线，如划分工序、安排加工顺序、处理与非数控加工工序的衔接等。

4）加工工序的设计，如选取零件的定位基准、确定装夹方案、划分工步、选择刀具和确定切削用量等。

5）数控加工程序的调整，如选取对刀点和换刀点、确定刀具补偿及加工路线等。

3.2.2 数控车床加工工艺分析

工艺分析是数控车削加工的前期准备工作。工艺制定得合理与否，对程序编制、机床的加工效率和零件的加工精度都有重要的影响。因此，应遵循一般的工艺原则并结合数控车床的特点，认真而详细地制定好零件的数控车削加工工艺。其主要内容有：分析零件图样，确定工件在车床上的装夹方式，各表面的加工顺序和刀具的进给路线，刀具、夹具和切削用量的选择等。

1. 数控车床加工零件的工艺性分析

（1）零件图的分析。零件图分析是工艺制定中的首要工作，主要包括以下几个方面。

1）尺寸标注方法分析。通过对标注方法的分析，确定设计基准、工艺基准、测量基准和编程基准之间的关系，尽量做到基准统一。

2）轮廓几何要素分析。通过分析零件的各要素，确定需要计算的节点坐标，对各要素进行定义，以便确定编程需要的代码，为编程做准备，同时检查元素对编程的充分性。

3）精度及技术要求分析。只有通过对精度和技术要求的分析，才能正确合理地选择加工方法、装夹方法、刀具及切削用量等，才能保证加工精度。

数控车床常用的装夹方法如下。

① 在自定心卡盘（三爪自定心卡盘）上装夹。自定心卡盘的三个卡爪是同步运动的，能自动定心，一般不需找正。自定心卡盘装夹工件方便、省时，自动定心好，但夹紧力较小，所以适用于装夹外形规则的中、小型工件。该卡盘可装成正爪或反爪两种形式，反爪用来装夹直径较大的工件。用该卡盘装夹精加工过的表面时，被夹住的工件表面应该包一层铜皮，以免夹伤工件表面。

② 在两顶尖之间装夹。对于长度尺寸较大或加工工序较多的轴类工件，为保证每次装夹时的装夹精度，可用两顶尖装夹。两顶尖装夹工件方便，不需找正，装夹精度高，但必须先在工件的两端面钻出中心孔。该装夹方式适用于多工序加工或精加工。

用两顶尖装夹工件时必须注意：前后顶的连线应与车床主轴轴线同轴，否则车出的工件会产生锥度误差；尾座套筒在不影响车刀切削的前提下，应尽量伸出得短些，以增加刚性，减少振动；中心孔形状应正确，表面粗糙度值小，轴向精确定位时，中心孔倒角可加工成准确的圆弧形倒角，并以该圆弧形倒角与顶尖锥面的切线为轴向定位基准定位；两顶尖与中心孔的配合应松紧合适。

③ 用卡盘和顶尖装夹。用两顶尖装夹工件虽然精度高，但刚性较差。因此，在车削质量较大的工件时，要一端用卡盘夹住，另一端用后顶尖支承。为了防止工件由于切削力的作用而产生轴向位移，必须在卡盘内装一限位支承，或利用工件的台阶面限位。这种方法较安全，能承受较大的轴向切削力，安装刚性好，轴向定位准确，所以应用比较广泛。

④ 用单动卡盘（四爪卡盘）装夹。单动卡盘的四个卡爪是各自独立运动的，可以调整工件夹持部位在主轴上的位置，使工件加工面的回转中心与车床主轴的回转中心重合，但单动卡盘找正比较费时，只能用于单件小批量生产。单动卡盘夹紧力较大，所以适用于大型或形状不规则的工件。单动卡盘也可装成正爪或反爪两种形式。

（2）结构工艺性分析。零件的结构工艺性是指零件对加工方法的适应性，即所设计的零件结构应便于加工成形。在数控车床上加工零件时，应根据数控车床的特点，认真检查零件结构的合理性。如图 3-5a 所示的零件应将宽度不同的三个槽，在无特殊要求时改为如图 3-5b 所示的结构比较合理，因为这样可以减少用刀个数，少占用刀位，还节省换刀时间。

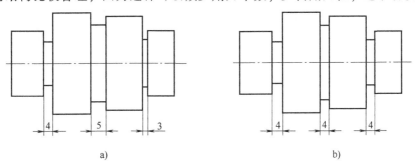

图 3-5　零件结构工艺性实例

a）宽度不同的三个槽　b）宽度相同的三个槽

2. 数控车床加工工艺路线的拟订

在制定加工工艺路线之前，首先要确定加工定位基准和加工工序。

（1）设计基准、加工基准和测量基准的选择。

1）设计基准。车床上所能加工的工件都是回转体工件，通常径向设计基准为回转中心，轴向设计基准为工件的某一端面或几何中心。

2）定位基准。定位基准即加工基准，数控车床加工轴套类及轮盘类零件的定位基准，只能是被加工表面的外圆面、内圆面或零件端面中心孔。

3）测量基准。测量基准用于检测机械加工工件的精度，包括尺寸精度、形状精度和位置精度。

（2）加工工序的确定。

在数控车床上加工工件，应按工序集中的原则划分工序，即在一次装夹下尽可能完成大部分甚至全部的加工。根据零件结构形状的不同，通常选择外圆和端面或内孔和端面来装夹，并力求设计基准、工艺基准和编程原点的统一。在批量生产中，常使用下列两种方法划分工序。

1）按零件加工表面划分。将位置精度要求高的表面安排在一次装夹下完成，以免多次装夹产生的安装误差影响形状和位置精度。

2）按粗、精加工划分。对毛坯余量比较大和加工精度比较高的零件，应将粗车和精车分开，划分成两道或更多的工序。将粗加工安排在精度较低、功率较大的机床上，将精度较高的工序安排在精度较高的数控车床上。

（3）加工顺序的确定。

在分析了零件图样和确定了工序、装夹方法之后，接下来要确定零件的加工顺序。制定加工顺序一般遵循下列原则。

1）先粗后精。按照粗车→半精车→精车的顺序进行，逐步提高加工精度。粗车将在较短的时间内把工件毛坯上的大部分加工余量切除，一方面提高加工效率，另一方面满足精车余量的均匀性要求。

2）先近后远。按加工部位相对于对刀点的距离大小而言，在一般情况下，离对刀点远的部位后加工，以便缩短刀具移动距离，减少空行程时间。对于车削而言，先近后远还有利于保持坯件或半成品件的刚性，改善其切削条件。在数控车床上，对刀点一般选在工件的右端面。

3）内外交叉。对既有内表面（内型腔）又有外表面需要加工的零件，安排加工顺序时，应先进行内、外表面的粗加工，后进行内、外表面的精加工。切不可将工件的一部分表面（外表面或内表面）加工完了以后再加工其他表面。

4）基面先行。用于精基准的表面应优先加工出来，因为定位基准的表面越精确，装夹误差就越小。

5）进给路线最短。当确定加工顺序时，要遵循各工序进给路线总长度最短的原则。

> 说明：上述原则并不是一成不变的，需要编程者根据实际生产的需要灵活运用。

（4）进给路线的确定。

进给路线指刀具从起刀点开始运动到完成加工返回该点的过程中刀具所经过的路线。确定进给路线的工作重点，主要在于确定粗加工及空行程的进给路线，因为精加工切削过程的进给路线基本上都是沿零件的轮廓顺序进行的。为了实现进给路线最短，可从以下几点考虑。

1）最短的空行程路线，即刀具非切削工件时的进给路线，在保证安全的前提下要求尽量短，包括切入和切出的路线。

2）最短的切削进给路线。切削路线最短可有效地提高生产效率，降低刀具的磨损。

3）大余量毛坯的阶梯切削进给路线。实践证明，无论是轴类零件还是套类零件，在加工时采用阶梯去除余量的方法都是比较高效的。但应注意每一个阶梯留出的精加工余量应尽可能均匀，以免影响精加工质量。

4）完整轮廓的连续切削进给路线。即最后的精加工的进给路线要沿着工件的轮廓连续地完成。在这个过程中，应尽量避免刀具的切入、切出、换刀和停顿，避免刀具划伤工件的表面而影响零件的精度。

（5）几种特殊刀具路线。

1）球头余量的去除方法如下。

① 车锥法：先车圆锥，再车圆弧。但要注意，起点和终点的确定要合理。

② 车圆法：圆心不变，采用不同半径车圆弧。但要注意圆弧的半径大小合适。

③ 移圆法：半径不变，移动圆心位置车圆弧。

2）凹圆弧车削方法：等径车削法、同心车削法、左右车削法、一刀车削法等。

3）车削螺纹常用的进刀方法：直进法、斜进法、左右切削法和分层切削法等。螺距较小时可采用直进法；中等螺距时可采用斜进法或左右切削法；螺距较大时可采用左右切削法和分层切削法。

（6）退刀和换刀。

1）退刀。退刀是指刀具离开工件的动作，通常以 G00 的方式（快速）运动，以节省时间。数控车床有三种退刀方式：斜退刀方式如图 3-6a 所示，径-轴向退刀方式如图 3-6b 所示，轴-径向退刀方式如图 3-6c 所示。退刀路线一定要保证安全，即退刀的过程中保证刀具不与工件或机床发生碰撞。退刀还要考虑路线最短且速度要快，以提高工作效率。

2）换刀。换刀的关键在于换刀点的设置，换刀点必须保证安全，即在执行换刀动作时

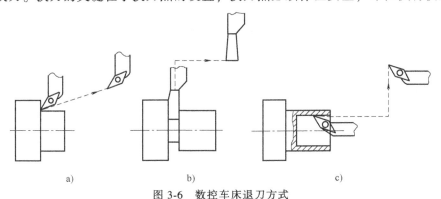

a)　　　　　　　　　　b)　　　　　　　　　　c)

图 3-6　数控车床退刀方式

a）斜退刀方式　b）径-轴向退刀方式　c）轴-径向退刀方式

刀台上每一把刀具都不要与工件或机床发生碰撞，而且尽量保证换刀路线最短，即刀具在退离和接近零件时的路线最短。

（7）切削用量的选择。

1）选择切削用量的一般原则。

粗车时，一般以提高生产效率为主，兼顾经济性和加工成本。提高切削速度、加大进给量和背吃刀量都能提高生产效率，其中切削速度对刀具寿命影响较大，背吃刀量对刀具寿命影响较小，所以在粗加工时，首先应选择一个尽可能大的背吃刀量，其次选择较大的进给速度，最后在刀具使用寿命和机床功率允许的条件下选择一个合理的切削速度。

精车时，选择切削用量时应保证加工质量，兼顾生产效率和刀具寿命。精车时的背吃刀量应根据零件的加工精度、刀具的使用寿命要求以及粗车后留下的加工余量决定，一般是一次去除余量。

2）背吃刀量的选择。在工艺系统刚性和机床功率允许的情况下，可将背吃刀量选择为最大有效切削刃的长度，选择尽可能大的背吃刀量。

3）主轴转速的确定。在切削内、外表面时，应根据零件上被加工部位的直径按零件、刀具的材料及加工性质等条件所允许的切削速度来确定。在选择切削速度时，应注意的是交流变频调速电动机低速输出力矩小，因而主轴转速不能选择太低。在车螺纹时，主轴转速受到螺距的影响，可用经验公式确定。

4）进给速度的确定。进给速度是指在单位时间内刀具前进的距离。选择时应根据不同的进给方式确定。

（8）加工工艺文件的制定。

3.2.3 数控车床工艺装备

1. 数控车床夹具的选择和定位及夹紧方案的确定

车床主要用于加工工件的内外圆柱面、圆锥面、回转成形面、螺纹及端面等表面。数控车床的夹具基本同于普通车床，大多采用自定心卡盘，只是有些厂家为了节省装夹零件的时间，将卡盘和尾座做成液压或气动的夹紧装置，提高了数控车床自动化程度。

工件在定位和夹紧时，应注意以下三点。

（1）力求设计基准、工艺基准与编程原点统一，以减少基准不重合误差和数控编程中的计算工作量。

（2）设法减少装夹次数。一次定位装夹后尽可能加工出工件所有的加工面，提高加工表面之间的位置精度。

（3）避免采用人工占机调整方案，减少占机时间。

2. 刀具的选择

为了减少换刀时间和方便对刀，便于实现机械加工的标准化和提高工件尺寸的一致性，数控车床常采用机夹式可转位车刀。机夹式车刀与普通焊接车刀相比一般无本质的区别，其基本结构、功能特点是相同的。常用车刀的种类、形状和用途如图3-7所示。数控车床常用的机夹式可转位车刀结构形式如图3-8所示。

（1）刀片的选择。常用刀片的材料有高速钢、硬质合金、涂层硬质合金、陶瓷、立方氮化硼和金刚石等，其中应用最多的是硬质合金和涂层硬质合金刀片。选择刀片材质主要依

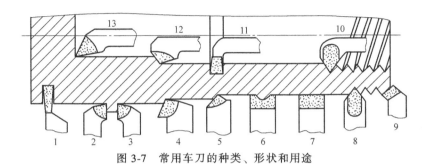

图 3-7　常用车刀的种类、形状和用途

1—切槽刀　2—90°左偏刀　3—90°右偏刀　4—弯头车刀　5—直头车刀　6—成形车刀　7—宽刃精车刀

8—外螺纹车刀　9—端面车刀　10—内螺纹车刀　11—内槽刀　12—通孔车刀　13—不通孔车刀

据被加工工件的材料、被加工表面的精度、表面质量要求、切削载荷的大小以及切削过程中有无冲击和振动等。

（2）刀片尺寸的选择。刀片尺寸的大小取决于必要的有效切削刃长度。有效切削刃长度与背吃刀量和刀具的主偏角有关，使用时可查阅有关的刀具手册选取。

（3）刀片形状的选择。刀片形状主要依据被加工工件的表面形状、切削方法、刀具寿命和刀片的转位次数等因素选择。刀具形状可查阅相关的刀具手册选取。

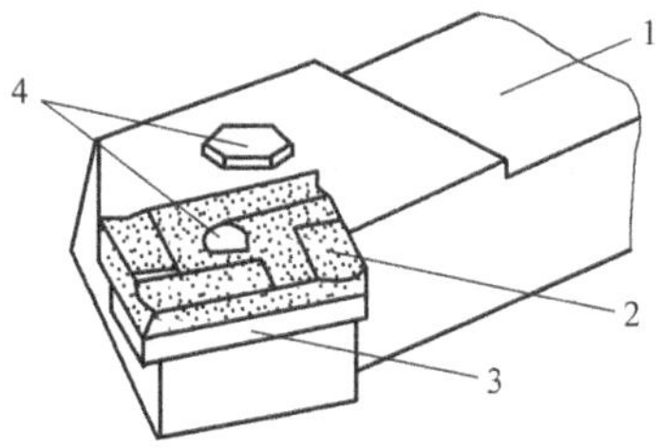

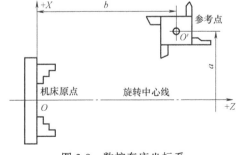

图 3-8　机夹式可转位车刀结构形式

1—刀杆　2—刀片　3—垫片　4—夹紧元件

3.3　数控车床坐标系的设定与对刀

3.3.1　数控车床坐标系的组成

数控车床坐标系主要包括机床坐标系、编程坐标系和工件坐标系。

1. 机床坐标系

数控车床的坐标系是以车床主轴旋转中心与卡盘端面的交点处为机床原点；与主轴轴线平行的方向为 Z 轴，其正方向为离开卡盘指向尾座方向；以刀架横滑板运动方向（垂直于主轴轴线）为 X 轴，其正方向为离开卡盘指向刀台所在的一侧，即前置刀台指向前方，后置刀台指向后方，如图 3-9 所示。

机床坐标系是机床固有的坐标系，是制造和调整机床的基础，也是设置工件坐标系的基础。它是由机床厂家设定的，一般不允许用户随意变动。

2. 机床参考点

机床参考点同机床原点一样也是机床上的一个固定点，它是以机床坐标系为基础而建立的。该点是刀架退离到一个固定不变的极限点，是 X 轴和 Z 轴正方向极限位置，它的位置是由机械挡块或行程开关来确定的，并且与机床坐标原点有精确的位置关系，即如图 3-9 所示的点。

图 3-9　数控车床坐标系

> **注意：** 当机床每次开机通电，或解除急停报警、超程报警后，必须通过回参考点来确认机床坐标系，才能保证刀具沿正确的轨迹运行。

3. 编程坐标系

编程坐标系是在零件图样上由编程人员建立的，是程序数据的基础。编程坐标系仅用于程序的编制，与机床坐标系无关。

4. 工件坐标系

工件坐标系主要是机床操作员通过对刀操作而建立的。工件坐标系建立的过程就是确定编程坐标系在机床坐标系中位置的过程。对刀操作实际上是找到编程原点在机床坐标系中的坐标值，再以该点为原点建立与编程坐标系一致的工件坐标系。建立了工件坐标系以后，机床才能够按照编程坐标数据对工件进行加工。工件坐标原点通常选在工件的右端面或左端面中心处。

3.3.2 工件坐标系的建立

工件坐标系建立的前提是工件毛坯已装在了机床上，需要确定编程坐标系在机床坐标系中的位置。工件坐标系是通过对刀建立的。对刀的准确与否直接会影响后面的加工。在实际使用中，以试切法对刀最多，试切对刀法有两种形式，如图3-10所示。本节以试切对刀法为例来简述对刀及工件坐标系的建立方法（具体方法见第7章数控车床操作实训）。

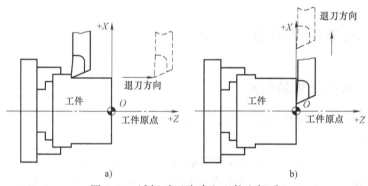

图 3-10　试切对刀法建立工件坐标系

a）试切外圆　b）试切削面

1. T对刀

T对刀的基本原理是：对于每一把刀，我们假设将刀尖移至工件右端面中心，记下此时的机床指令 X、Z 的位置，并将它们输入到刀偏表里该刀的 X 偏置和 Z 偏置中。以后数控系统在执行程序指令时，会将刀具的偏置值加到指令的 X、Z 坐标中，从而保证所到达的位置正确。

> 使用T对刀需要注意以下两点。
>
> （1）G54～G59这六个坐标系的坐标原点都要设成（0，0），后面将会讲述。
>
> （2）程序中，每一把刀具在使用前，都应该用T指令调用相应的刀偏，如T01D01、T02D02等。

2. 预置工件坐标系（G54~G59）对刀

预置工件坐标系是通过测定出工件坐标系的原点距机床原点的偏置值，并把该偏置值通过参数设定的方式预置在机床相应的寄存器中。在使用时只要在程序中输入相应的位置指令 G54~G59 来调用即可。例如，G54 G00 X ___ Z ___，（X，Z）坐标是 G54 中预置的工件坐标系里的坐标值。

3.4　数控车床的编程特点和基本编程指令

3.4.1　数控车床的编程特点

（1）在一个程序段中，根据图样上标注的尺寸，可以采用绝对编程、增量编程或者两者混用。一般情况下，利用自动编程软件编程时，通常采用绝对编程。

（2）被加工零件的径向尺寸在图样上和测量时，一般用直径值表示，所以编程时采用直径编程更为方便。用增量编程时注意以径向实际距离的 2 倍表示，并附上方向符号。

（3）为提高工件的径向尺寸的精度，X 方向的脉冲当量取 Z 方向的一半。

（4）由于车削加工常用棒料或锻料作为毛坯，加工余量较大，为简化编程，数控装置常具备不同形式的固定循环，可进行多次重复循环切削。

（5）编程时，认为车刀刀尖是一个点，而实际上为了提高刀具寿命和工件表面质量，车刀刀尖常磨成一个半径不大的圆弧，为了提高工件的加工精度，编制圆头刀程序时需要对刀尖半径进行补偿。大多数数控车床都具有刀尖半径自动补偿功能（G40、G41、G42），这类机床可以直接按工件的轮廓尺寸编程。

3.4.2　数控车床的程序功能

数控车床根据功能和性能要求，配置了不同的数控系统。系统不同，其指令代码也有差别。因此，编程时应按所使用数控系统代码的编程规则进行编程。现阶段，日本 FANUC（发那科）数控系统和德国 SIEMENS（西门子）数控系统使用较多。SIEMENS 指令系统的特点是工艺开放性好，标准化不够，但是用户优化选择余地大；FANUC 指令系统标准化程度高，通用性好，但是开放性差。本节主要以西门子数控系统为例加以讲解。由于篇幅所限，本教材只讲解工作中常用的指令，未列出的指令及用法请参见 SIEMENS 编程手册和 FANUC 相关用户手册。

法那科和西门子数控系统 G 代码的对比参见表 3-1，FANUC 和 SIEMENS 数控系统辅助功能代码对比参见表 3-2。

表 3-1　发那科和西门子数控系统 G 代码及含义

G 代码	模态	发那科系统含义	西门子系统含义
G00	*	快速点定位(快速移动)	快速点定位(快速移动)
G01	*	直线插补	直线插补
G02	*	顺时针圆弧插补	顺时针圆弧插补
G03	*	逆时针圆弧插补	逆时针圆弧插补
G04		暂停	暂停
G20	*	寸制(英制)输入	用 G70 表示英制输入

（续）

G 代码	模态	发那科系统含义	西门子系统含义
G21	*	米制（公制）输入	用 G71 表示公制输入
G22	*	存储行程检测功能有效	半径尺寸编程
G23	*	存储行程检测功能无效	直径尺寸编程
G25	*	未指定	主轴转速下限
G26	*	未指定	主轴转速上限
G28		返回参考点	用 G74 表示返回参考点
G29		从参考点返回	用 G75 表示从参考点返回
G32	*	切削螺纹	用 G33 表示切削螺纹
G40	*	取消刀尖半径补偿	取消刀尖半径补偿
G41	*	刀尖半径左补偿	刀尖半径左补偿
G42	*	刀尖半径右补偿	刀尖半径右补偿
G50	*	工件坐标系设定或最大转速限制	未指定
G52	*	可编程坐标偏移（局部坐标系）	用 G158 表示可编程坐标偏移
G53	*	取消可设定的零点偏置（或选择机床坐标系）	用 G500 表示取消可设定的零点偏置；G53 表示程序段有效方式取消可设定的零点偏置
G54	*	第一可设定零点偏置	第一可设定零点偏置
G55	*	第二可设定零点偏置	第二可设定零点偏置
G56	*	第三可设定零点偏置	第三可设定零点偏置
G57	*	第四可设定零点偏置	第四可设定零点偏置
G58	*	第五可设定零点偏置	西门子 802S/C 系统未指定，802D 以上系统含义同发那科系统
G59	*	第六可设定零点偏置	未指定
G60	*	未指定	准确定位
G64	*	未指定	连续路径
G65		宏程序调用	未指定
G66	*	宏程序模态调用	未指定
G67	*	宏程序模态调用取消	未指定
G70		精车复合循环	西门子毛坯循环用 LCYC95
G71		粗车复合循环	
G72		端面粗车复合循环	
G73		固定形状粗车复合循环	
G74		端面深孔钻削	未指定
G75		外圆车槽复合循环	回固定点（西门子车槽循环用 LCYC94）
G76		螺纹切削复合循环	西门子螺纹切削复合循环用 LCYC97
G80	*	取消固定循环	未指定
G83	*	端面钻孔循环	西门子钻孔循环为 LCYC83，用 G18、G17 指定端面、侧面钻孔
G84	*	端面攻螺纹循环	西门子攻螺纹循环为 LCYC84，用 G18、G17 指定端面、侧面攻螺纹
G85	*	端面镗孔循环	西门子镗孔循环为 LCYC85
G87	*	侧面钻孔循环	未指定
G88	*	侧面攻螺纹循环	未指定
G89	*	侧面镗孔循环	未指定
G90	*	外圆、内孔切削单一循环	绝对值编程
G91	*	发那科系统用 X、Z 表示绝对值编程；用 U、W 表示增量值编程	增量值编程

（续）

G 代码	模态	发那科系统含义	西门子系统含义
G92	*	螺纹切削单一循环	未指定
G94	*	端面切削单一循环	每分钟进给量
G95	*	未指定	每转进给量
G96	*	主轴转速恒定切削速度	主轴转速恒定切削速度
G97	*	取消主轴恒定切削速度	取消主轴恒定切削速度
G98	*	每分钟进给量（mm/min）	未指定
G99	*	每转进给量（mm/r）	未指定

表 3-2　发那科和西门子数控系统辅助功能代码及含义

发那科数控车		西门子数控车	
M 指令	含义	指令	含义
M00	程序停止	M00	程序停止
M01	计划停止	M01	计划停止
M02	程序结束	M02	程序结束
M03	主轴正转	M03	主轴正转
M04	主轴反转	M04	主轴反转
M05	主轴停止	M05	主轴停止
M06	换刀	M06	换刀
M08	切削液开启	M08	切削液开启
M09	切削液关	M09	切削液关
M30	程序结束并返回开头	M30	程序结束并返回开头
M98	子程序调用	M98	未指定
M99	子程序调用	M02/M17	子程序结束

西门子数控系统指令代码主要由 G 代码、M 代码、固定循环代码和其他代码等构成，指令丰富，用户选择性大。

1. 刀具功能代码 T

格式：T×× D××。

该功能主要用于选择刀具和刀具补偿号。执行该指令可实现换刀和调用刀具补偿值。它由 T 和 D 及其后的 2 位数字组成，其中 T 后两位数字"××"是刀具号，D 后两位数字"××"是刀具补偿号。例如，T01D01 表示第 1 号刀的 1 号刀补；T02D02 则表示第 2 号刀的 2 号刀补，T0D00 则表示取消 1 号刀的刀补。

一般情况下，为了不引起混淆，刀具号和刀具补偿号相同。

2. 主轴转速 S、主轴启动 M03/M04、主轴停止 M05 代码

格式：① S××××。设定主轴的转数，它由地址码 S 和其后的若干数字组成，单位为 r/min。

② M03/M04。主轴正转/反转。

③ M05。主轴停止。一般用于零件加工结束、程序停止之前。

举例：

N10 G1 X70 Z20 F300 S270 M3　　　;在 X、Z 轴运行的同时,主轴以 270r/min 顺时针方向启动

N80 S450 ...　　　;改变转速

N170 GO Z180 M5　　　;Z 轴运行,主轴停止

注意：只有在主轴旋转指令（M03/M04）启动之后，主轴转数才有意义，刀具在接触工件之前，必须转动主轴！

3. 其他 M 代码

M7、M8：冷却开。

M9：冷却关。

M17：子程序结束。

M30：主程序结束并返回程序开头。

4. 进给率 F

格式：F××××。

进给率 F 是刀具运行速度，它是所有移动坐标轴速度的矢量和。进给率 F 在 G1、G2、G3、G5 插补方式中生效，并且一直有效，直到被一个新的地址 F 取代为止。进给率 F 的单位由 G 功能确定。

G94：直线进给率，单位为 mm/min

G95：旋转进给率，单位为 mm/r（只有主轴旋转才有意义）。

举例：

N10 G94 F310；进给率为 310mm/min

N110 S200 M3；主轴正转，转速为 200r/min

N120 G95 F1.5；进给量为 1.5mm/r

注意：G94 和 G95 更换时要求写入一个新的地址 F。对于车床，G94 和 G95 的作用会扩展到恒定切削速度 G96 和 G97 功能，它们还会对主轴转速 S 产生影响。

5. 主要功能 G 代码

（1）绝对/增量尺寸：G90/G91。

功能：G90 和 G91 分别对应着绝对尺寸和增量尺寸。其中 G90 表示坐标系中目标点的坐标尺寸，G91 表示待运行的位移量，如图 3-11 所示。G90/G91 适用于所有坐标轴。这两个指令不决定到达终点位置的轨迹，轨迹由 G 功能组中的其他 G 功能指令（G00，G01，G02，G03，...）决定。G90 是系统默认的。

含义：G90 绝对尺寸；G91 增量尺寸。

举例：N20 X75 Z-32　　　　　;仍然是绝对尺寸

　　　 N180 G91 X40 Z20　　　;转换为增量尺寸

　　　 N190 X-12 Z17　　　　 ;仍然是增量尺寸

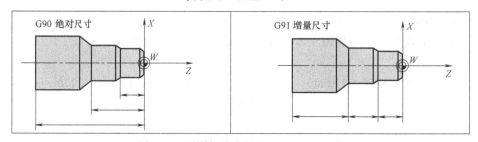

图 3-11　不同标注方法和 G90/G91 应用

（2）米制/寸制尺寸：G71/G70。

G71 米制尺寸，单位为 mm；G70 寸制尺寸，单位为 in；系统默认是 G71。

举例：

N10 G70 X 10 Z30 ;寸制尺寸

N20 X 40 Z50 ;G70 继续生效

N80 G71 X 19 Z17.3 ;开始米制尺寸

⊙ **注意**：本书中所给出的例子均以基本状态为米制尺寸作为前提条件。用 G70 或 G71 编程所有与工件直接相关的几何数据，比如：在 G00，G01，G02，G03，G33 功能下的位置数据 X、Z、插补参数 I，K（也包括螺距）、圆弧半径 CR 以及可编程的零点偏置（G158）等；所有其他与工件没有直接关系的几何数值，诸如进给率、刀具补偿、可设定的零点偏置等，它们与 G70/G71 的编程无关。

（3）半径/直径尺寸：G22，G23。

功能：车床加工零件时通常把 X 轴（横向坐标轴）的位置数据作为直径数据编程，控制器把所输入的数值设定为直径尺寸，这仅限于 X 轴。程序中在需要时也可以转换为半径尺寸。

格式：G22，半径尺寸

G23，直径尺寸

举例：

N10 G23 X44 Z30 ;X 轴直径数据方式

N20 X48 Z25 ;G23 继续生效

N30 Z10

N110 G22 X22 Z30 ;X 轴开始转换为半径编程方式

N120 X24 Z25

N130 Z10

（4）可设定的零点偏置：G54～G57、G500、G53。

功能：可设定的零点偏置给出工件零点在机床坐标系中的位置（工件零点以机床零点为基准偏移）。当工件装夹到机床上后求出偏移量，并通过操作面板输入到规定的数据区。程序可以通过选择相应的 G 功能（如 G54～G57）激活此值。

格式：G54，第一可设定零点偏置

G55，第二可设定零点偏置

G56，第三可设定零点偏置

G57，第四可设定零点偏置

G500，取消可设定零点偏置——模态有效

G53，取消可设定零点偏置——程序段方式有效，可编程的零点偏置也一起取消

举例：

N10 G54... ;调用第一可设定零点偏置

N20 X...Z... ;加工工件

N90 G500 G00 X...;取消可设定零点偏置

（5）快速线性移动：G00。

功能：轴快速移动 G00 用于快速定位刀具，如图 3-12 所示，没有对工件进行加工，可以在几个轴上同时执行快速移动，由此产生一线性轨迹。机床系统参数中规定了每个坐标轴快速移动速度的最大值，一个坐标轴运行时就以此速度快速移动；如果快速移动同时在两个轴上执行，则移动速度为两个轴可能的最大速度。用 G00 快速移动时在地址 F 下编程的进给率无效。G00 一直有效，直到被 G 功能组中其他的指令（G01，G02，G03，…）取代为止。

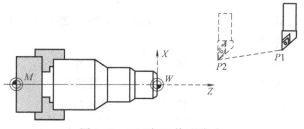

图 3-12　P1 到 P2 快速移动

编程格式：G00 Z ＿ X ＿

> 💫 **注意**：G00 速度一般不能设定成大于机床最大速度；G00 速度不可编程，但可通过数控机床面板的倍率调节按钮进行调节。

（6）直线插补：G01。

功能：刀具以直线轨迹从起始点移动到目标位置（如图 3-13 所示），以地址 F 下编程的进给速度运行。所有的坐标轴可以同时运行。G01 一直有效，直到被 G 功能组中其他的指令（G00，G02，G03，…）取代为止。

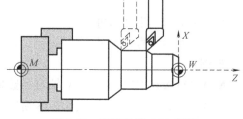

图 3-13　直线插补 G01 应用

编程格式：G01 Z ＿ X ＿ F ＿

编程举例：

N05 G54 G0 G90 X 40 Z200 S500 M3	;刀具快速移动,主轴转速为 500r/min,顺时针旋转
N10 G01 Z120 F0. 15	;以进给率 0.15mm/r 线性插补
N15 X45 Z105	
N20 Z80	
N25 G0 X100	;快速移动空运行
N30 M2	;程序结束

> 💫 **注意**：程序第一次使用 G01 指令的时候，程序段必须要有 F 指令！G01 速度最大值受系统性能等限制；G01 速度除可通过 F 编程外，还可通过机床面板倍率开关进行调节。

（7）圆弧插补：G02，G03。

1）功能：刀具以圆弧轨迹从起始点移动到终点，方向由 G 指令确定：G02，顺时针方向；G03，逆时针方向，如图 3-14 所示。以进给率 F 决定圆弧插补的速度。圆弧插补可以由下述四种方式实现，如图 3-15 所示。

① 圆心坐标和终点坐标（编程格式：G02/G03 X ＿ Z ＿ I ＿ K ＿）。

② 半径和终点坐标（编程格式：G02/G03 X ＿ Z ＿ CR ＿）。

③ 圆心和张角（编程格式：G02/G03 I ＿ K ＿ AR ＿）。

④ 张角和终点坐标（编程格式：G02/G03 X __ Z __ AR = __）。

G02 和 G03 一直有效，直到被 G 功能组中其他的指令（G00，G01，...）取代为止。

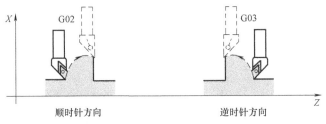

图 3-14　顺时针和逆时针方向确定

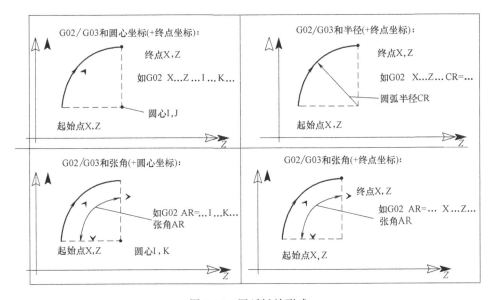

图 3-15　圆弧插补形式

2）G02、G03 简单判别方法：在轴类零件中，一般形状外凸的圆弧用 G03，内凹的圆弧用 G02（凸三凹二）。

3）CR 正负的判断：当圆弧的圆心角小于等于 180°时，CR 为正；当圆弧的圆心角大于 180°小于 360°时，CR 为负。

4）I、K 含义：I、K 表示圆心相对于圆弧起点的增量坐标。

5）AR 含义：圆弧的张角。

> 🔲 说明：插补圆弧尺寸必须在一定的公差范围之内。系统比较圆弧起始点和终点处的半径，如果其差值在公差范围之内，则可以精确设定圆心，若超出公差范围则给出报警。公差值可以通过机床系统参数设定。

6）编程举例：①圆心坐标和终点坐标，如图 3-16 所示。

N5 G90 Z30 X40 G22 G0；用于 N10 的圆弧起始点

N10 G02 Z50 X40 K10 I-7；终点和圆心

② 半径和终点坐标，如图 3-17 所示。

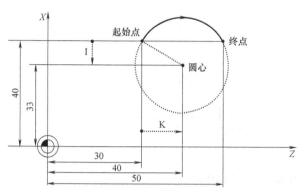

图 3-16 圆弧插补之圆心+终点

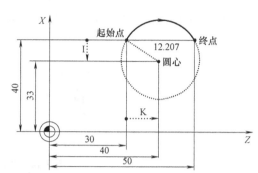

图 3-17 圆弧插补之半径+终点

N5 G90 Z30 X40 G22 G0　　　　；用于 N10 的圆弧起始点

N10 G02 Z50 X40 CR = 12. 207　；终点和半径

> 💡 **说明**：CR 数值前带负号表明所选插补圆弧段大于半圆（即圆心角>180°）。

③ 圆心和张角，如图 3-18 所示。

N5 G90 Z30 X40 G22 G0；用于 N10 的圆弧起始点

N10 G02 K10 I-7 AR = 105；圆心和张角

④ 张角和终点坐标，如图 3-19 所示。

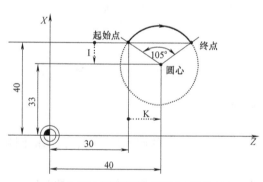

图 3-18 圆弧插补之圆心+张角

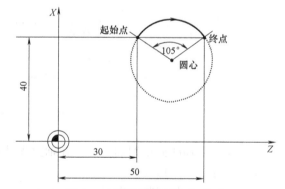

图 3-19 圆弧插补之张角+终点

N5 G90 Z30 X40 G22 G0；用于 N10 的圆弧起始点

N10 G02 Z50 X40 AR = 105；终点和张角

（8）中间点圆弧插补：G05。

功能：如果不知道圆弧的圆心、半径或张角，但已知圆弧轮廓上三个点的坐标，则可以使用 G05 功能，如图 3-20 所示。通过起始点和终点之间的中间点位置确定圆弧的方向。G05 一直有效，直到被 G 功能组中其他的指令（G00，G01，G02，...）取代为止。

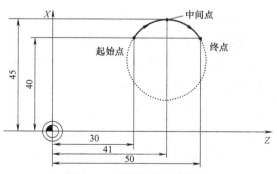

图 3-20 圆弧插补之中间点

> ⚙ **说明**：可设定的位置数据输入 G90 或 G91 指令对终点和中间点有效。

编程举例：

N5 G90 G23 G0 Z30 X80   ;用于 N10 的圆弧起始点

N10 G05 Z50 X80 KZ = 41 IX = 45   ;终点和中间点，IX 必须为半径尺寸

> ⚙ **说明**：中间点是指圆弧上除起始点和终点以外的任意一点。圆弧编程是手工编程的重点之一，至少要学会一到两种圆弧插补方式。

（9）切削螺纹：G33。

1）功能：用 G33 功能可以加工各种类型的恒螺距螺纹，如圆柱螺纹、圆锥螺纹、外螺纹/内螺纹、单螺纹和多重螺纹、多段连续螺纹。前提条件是主轴上有位移测量系统。G33 一直有效，直到被 G 功能组中其他的指令（G00，G01，G02，G03，...）取代为止。

SIEMENS801 系统和 FANUC 0i 数控车床系统螺纹加工指令对应关系是 G32 对应 G33，G76 对应 LCYC97，但它们编程格式却相差很大。

2）编程格式：

G33 Z __ K __ SF = __   ;圆柱螺纹

G33 X __ Z __ K __ SF = __   ;Z 轴位移大于 X 轴位移的锥螺纹

G33 X __ Z __ I __ SF = __   ;X 轴位移大于 Z 轴位移的锥螺纹

G33 X __ I __ SF = __   ;端面螺纹

3）含义：X、Z 为螺纹终点（退刀点）的坐标，K 为螺纹导程，SF 为加工多头螺纹时刀具在圆周上的偏移量。

4）G33 指令格式图解，如图 3-21 所示。

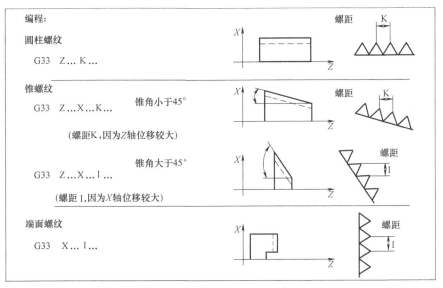

图 3-21　螺纹车削 G33 图解

5）编程举例：拟加工圆柱双头螺纹，起始点偏移 180°，螺纹长度（包括导入空刀量和退出空刀量）100mm，螺距 4mm/r。右旋螺纹，圆柱已经预制。

N10 G54 G0 G90 X50 Z0 S500 M3;回起始点,主轴右转

N20 G33 Z-100 K4 SF=0   ;车第一条螺纹,导程为 4mm

N30 G0 X54

N40 Z0

N50 X50

N60 G33 Z-100 K4 SF=180   ;车第二条螺纹线,180°偏移,导程不变

N70 G0 X54...

在 G33 螺纹切削中,进给速度由主轴转速和螺距的大小确定。进给率 F 保持存储状态,但机床数据中规定的轴最大速度(快速定位)不允许超出。在螺纹加工期间,主轴修调应保持 100%不变;进给修调开关无效。

> ⚠ **注意**:螺纹车削编程是手工编程的难点,需要一些条件的满足,例如大径、小径、车削余量的尺寸计算,查询螺距,计划车削的次数和余量的分配等,应该结合其他专业基础课进行。

(10)暂停:G04。

功能:在两个程序段之间插入一个 G04 程序段,可以使加工中断给定的时间。G04 程序段(含地址 F 或 S)只对自身程序段有效,并暂停所给定的时间。在此之前编程的进给量 F 和主轴转速 S 保持存储状态。

编程举例:

G04 F...   ;暂停时间(s)

G04 S...   ;暂停主轴转数

N5 G01 F200 Z-50 S300 M3;进给率 F,主轴转数

N10 G04 F2.5   ;暂停 2.5s

N20 Z70

N30 G04 S30   ;主轴暂停 30 转,相当于在 S=300r/min 和转速修调 100%时
                      暂停 0.1min

N40 X...   ;进给率和主轴转速继续有效

> 💬 **说明**:G04 S... 只有在受控主轴情况下才有效(当转速给定值同样通过 S... 编程时)。

(11)倒角 CHF、倒圆 RND。

功能:在一个轮廓拐角处可以插入倒角或倒圆,指令 CHF=... 或者 RND=... 与加工拐角的轴运动指令一起写入到程序段中。

编程格式:CHF=...;插入倒角数值,即倒角长度,如图 3-22 所示

RND=...;插入倒圆数值,即倒圆半径,如图 3-23 所示

含义:倒角 CHF:直线轮廓之间、圆弧轮廓之间以及直线轮廓和圆弧轮廓之间切入一直线并倒去棱角。

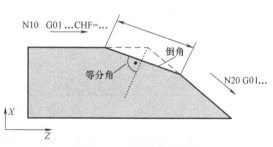

图 3-22 两直线之间倒角

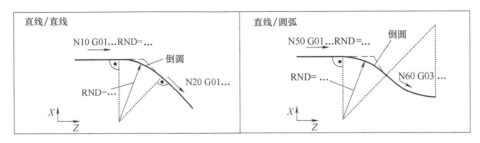

图 3-23 G01 倒圆角

编程举例：

① 倒角：

N10 G01 Z... CHF = 5；倒角 5mm

N20 X... Z...

② 倒圆角：直线轮廓之间、圆弧轮廓之间以及直线轮廓和圆弧轮廓之间切入一圆弧，圆弧与轮廓进行切线过渡。

N10 G01 Z... RND = 8   ；倒圆, 半径 8mm

N20 X... Z...

N50 G01 Z... RND = 7.3   ；倒圆, 半径 7.3mm

N60 G03 X... Z...

（12）恒定切削速度：G96，G97。

功能：前提条件是主轴为受控主轴。G96 功能生效以后，主轴转速随着当前加工工件直径（横向坐标轴）的变化而变化，从而始终保证刀具切削点处编程的切削速度 S 为常数（主轴转速×直径 = 常数）。从 G96 程序段开始，地址 S 下的转速值作为切削速度处理，如图 3-24 所示。

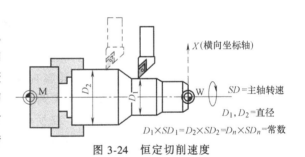

图 3-24 恒定切削速度

G96 为模态有效，直到被 G 功能组中一个其他 G 指令（G94，G95，G97）替代为止。

编程格式：

G96 S... LIMS = ... F...；恒定切削生效

G97；取消恒定切削

含义：S 切削速度, 单位为 m/min；

LIMS 主轴转速上限, 只在 G96 中生效；

F 旋转进给率, 单位为 mm/r, 与 G95 中一样。

> 注意：此处进给率始终为旋转进给率，单位为 mm/r。如果在此之前为 G94 有效而非 G95 有效，则必须重新写入一合适的地址 F 值！

编程举例：

N10 G55 S600 M3 T1   ；工艺数据设定

N20 G96 S120 LIMS = 2500 F0.2   ；恒线速度设定

N30 G00 X150	;主轴转速仍然 600rpm
N40 X50 Z…	;主轴转速仍然 600rpm
N50 X40	;主轴转速按终点 X 调整
N60 G01 X32 Z…	;开始恒线速度切削
…	
N180 G97 X… Z…	;取消恒线速度切削
N190 S…	;定义新的主轴转速

（13）刀尖圆弧半径补偿：G41，G42，G40。

功能：刀具必须有相应的编号才能有效。刀尖半径补偿通过 G41/G42 生效。控制器自动计算出当前刀具运行所产生的、与编程轮廓等距离的刀具轨迹，如图 3-25、图 3-26 所示。注意，必须处于 G18 有效状态。

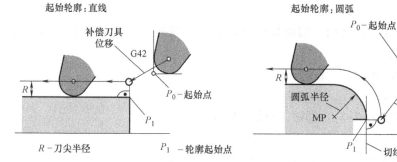

图 3-25　刀尖圆弧半径补偿

格式：G41 X ＿ Z ＿ D ＿；在工件轮廓左边刀补有效
　　　G42 X ＿ Z ＿ D ＿；在工件轮廓右边刀补有效
　　　G40 G01 X ＿ Z ＿；取消刀尖圆弧半径补偿，
　　　　　　　　　　　如图 3-27 所示

注释：只有在线性插补时（G00，G01）才可以进行 G41/G42 的选择。编程两个坐标轴时，如果只给出一个坐标轴的尺寸，则第二个坐标轴自动以最后编程的尺寸赋值。如果在 G41/G42 之前有刀具补偿调用 D，此处也可以不写 D 字符了。

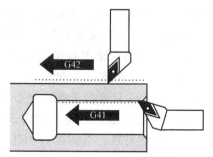

图 3-26　G41/G42 图例

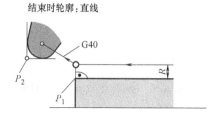

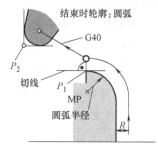

图 3-27　取消刀尖圆弧半径补偿

R—刀尖半径　P_1—最后程序段（如 G42）终点　P_2—程序段 G40 终点

编程举例： N10 T...F...

N15 X...Z... ;起始点,P_0

N20 G01 G42 X...Z... ;工件轮廓右边补偿,P_1

N30 X...Z... ;起始轮廓,圆弧或直线

编程实例：使用刀尖圆弧半径补偿编写如图 3-28 所示数控车削程序。

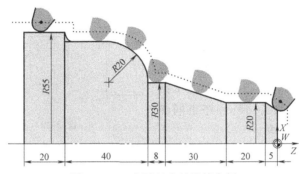

图 3-28 刀尖圆弧半径补偿实例

程序如下：

SKC001. MPF ;程序号

N2 T1D1 ;刀具 1 补偿号 D1

N10 G22 F...S...M... ;半径编程,工艺参数

N15 G00 X100 Z15

N20 X0 Z6

N30 G01 G42 X0 Z0 F0. 2 ;开始补偿运行

N40 G91 X20 CHF＝(5 ＊ 1.41) ;倒角

N50 Z−25

N60 X10 Z−30

N70 Z−8

N80 G03 X20 Z−20 CR＝20

N90 G01 Z−20

N95 X5

N100 Z−20

N110 G40 G0 X100 ;结束补偿运行

N120 M30 ;程序结束

6. 子程序

定义：在一个零件的加工程序中，若有一定量的连续的程序段在几处完全重复出现，则可将这些重复的程序段单独抽出来，按一定的格式做成子程序。程序中某些固定顺序的动作，也可作为子程序进行编程，存在存储器中，需要时直接调用，简化主程序的设计编写。

（1）程序结构：子程序的结构同主程序一样，也包含程序名、程序段序列和程序结束。子程序的程序段列和主程序一样。子程序中也可以再调用子程序，嵌套深度随系统的不同而不同。子程序名也和主程序的名称结构形式相同，后缀名为 . SPF。

（2）子程序调用：L××××××× P××××。当利用地址 L 时，后面的数值前面的零不能省略，如 L0070 和 L70 是不同的子程序名称。P 后面的数字为子程序调用次数。

子程序用 M17 表示程序结束。主程序名和子程序名不能重复，以免误调用，产生不良后果。如子程序名后没有 P 参数时，则代表只调用子程序一次。如 N40 L3000 P3；即 N40 段调用子程序 L3000，连续调用次数为 3 次。

（3）子程序的嵌套：子程序不仅可以从主程序中调用，也可以从其他子程序中调用，这个过程称为子程序的嵌套，如图 3-29 所示。子程序的嵌套深度可以为三层，也就是四级程序界面（包括主程序界面）。在使用加工循环进行加工时，要注意加工循环程序也同样属于四级程序界面中的一级。

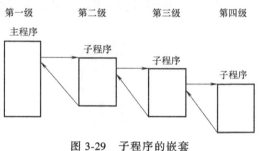

图 3-29　子程序的嵌套

7. 固定循环

循环是指用于特定加工过程的工艺子程序，比如用于钻削、坯料切削或螺纹切削等。循环在用于各种具体加工过程时只要改变参数就可以。

西门子数控车系统中装有车削所用到的几个标准循环如下。

LCYC82：钻孔、沉孔循环。

LCYC83：深孔钻削循环。

LCYC840：补偿夹头内螺纹切削循环。

LCYC85：铰孔、精镗孔循环。

LCYC93：凹槽切削循环。

LCYC94：退刀槽切削循环。

LCYC95：毛坯切削（不带根切）循环。

LCYC97：螺纹车削循环。

循环中所使用的参数为 R100～R249。这些参数可以有键盘面板输入、系统界面图形屏幕格式输入两种输入方式。

调用一个循环之前必须已经对该循环的传递参数赋值。循环结束以后传递参数的值保持不变。

使用加工循环时用户必须事先保留参数 R100 到 R249，保证这些参数只用于加工循环而不被程序中其他地方所使用。循环使用 R250 到 R299 作为内部计算参数。

在调用循环之前 G23（在循环 LCYC93、LCYC94、LCYC95、LCYC97 中）或者 G17（在循环 LCYC82、LCYC83、LCYC840、LCYC85 中）（直径编程）必须有效，否则给出报警：17040 坐标轴非法设定。

如果在循环中没有用于设定进给值、主轴转速和主轴方向的参数，则零件程序中必须编程这些值。循环结束以后 G00、G90、G40 一直有效。本节以常用的固定循环指令进行讲解。

（1）钻孔、沉孔加工循环：LCYC82，如图 3-30 所示。

参数及含义见表 3-3。主要应用场合为钻孔、扩孔、锪孔、铰孔、镗孔（定尺寸镗刀）。

编程实例：利用固定循环编写如图 3-31 所示孔加工程序。

表 3-3　LCYC82 参数及含义

参数	意义及数值范围	参数	意义及数值范围
R101	退回平面(绝对平面)	R104	最后钻深(绝对值)
R102	安全距离	R105	在此钻削深度停留时间
R103	参考平面(绝对平面)		

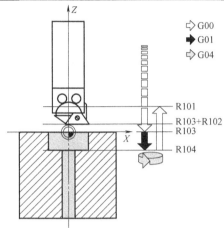

⇨ G00
➡ G01
⇨ G04

R101
R103+R102
R103
R104

图 3-30　LCYC82 钻孔、沉孔加工循环

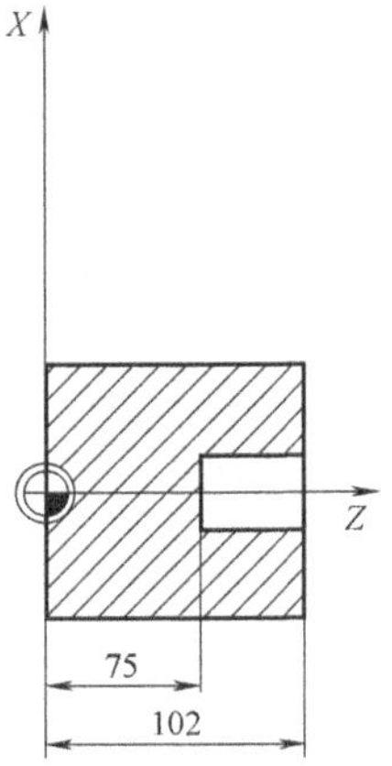

75
102

图 3-31　LCYC82 钻孔实例

程序如下：

N10 G00 G18 G90 F500 T2D2 S500 M3	;规定一些参数值
N20 X0	;回到钻孔位
N30 R101 = 110 R102 = 4 R103 = 102 R104 = 75	;设定参数
N35 R105 = 2	;设定参数
N40 LCYC82	;调用循环
G00 X200 Z200	
N50 M30	;程序结束

（2）深孔钻削：LCYC83，如图 3-32 所示。

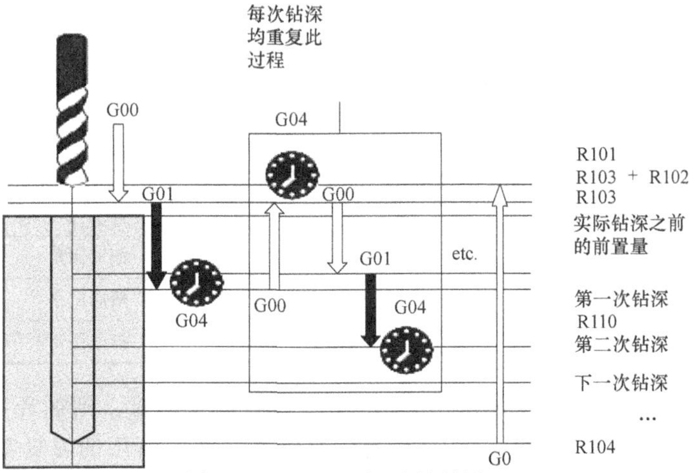

每次钻深
均重复此
过程

G00
G04
G00
G01
G01
etc.
G04
G04
G00
G00
G04

R101
R103 + R102
R103
实际钻深之前
的前置量

第一次钻深
R110
第二次钻深

下一次钻深
...
G0
R104

图 3-32　LCYC83 深孔钻削循环

注：图中只画出了第一次钻深所留出的、实际钻深之前的前置量距离。实际上每次钻深之前都留有一个前置量。

深孔钻削循环加工中心孔，通过分步钻入达到最后的钻深，钻深的最大值事先规定。钻削既可以在每步到钻深后，提出钻头到其参考平面达到排屑目的，也可以每次上提1mm以便断屑。

LCYC83参数及含义见表3-4。

表3-4 LCYC83参数及含义

参数	含义及数值范围	参数	含义及数值范围
R101	退回平面（绝对平面）	R109	在起始点和排屑时停留时间
R102	安全距离，无符号	R110	首钻深度（绝对值）
R103	参考平面（绝对平面）	R111	递减量，无符号
R104	最后钻深（绝对值）	R127	加工方式： 断屑＝0 排屑＝1
R105	在此钻削深度停留时间（断屑）		
R107	钻削进给率（mm/r）		
R108	首钻进给率（mm/r）		

应用场合：深径比较大时尽量采用，以确保可靠加工。

（3）切槽循环：LCYC93。

功能：在圆柱形工件上，不管是进行纵向加工还是进行横向加工，均可以利用切槽循环对称加工出切槽，包括外部切槽和内部切槽，如图3-33所示。

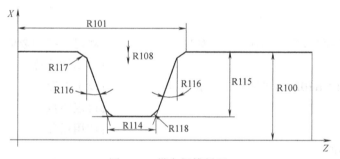

图3-33 纵向切槽循环

前提条件是直径编程指令G23必须有效。在调用切槽循环之前必须已经激活用于进行加工的刀具补偿参数，刀具宽度用R107编程。用于LCYC93的参数及含义见表3-5。

表3-5 LCYC93参数及含义

参数	含义及数值范围	参数	含义及数值范围
R100	横向坐标轴起始点	R115	槽深，无符号
R101	纵向坐标轴起始点	R116	角，无符号， 范围：0...89.999°
R105	加工类型，数值1...8		
R106	精加工余量，无符号	R117	槽沿倒角
R107	刀具宽度，无符号	R118	槽底倒角
R108	切入深度，无符号	R119	槽底停留时间
R114	槽宽，无符号		

参数R105确定加工方式，见表3-6。如果参数值设置不对，则循环中断并产生报警：61002"加工方式错误编程"。参数R107确定刀具宽度，实际所用的刀具宽度必须与此参数相符。如果实际所用刀具宽度大于R107的值，则会使实际所加工的切槽大于编程的切槽而导致轮廓损伤，这种损伤是循环不能监控的。如果编程的刀具宽度大于槽底的切槽宽度，则

循环中断并产生报警：G1602"刀具宽度错误定义"。

表 3-6 R105 切槽方式

数值	纵向/横向	外部/内部	起始点位置	形状
1	纵向	外部	左边	VARI=1
2	横向	内部	右边	VARI=2
3	纵向	内部	左边	VARI=3
4	横向	内部	左边	VARI=4
5	纵向	外部	右边	VARI=5
6	横向	外部	右边	VARI=6
7	纵向	内部	右边	VARI=7
8	横向	外部	左边	VARI=8

编程举例：请按照如图 3-34 所示实例，使用 LCYC93 编写加工程序。

从起始点（95，60）起加工深度为 47mm，宽度为 30mm 的切槽，槽底倒角的长度 2mm，精加工余量 1mm。

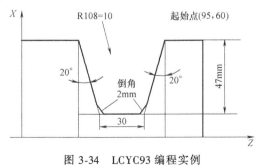

图 3-34 LCYC93 编程实例

加工程序如下：

N10 G00 G90 Z100 X 100 T2D1 S300 M3 G23　　　;选择起始位置

N20 G95 F0. 3　　　　　　　　　　　　　　　;进给率

R100 = 60 R101 = 95 R105 = 5 R106 = 1 R107 = 12　;工艺参数和循环参数

R108 = 10 R114 = 30 R115 = 47 R116 = 20

R117 = 0 R118 = 2 R119 = 1

N60 LCYC93　　　　　　　　　　　　　　　;调用切槽循环

N70 G90 G00 Z100 X 50　　　　　　　　　　;下一个位置

N100 M30

（4）毛坯切削（不带根切）循环：LCYC95，如图 3-35 所示。

功能：用此循环可以在坐标轴平行方向加工由子程序编程的轮廓，可以进行纵向和横向加工，也可以进行内、外轮廓的加工。可以选择不同的切削工艺方式：粗加工、精加工或者综合加工。只要刀具不会发生碰撞，可以在任意位置调用此循环。LCYC95 参数及含义见表 3-7。

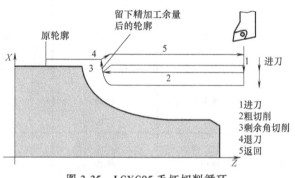

图 3-35　LCYC95 毛坯切削循环

在调用该循环之前，必须在所调用的程序中已经激活刀具补偿参数。

表 3-7　LCYC95 参数及含义

参数	含义及数值范围	参数	含义及数值范围
R105	加工类型 数值 1...12	R109	粗加工切入角，在端面加工时该值必须为零
		R110	粗加工时的退刀量
R106	精加工余量，无符号	R111	粗切进给率
R108	切入深度，无符号	R112	精切进给率

参数 R105 提供了丰富的加工类型：纵向加工/横向加工、内部加工/外部加工、粗加工/精加工/综合加工等。在纵向加工时进刀总是在横向坐标轴方向进行，在横向加工时进刀则在纵向坐标轴方向进行，见表 3-8。

轮廓中不允许含退刀槽切削。若轮廓中包含退刀槽切削，则循环停止运行并发出报警：61605 "轮廓定义出错"。轮廓的编程方向必须与精加工时所选择的加工方向相一致。

表 3-8　毛坯切削循环 R105 加工方式

数值	纵向/横向	外部/内部	粗加工/精加工/综合加工
1	纵向	外部	粗加工
2	横向	外部	粗加工
3	纵向	内部	粗加工
4	横向	内部	粗加工
5	纵向	外部	精加工
6	横向	外部	精加工
7	纵向	内部	精加工
8	横向	内部	精加工

（续）

数值	纵向/横向	外部/内部	粗加工/精加工/综合加工
9	纵向	外部	综合加工
10	横向	外部	综合加工
11	纵向	内部	综合加工
12	横向	内部	综合加工

编程实例：使用 LCYC95 编程如图 3-36 所示数控车程序。

按图示坐标对轮廓（加工方式为纵向、外部轮廓）进行如下编程：

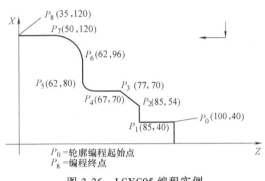

图 3-36　LCYC95 编程实例

N10 G01 Z100 X40 　　　　　;起始点

N20 Z85 　　　　　　　　　;P_1

N30 X54 　　　　　　　　　;P_2

N40 Z77 X70 　　　　　　　;P_3

N50 Z67 　　　　　　　　　;P_4

N60 G02 Z62 X80CR = 5 　　;P_5

N70 G01 Z62 X96 　　　　　;P_6

N80 G03 Z50 X120CR = 12 　;P_7

N90 G01 Z35 　　　　　　　;P_8

N100 G00 Z100 X60 　　　　;程序结束后的位置

N110 M30

（5）螺纹切削循环：LCYC97。

功能：用螺纹切削循环可以按纵向或横向加工形状为圆柱体或圆锥体的外螺纹或内螺纹，并且既能加工单头螺纹也能加工多头螺纹，如图 3-37 所示。切削进刀深度可自动设定。左旋螺纹/右旋螺纹由主轴的旋转方向确定，它必须在调用循环之前的程序中编入。在螺纹加工期间，进给修调开关和主轴修调开关均无效。循环 LCYC97 参数及含义见表 3-9。

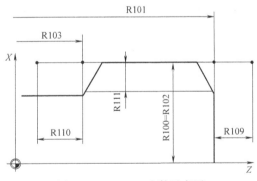

图 3-37　LCYC97 参数示意图

表 3-9　循环 LCYC97 参数及含义

参数	含义及数值范围	参数	含义及数值范围
R100	螺纹起始点直径	R110	空刀退出量,无符号
R101	纵向轴螺纹起点	R111	螺纹深度,无符号,半径方式
R102	螺纹终点直径	R112	起点偏移,无符号
R103	纵向轴螺纹终点	R113	粗切数
R104	米制:螺纹导程值/寸制:牙数	R114	螺纹头数
R105	加工类型: 1:外螺纹,2:内螺纹	R120	退刀距离(X 轴:半径方式)
		R121	Z 轴方向的螺纹退尾距离,无符号
R106	精加工余量,无符号	R122	X 轴方向的螺纹退尾距离,无符号,半径方式
R109	空刀导入量,无符号	R123	螺纹类型:1:米制,mm/r;2:寸制,牙/in

> 💬 **说明**：单头螺纹，螺纹导程＝螺距；多头螺纹，螺纹导程＝螺距×螺纹头数。

参数 R123 为螺纹导程值单位。当设置 R123＝1 时，螺纹为米制螺纹，R104 为螺纹导程值；当设置 R123＝2 时，螺纹为寸制螺纹，R104 为每英寸上螺纹的牙数；当将 R123 设为其他值进行编程时，系统会出现报警：#61695 "参数 R123 赋值错误"。

参数 R105 确定加工外螺纹还是内螺纹：当 R105＝1 时，加工外螺纹；当 R105＝2 时，加工内螺纹。若该参数编成了其他数值，则循环中断，并给出报警：#61002 "加工类型定义错误"。

参数 R121 和 R122 分别用于确定螺纹在 Z 轴和 X 轴方向上的退尾距离。如果 R121＜0，则系统出现报警：#61699 "参数 R121 符号错误"；如果 R122＜0，则系统出现报警：#61698 "参数 R122 符号错误"；如果 R121＝R122＝0，则螺纹无退尾；如果 R121、R122 中只有一个值为 0 时，则小于 45° 的螺纹按 45° 退尾，大于 45°的螺纹无退尾。如果退尾角度小于主螺纹角度（直螺纹：0°，锥螺纹：毛坯圆锥锥角的一半），则系统出现报警：#61697 "参数 R122 值太小"。

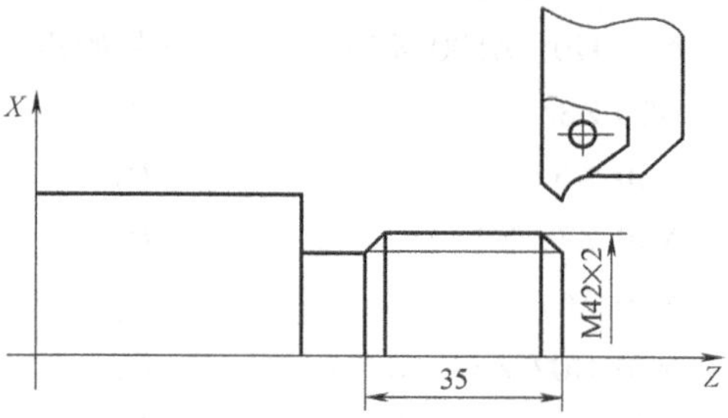

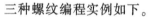

图 3-38　切削双头螺纹

三种螺纹编程实例如下。

1）加工无退尾螺纹，如图 3-38 所示。

程序如下：

```
N10 G23 G95 F0. 3 G90 T1D1 S500 M4      ;确定工艺参数
N20 G00 Z100 X120                       ;编程的起始位置
R100＝42 R101＝80                        ;循环参数
R102＝42 R103＝45
R104＝9
R123＝1
R105＝1 R106＝1
R109＝12 R110＝6
R111＝1. 083 R112＝0
R113＝3 R114＝2
R120＝1 R121＝0 R122＝0
N50 LCYC97                              ;调用循环
N100 G00 Z100 X60                       ;循环结束后位置
N110 M30
```

2）加工带退尾螺纹，如图 3-39 所示。

程序如下：

```
N10 G23 G95 F0. 3 G90 T1D1 S500 M4      ;确定工艺参数
N20 G00 Z100 X120                       ;编程的起始位置
R100＝42 R101＝80                        ;循环调用参数
```

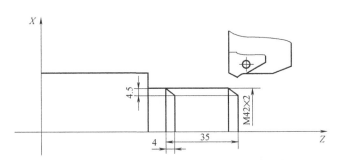

图 3-39 切削双头螺纹（加退尾）

R102 = 42 R103 = 45

R105 = 1 R106 = 1

R109 = 12 R110 = 6

R111 = 4 R112 = 0

R113 = 3 R114 = 2

R104 = 9 R123 = 1

R120 = 1

R121 = 4 R122 = 4. 5

N50 LCYC97   ;调用循环

N100 G00 Z100 X60   ;循环结束后的位置

N110 M30

3）通过设置下列参数可以加工寸制螺纹，如图 3-40 所示。

R123 = 2（螺纹为寸制螺纹）；

R104（设置每英寸上螺纹的牙数）；

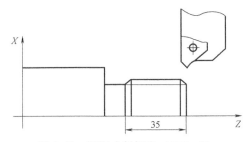

图 3-40 切削寸制螺纹（TPI = 8）

程序如下：

N10 G23 G95 F0. 3 G90 T1D1 S500 M4   ;确定工艺参数

N20 G00 Z100 X120   ;编程的起始位置

R100 = 42 R101 = 80   ;循环参数

R102 = 42 R103 = 45

R104 = 8 R123 = 2

R105 = 1 R106 = 1

R109 = 12 R110 = 6

R111 = 1. 083 R112 = 0

R113 = 3 R114 = 2

R120 = 1 R121 = 0 R122 = 0

N50 LCYC97   ;调用循环

N100 G00 Z100 X60   ;循环结束后位置

N110 M30

3.5 数控车床编程实例

3.5.1 简单轴编程

知识目标

① 掌握 N、F、M、G 等功能指令。

② 掌握 G00、G01 指令及其应用。

③ 会编写简单数控加工程序。

④ 掌握阶梯轴加工工艺制定方法。

技能目标

① 熟练掌握工件、刀具的装夹。

② 熟练机床基本操作。

③ 掌握零件的单段加工方法。

编制如图 3-41 所示零件数控车程序。

1. 建立工件坐标系

根据工件坐标系建立原则，即数控车床工件原点一般设在右端面与工件轴线交点上，故工件坐标系设置在 O 点，如图 3-42 所示。

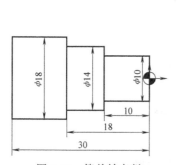

图 3-41 简单轴车削

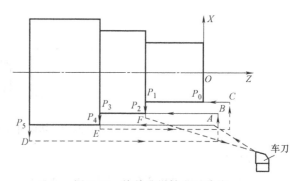

图 3-42 简单阶梯轴走刀路线

2. 计算基点及工艺点坐标

零件各几何要素之间的连接点称为基点，如零件轮廓上二条直线的交点、直线与圆弧的交点或切点等。基点往往作为直线、圆弧插补的目标点，是编写数控程序的重要数据。坐标系建立后应计算基点坐标。数控车床，编程时 X 轴方向常用直径数据作为其编程数据。简单阶梯轴各基点坐标见表 3-10。

表 3-10 简单阶梯轴各基点坐标

基点	坐标(Z,X)	工艺点	坐标(Z,X)
P_0	$(0,10)$	A	$(4,18)$
P_1	$(-10,10)$	B	$(4,14)$
P_2	$(-10,14)$	C	$(4,10)$
P_3	$(-18,14)$	D	$(-30,22)$
P_4	$(-18,18)$	E	$(-18,20)$
P_5	$(-30,18)$	F	$(-10,16)$

3. 选择工、量、刃具

（1）工具选择：铝棒装夹在自定心卡盘上，用划线盘校正并夹紧，其他工具见表 3-11。

（2）量具选择：外圆、长度精度要求不高，选用 0~150mm 游标卡尺测量。

（3）刀具选择：加工材料为硬铝，刀具选用 90°硬质合金外圆车刀，置于 T01 号刀位；另外，用切槽刀手动切断工件，其规格、参数见表 3-11。

表 3-11 简单阶梯轴加工工、量、刃具清单

种类	工、量、刃具清单				图号	SKC2-1
	序号	名称	规格	精度	单位	数量
工具	1	自定心卡盘			个	1
	2	卡盘扳手			副	1
	3	刀架扳手			副	1
	4	垫刀片			块	若干
	5	划线盘			个	1
量具	1	游标卡尺	0~150mm	0.02	把	1
刀具	1	外圆车刀	90°		把	1
	2	切槽刀	4		把	1

4. 简单阶梯轴参考数控加工程序（见表 3-12）

表 3-12 简单阶梯轴参考数控加工程序

程序段号	程序内容	动作说明
N10	G00 X100 Z100 M03 S600	刀具快速运动到起点位置(100,100)，主轴正转转速 600r/min
N20	T01D01	换 1 号刀，T01D01 可简写为 T1D1（发那科系统需写成 T0101）
N30	G00 X18 Z4	刀具快速运动到 A 点
N40	G01 Z-30 F0.2	以 G01 速度从 A 点直线加工到 P_5 点
N50	X22	刀具沿+X 方向退至 D 点
N60	G00 Z4	刀具沿+Z 方向快速退回
N70	X14	X 方向进刀至 B 点
N80	G01 Z-18	刀具直线加工到 P_3 点
N90	X20	刀具沿+X 方向退至 E 点
N100	G00 Z4	刀具沿+Z 方向快速退回
N110	X10	X 方向进刀至 C 点
N120	G01 Z-10	刀具直线加工到 P_1 点
N130	X16	刀具沿+X 退出至 F 点
N140	G00 X100 Z100	刀具退回至起点
N150	M05	主轴停止
N160	M30	程序结束

3.5.2 槽加工及切断

知识目标

① 掌握半径编程、直径编程含义及应用。

② 掌握绝对尺寸、增量尺寸指令及应用。

③ 理解进给速度单位指令及含义。

④ 掌握暂停指令及应用。

⑤ 会编制外槽加工工艺。

技能目标

① 掌握切槽刀装夹方法。

② 掌握切槽刀对刀方法及验证。

③ 掌握程序断点加工方法。

编制如图 3-43 所示零件数控车程序。

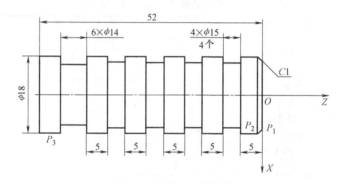

图 3-43　槽加工零件图

1. 编程指令（部分）

（1）数控车床半径编程及直径编程。数控车床车削回转体类零件，一般以直径方式表示 X 坐标值，因采用直径值编程比较方便。FANUC 数控车系统半径编程或直径编程由 1006 号参数的第 3 位（DIA）设定；SIEMENS 数控车系统用 G 指令设定：G22，半径编程；G23，直径编程。

（2）绝对坐标、增量坐标指令。①绝对坐标：刀具运动过程中，刀具的位置坐标是以工件原点为基准计量的。②增量坐标：刀具位置坐标是相对于前一位置的增量。FANUC 数控车系统用 X、Z 表示绝对坐标，U、W 表示增量坐标；SIEMENS 数控车系统用指令 G90 表示绝对坐标，指令 G91 表示增量坐标。

> 注意：U、W 分别为 X、Z 轴方向的坐标增量；另外，FANUC 0i Mate TC 系统中 B 代码、C 代码绝对坐标指令为 G90，增量坐标指令为 G91。

指令说明：发那科系统中可以绝对、增量坐标混合编程，即在一段程序中 X 和 W 或 U 与 Z 同时存在；西门子系统 G90、G91 为模态有效代码，一经使用，持续有效。

（3）进给暂停指令 G04 见表 3-13。

暂停指令常用于车槽、镗平面、锪孔等场合，以提高表面质量。

表3-13 发那科系统和西门子系统暂停指令对比

系统	指令格式	说明
发那科系统	G04 X __	X 为暂停时间,可用带小数点的数,单位为秒(s)
	G04 U __	U 为暂停时间,可用带小数点的数,单位为秒(s)
	G04 P __	P 为暂停时间,不允许用带小数点的数,单位为毫秒(ms)
西门子系统	G04 F __	F 为暂停时间,可用带小数点的数,单位为秒(s)
	G04 S __	S 为主轴转数,表示暂停主轴转过 S 转的时间

举例说明。发那科系统:G04 X5(U5)表示暂停 5s;G04 P50 表示暂停 50ms,即暂停 0.05s。西门子系统:G04 F2.5 表示暂停 2.5s;G04 S5 表示暂停主轴转过 5 转的时间。

2. 工、量、刃具选择

(1)工具选择:铝棒装夹在自定心卡盘上,用划线盘校正,其他工具见表3-14。

(2)量具选择:尺寸精度要求不高,选用 0~150mm 游标卡尺测量。

(3)刃具选择:加工材料为硬铝,刀具选用 90°硬质合金外圆车刀车外圆并置于 T01 号刀位;切槽和切断工件选用硬质合金切槽刀,刀头宽度为 4mm,刀头长度应大于 10mm,安装在 T02 刀位,具体见表3-14。

表3-14 切槽/切断工、量、刃具清单

工、量、刃具清单					图号	SKC2-2	
种类	序号	名称	规格	精度	单位	数量	
工具	1	自定心卡盘			个	1	
	2	卡盘扳手			副	1	
	3	刀架扳手			副	1	
	4	垫刀片			块	若干	
	5	划线盘			个	1	
量具	1	游标卡尺	0~150mm	0.02	把	1	
刀具	1	外圆车刀	90°		把	1	
	2	切槽刀	4×15		把	1	

3. 切槽加工应注意的问题

(1)切槽刀有左、右两个刀尖及切削刃中心处三个刀位点,在整个加工程序中应采用同一个刀位点,一般采用左侧刀尖作为刀位点,对刀、编程较方便。如图 3-44 所示。

(2)切槽过程中退刀路线应合理,避免产生撞刀现象;切槽后应先沿径向(X 向)退出刀具,再沿轴向(Z 向)退刀,如图 3-45 所示。

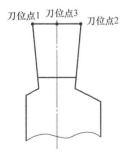

图 3-44 切槽刀刀位点

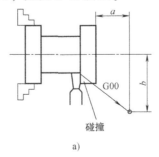

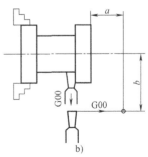

图 3-45 切槽后退刀实例

a)产生碰撞 b)避免碰撞的方法

4. 加工工艺路线

先用 T01 号外圆车刀粗、精加工外圆，然后换 T02 号切槽刀切槽，最后切断工件。切槽时右侧四个窄槽用刀头宽度等于槽宽的切槽刀直进法切出，左侧宽槽采用分次进给切出，具体步骤见切槽及切断零件加工工艺（表 3-15）。

5. 选择合理切削用量

加工材料为硬铝，硬度较低，切削力较小，切削用量可选大些；但切槽时，由于切槽刀强度较低，转速及进给速度应选择小一些，具体工艺见表 3-15。

表 3-15　切槽及切断零件加工工艺

工步号	工步内容	刀具号	切削用量		
			背吃刀量 a_p/mm	进给速度 v_f/(mm/r)	主轴转速 n/(r/min)
1	车右端面	T01	1~2	0.2	600
2	粗车 $\phi18$ 外圆，留 0.4mm 精车余量	T01	1~2	0.2	600
3	精加工 $\phi18$ 外圆至尺寸	T01	0.2	0.1	800
4	车右端四个 4×ϕ15 窄槽	T02	4	0.08	400
5	粗车左侧 6×ϕ14 宽槽	T02	4	0.08	400
6	精车 6×ϕ14 宽槽至尺寸	T02	4	0.08	500
7	切断，控制工件总长为 52mm	T02	4	0.08	400

6. 参考程序 （见表 3-16）

表 3-16　参考程序

程序段号	程序内容（发那科系统）	程序内容（西门子系统）	动作说明
N10	M3 S600 G99	M3 S600 G90 G95 G23	转速 600r/min，绝对坐标编程，每转进给量、直径编程
N20	T0101	T1D1	换 1 号外圆车刀
N30	G00 X0 Z5	G00 X0 Z5	刀具快速运动到进刀点
N40	G01 Z0 F0.2	G01 Z0 F0.2	进刀至工件右端面
N50	X16.4	X16.4	粗车至 P_1 点
N60	Z-1 X18.4	Z-1 X18.4	粗车 C1 倒角至 P_2 点
N70	Z-56	Z-56	粗车外圆至 P_3 点，留切断余量
N80	X22	X22	刀具沿 X 方向退出
N90	G00 Z5	G00 Z5	刀具沿 Z 方向退回
N100	M3 S800	M3 S800	精车转速 800r/min
N110	X0	X0	进刀至工件轴线
N120	G01 Z0 F0.1	G01 Z0 F0.1	进刀至工件右端面
N130	X16	X16	精车右端面至 P_1 点
N140	X18 Z-1	X18 Z-1	精车倒角至 P_2 点
N150	Z-56	Z-56	精车外圆至 P_3 点，留切断余量
N160	X22	X22	刀具沿 X 方向退出
N170	G00 Z200	G00 Z200	刀具沿 Z 方向退回
N180	X100	X100	刀具沿 X 方向退回
N190	M0 M5	M0 M5	程序停、主轴停、测量
N200	M3 S400	M3 S400	变换主轴转速为 400r/min
N210	T0202	T2D2	换切槽刀
N220	X20 Z-9	X20 Z-9	刀具移动至第一个槽进刀点
N230	G01 X15 F0.08	G01 X15 F0.08	切第一个槽至槽底，增量编程
N240	G04 X2	G04 F2	槽底停 2s

（续）

程序段号	程序内容 （发那科系统）	程序内容 （西门子系统）	动作说明
N250	G01 X19	G01 X19	刀具沿 X 方向退出
N260	G00 Z-18	G00 Z-18	刀具移动至第二个槽进刀点
N270	G01 X15	G01 X15	切第二个槽至槽底
N280	G04 X2	G04 F2	槽底停 2s
N290	G01 X19	G01 X19	刀具沿 X 方向退出
N300	G00 Z-27	G00 Z-27	刀具移动至第三个槽进刀点
N310	G01 X15	G01 X15	切第三个槽至槽底
N320	G04 X2	G04 F2	槽底停 2s
N330	G01 X19	G01 X19	刀具沿 X 方向退出
N340	G00 Z-36	G00 Z-36	刀具移动至第四个槽进刀点
N350	G01 X15	G01 X15	切第四个槽至槽底
N360	G04 X2	G04 F2	槽底停 2s
N370	G01 X19	G01 X19	刀具沿 X 方向退出
N380	G00 Z-45.2	G00 Z-45.2	刀具移动至宽槽进刀点，槽侧留 0.2mm 余量
N390	G01 X14.6	G01 X14.6	车宽槽至槽底并留余量
N400	G01 X19	G01 X19	刀具沿 X 方向退出
N410	G00 Z-46.8	G00 Z-46.8	刀具沿 Z 方向向左移动 1.6mm
N420	G01 X14.6	G01 X14.6	再次粗车宽槽并留余量
N430	G01 X19	G01 X19	刀具沿 X 方向退出
N440	G00 Z-45	G00 G90 Z-45	刀具移至宽槽右侧面（精车），绝对坐标编程
N450	M3 S500	M3 S500	精车转速 500r/min
N460	G01 X14	G01 X14	精车宽槽右侧面
N470	Z-47	Z-47	精车宽槽槽底
N480	X19	X19	精车宽槽左侧面并沿 X 方向退出
N490	G00 Z-56	G00 Z-56	刀具移至切断处
N500	G01X0 F0.08 S300 M03	G01 X0 F0.08 S300 M03	改变主轴转速，切断工件
N510	X20 F0.5	X20 F0.5	刀具沿 X 方向退出
N520	G00 X100 Z100	G00 X100 Z100	刀具退回
N530	M05	M05	主轴停止
N540	M30	M30	程序结束

7. 注意事项

（1）切槽刀刀头强度低，易折断，安装时应按要求严格装夹。

（2）加工中使用两把车刀，对刀时每把刀具的刀具号及补偿号不要弄错。

（3）对刀时，外圆车刀采用试切端面、外圆方法进行，切槽刀不能再切端面，否则，加工后零件长度尺寸会发生变化。

（4）首件加工时仍尽可能采用单步运行，程序准确无误后再采用自动方式加工以避免意外。

（5）对刀时，在刀具接近工件过程中，进给倍率要小，避免产生撞刀现象。

（6）切槽刀采用左侧刀尖作刀位点，编程时刀头宽度尺寸应考虑在内。

3.5.3　外圆锥面加工

知识目标

① 了解锥面的标注及尺寸计算。

② 掌握子程序及应用。

③ 掌握刀尖半径补偿指令及应用。

④ 会编制外圆锥零件加工工艺。

技能目标

① 掌握锥面零件的加工。

② 掌握刀尖圆弧半径补偿功能的使用。

③ 熟练掌握零件自动加工方法。

编制如图 3-46 所示零件数控车程序。

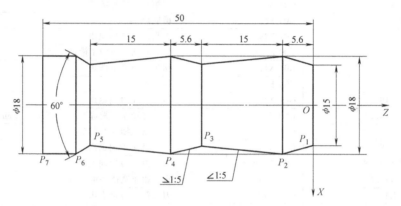

图 3-46　外圆锥零件图

1. 圆锥面基本参数的计算（见表 3-17）

表 3-17　圆锥面基本参数的计算

基本参数	图例
最大圆锥直径：D	
最小圆锥直径：d	
圆锥长度：L	
锥度：$C=(D-d)/L$ 圆锥半角 $\alpha/2$ $C/2=\tan(\alpha/2)$	
备注：圆锥具有 4 个基本参数（C、D、d、L），只要已知其中三个参数，便可以通过公式：$C=(D-d)/L$，计算出未知参数	

例 1：如图 3-46 所示，P_2 点直径为 $\phi18mm$，圆锥长度为 15mm，锥度 $C=1:5$，试确定 P_3 点直径。

解：根据公式 $C=(D-d)/L$，则：

$$d=D-LC=18-15/5=15\ (\text{mm})$$

例 2：如图 3-46 所示，P_5 点直径为 $\phi15mm$，P_6 点直径为 $\phi18mm$，圆锥角为 60°，试求 $P_5 \sim P_6$ 圆锥长度。

解：

$$C=2\tan(\alpha/2)=2\times\tan30°=1.155$$

$$L=(D-d)/C=(18-15)/1.155=2.6\ (\text{mm})$$

2. 选择工、量、刃具

（1）工具选择：铝棒用自定心卡盘装夹，其他工具见表 3-18。

（2）量具选择：尺寸精度要求不高，外圆及长度尺寸选用游标卡尺测量，锥度用万能角度量角器测量，具体规格见表 3-18。

（3）刃具选择：刀具选用 90° 硬质合金外圆车刀，刀具副偏角应足够大，防止车倒锥时，副刀刃与锥面发生干涉。零件加工结束后用切槽刀切断工件，刀具清单见表 3-18。

表 3-18　外圆锥面车削工、量、刃具清单

工、量、刃具清单					图号	SKC2-3
种类	序号	名称	规格	精度	单位	数量
工具	1	自定心卡盘			个	1
	2	卡盘扳手			副	1
	3	刀架扳手			副	1
	4	垫刀片			块	若干
	5	划线盘			个	1
量具	1	游标卡尺	0~150mm	0.02	把	1
	2	万能角度量角器	0°~320°	2′	把	1
刀具	1	外圆粗车刀	90°		把	1
	2	外圆精车刀	90°		把	1
	3	切槽刀	4×15		把	1

3. 加工工艺路线

分粗、精加工进行。粗加工后留 0.6mm（直径）余量，精加工设置刀尖半径补偿功能，减小锥面尺寸和形状误差。具体步骤见车削外圆锥面加工工艺（表 3-19）。粗加工进刀路线如图 3-47 所示。

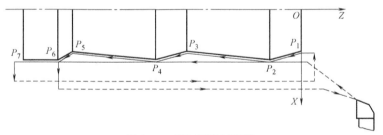

图 3-47　粗加工进刀路线

表 3-19　车削外圆锥面加工工艺

工步号	工步内容	刀具号	切削用量		
			背吃刀量 a_p/mm	进给速度 v_f/(mm/r)	主轴转速 n/(r/min)
1	车右端面	T01	1~2	0.2	600
2	粗加工外轮廓,留 0.6mm 精车余量	T01	1~2	0.2	600
3	精加工外轮廓至尺寸	T02	0.3	0.1	800
4	切断,控制总长为 50mm	T03	4	0.08	400

4. 计算基点坐标

在本实例中，两段圆锥形状相同，采用子程序编程，需计算出 P_2（P_4）点相对 P_1（P_3）点的增量坐标、P_3（P_5）点相对于 P_2（P_4）点的增量坐标及 P_6、P_7 点绝对坐标。具

体各点坐标见表 3-20。

表 3-20　基点坐标

基点	坐标(Z,X)
P_2 点相对于 P_1 点(P_4 相对于 P_3)增量坐标	X 方向为 3 Z 方向为 -5.6
P_3 点相对于 P_2 点(P_5 相对于 P_4)增量坐标	X 方向为 -3 Z 方向为 -15
P_6(绝对坐标)	(-43.8,18)
P_7(绝对坐标)	(-50,18)

5. 参考程序

（1）主程序（见表 3-21）。

表 3-21　外圆锥车削参考程序

程序段号	程序内容 （发那科系统）	程序内容 （西门子系统）	动作说明
N05	G00 G40 X100 Z200 M3 S600	G00 G40 G90 X100 Z200 M3 S600	刀具回起点,取消刀尖半径补偿,绝对编程,转速 600r/min
N10	T0101	T1D1	换 1 号外圆粗车刀
N20	G00 X0 Z5	G00 X0 Z5	刀具移动至进刀点
N30	G01 Z0 F0.2	G01 Z0 F0.2	刀具切削至工件右端面
N40	X18.6	X18.6	粗车右端面
N50	Z-54	Z-54	粗车外圆,留切断余量
N60	X22	X22	刀具沿 X 方向退出
N70	G00 Z2	G00 Z2	刀具沿 Z 方向退回
N80	X15.6	X15.6	刀具沿 X 方向进刀
N90	G01 Z0	G01 Z0	车至工件右端面
N100	M98 P20010	L10 P2	调子程序两次,粗车圆锥
N110	G01 X18.6 Z-43.8	G01 X18.6 Z-43.8	粗车至 P_6 点
N120	X20	X20	刀具沿 X 方向退出
N130	G00 Z200	G00 Z200	刀具沿 Z 方向退回
N140	M0 M5	M0 M5	程序停、主轴停、测量
N150	M3 S800 F0.1	M3 S800 F0.1	设置精车用量
N160	T0202	T2D2	换外圆精车刀
N170	G00 X15 Z2	G00 X15 Z2	刀具移至进刀点
N180	G01 G42 Z0	G01 G42 Z0	建立刀尖半径补偿
N190	M98 P20010	L10 P2	调子程序两次,精车圆锥
N200	G01 X18 Z-43.8	G01 X18 Z-43.8	精车至 P_6 点
N210	Z-54	Z-54	精车至 P_7 点
N220	X22	X22	刀具沿 X 方向退出
N230	G00 Z200	G00 Z200	刀具沿 Z 方向退回
N240	M0 M5	M0 M5	程序停、主轴停、测量
N250	T0303	T3D3	换切槽刀
N260	M3 S400	M3 S400	主轴转速 400r/min
N270	G00 Z-54	G00 Z-54	刀具移至切断处
N280	X24	X24	刀具移至进刀点
N290	G01 X0 F0.08	G01 X0 F0.08	切断工件
N300	X22 F0.3	X22 F0.3	刀具沿 X 方向退出
N310	G00 X100 Z200	G00 X100 Z200	刀具退回
N320	M05	M05	主轴停止
N330	M30	M30	程序结束

（2）子程序。

1）发那科系统子程序，程序名"O0010"，程序内容见表 3-22。

表 3-22　发那科系统子程序

程序段号	程序内容	动作说明
N10	G01 U3 W-5.6	X 方向增量为 3, Z 方向增量为 -5.6
N20	U-3 W-15	X 方向增量为 -3, Z 方向增量为 -15
N30	M99	子程序结束并返回

2）西门子系统子程序，程序名"L10.SPF"，程序内容见表 3-23。

表 3-23　西门子系统子程序

程序段号	程序内容	动作说明
N10	G01 G91 X3 Z-5.6	增量编程, X 方向增量为 3, Z 方向增量为 -5.6
N20	X-3 Z-15	X 方向增量为 -3, Z 方向增量为 -15
N30	G90	转换成绝对坐标编程
N40	M17	子程序结束并返回

3.5.4　多阶梯轴加工

知识目标

① 掌握发那科系统 G71、G70 循环指令及应用。

② 掌握西门子系统 LCYC95 毛坯切削循环指令及应用。

③ 会进行编程尺寸的计算。

技能目标

① 熟练零件自动加工方法。

② 掌握尺寸控制方法。

③ 会使用斯沃数控仿真软件进行仿真练习。

编制如图 3-48 所示零件数控车程序。

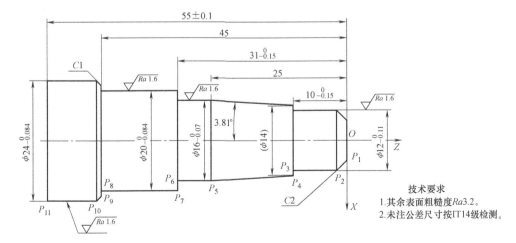

图 3-48　多阶梯轴零件图

1．编程指令

（1）发那科系统外圆、内孔粗加工复合循环指令（G71）。

其他未举例用到的固定循环指令参见发那科（FANUC）数控系统相关手册。

1）指令功能：只需指定粗加工背吃刀量、精加工余量和精加工路线等参数，系统便可自动计算出粗加工路线和加工次数，完成外圆、内孔表面的粗加工，如图 3-49 所示。

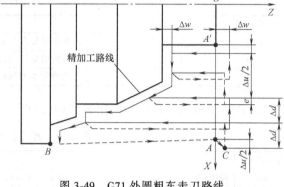

图中 A 为刀具循环起点，执行粗车循环时，刀具从 A 点移动到 C 点，粗车循环结束后，刀具返回 A 点。

图 3-49　G71 外圆粗车走刀路线

2）指令格式：

G71 U（Δd）R（e）

G71 P（ns）Q（nf）U（Δu）W（Δw）

N（ns）…
F　S　T ⎫
… ⎬从顺序号 ns 到 nf 的精加工程序段。
N（nf）⎭

…

格式中各代号的含义如下：

Δd：每刀背吃刀量，半径值。一般 45 钢件取 1～2mm，铝件取 1.5～3mm。

e：退刀量，半径值。一般取 0.5～1mm。

ns：指定精加工路线的第一个程序段的段号。

nf：指定精加工路线的最后一个程序段的段号。

Δu：X 方向精加工余量，直径值；一般取 0.5mm 左右。加工内轮廓时，为负值。

Δw：Z 方向精加工余量，一般取 0.05～0.1mm。

3）指令使用说明：

① 粗加工循环由带有地址 P 和 Q 的 G71 指令实现。在 ns 和 nf 程序段中指定的 F、S、T 功能无效，在 G71 程序段中或前面程序段中指定的 F、S、T 功能有效。

② 区别外圆、内孔；正、反阶梯由 X、Z 方向精加工余量（Δu、Δw）的正负值来确定。

③ 使用 G71 指令时，工件径向尺寸必须单向递增或递减。

④ 在调用 G71 指令前，刀具应处于循环起点 A 处，A 点位置随加工表面不同而不同。

⑤ 顺序号 ns 到 nf 之间的程序段不能调用子程序。

（2）发那科系统外圆、内孔精加工循环指令（G70）。

1）指令功能：用 G71、G73 粗车完毕后，用精加工循环指令，使刀具进行 $A \rightarrow A' \rightarrow B$ 的精加工。

2）指令格式：G70 P（ns）Q（nf）。

其中：ns 为指定精加工路线的第一个程序段的段号。nf 为指定精加工路线的最后一个程序段的段号。

3）指令使用说明：

① 在精车循环 G70 状态下，ns 至 nf 程序段中指定的 F、S、T 有效；当 ns 至 nf 程序段中不指定 F、S、T 时，粗车循环（G71、G73）中指定的 F、S、T 有效。

② G70 循环加工结束时，刀具返回到起点并读下一个程序段。

③ G70 中 ns 到 nf 间的程序段不能调用子程序。

（3）成形加工复式循环指令（G73）。

1）指令功能：本指令用于重复切削一个逐渐变换的固定形式，用本循环可有效地切削一个用粗加工锻造或铸造等方式已经加工成型的工件，该指令走刀路线如图 3-50 所示。

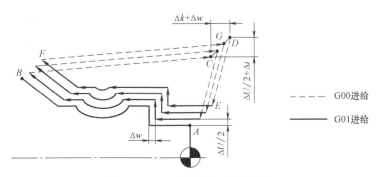

图 3-50 G3 外圆粗车走刀路线

2）指令格式及含义如下：

G73 U（Δi）W（Δk）R（d）

G73 P（ns）Q（nf）U（Δu）W（Δw）F（f）S（s）T（t）

N（ns）······

······沿 A→A'→B 的程序段号

N（nf）······

Δi：X 轴方向退刀距离。

Δk：Z 轴方向退刀距离。

d：切削次数。

ns：精加工形状程序的第一个段号。

nf：精加工形状程序的最后一个段号。

Δu：X 方向精加工预留量的距离及方向（直径/半径）。

Δw：Z 方向精加工预留量的距离及方向。

（4）西门子系统毛坯切削循环指令 LCYC95，见前文介绍。

其他未举例用到的固定循环指令参见西门子数控系统相关手册。

2. 工、量、刃具选择

（1）工具选择：铝棒装夹在自定心卡盘上，用划线盘校正，其他工具见表 3-24。

（2）量具选择：长度尺寸选用游标卡尺测量、外圆选用外径千分尺测量；圆锥面用万能角度量角器测量，粗糙度用粗糙度样板比对，具体规格见表 3-24。

（3）刀具选择：加工材料为硬铝，选用硬质合金外圆车刀进行粗、精车，并分别置于T01、T02号刀位；最后用切槽刀切断工件，切槽刀置于T03刀位。具体参数见表3-24。

表3-24　多阶梯轴零件加工工、量、刃具清单

| 种类 | 序号 | 工、量、刃具清单 | | 图号 | SKC2-4 | |
		名称	规格	精度	单位	数量
工具	1	自定心卡盘			个	1
	2	卡盘扳手			副	1
	3	刀架扳手			副	1
	4	垫刀片			块	若干
	5	划线盘			个	1
量具	1	游标卡尺	0～150mm	0.02	把	1
	2	外径千分尺	0～25mm	0.01	把	1
	3	万能角度量角器	0～320°	2′	把	1
刀具	1	外圆粗车刀	90°		把	1
	2	外圆精车刀	90°		把	1
	3	切槽刀	4×15		把	1

3. 加工工艺路线（见表3-25）

表3-25　多阶梯轴零件加工工艺

| 工步号 | 工步内容 | 刀具号 | 切削用量 | | |
			背吃刀量 a_p/mm	进给速度 v_f/(mm/r)	主轴转速 n/(r/min)
1	车右端面	T01	1～2	0.2	600
2	粗加工外轮廓，留0.4mm精车余量	T01	1～2	0.2	600
3	精加工外轮廓至尺寸	T02	0.2	0.1	800
4	切断，控制工件总长为55±0.1mm	T03	4	0.08	400

4. 计算基点坐标

点 P_1 到 P_{11} 坐标按各点极限尺寸平均值为准作为编程尺寸，具体坐标见表3-26。

表3-26　基点坐标

基点	坐标(Z,X)	基点	坐标(Z,X)
P_1	(0,7.945)	P_7	(−30.925,19.958)
P_2	(−2,11.945)	P_8	(−45,19.958)
P_3	(−9.925,11.945)	P_9	(−45,21.958)
P_4	(−9.925,14)	P_{10}	(−46,23.958)
P_5	(−25,15.965)	P_{11}	(−55,23.958)
P_6	(−30.925,15.965)		

5. 参考程序

（1）主程序见表3-27。

表3-27　多阶梯轴零件参考程序

程序段号	程序内容（发那科系统）	程序内容（西门子系统）	动作说明
N05	T0101	T1D1	选择T01号外圆粗车刀
N10	G40 G99 M3 S600 F0.2	G40 G90 M3 S600 F0.2	取消刀尖半径补偿，绝对坐标编程，转速600r/min，进给速度为0.2mm/r

（续）

程序段号	程序内容 （发那科系统）	程序内容 （西门子系统）	动作说明
N20	G00 G42 X26 Z5	G00 G42 X26 Z5	刀具快速移动至循环起点
N30	G71 U2 R1	-CNAME = "L24"	设置循环参数,调用粗加工循环
N40	G71 P50 Q180 U0. 4 W0. 1	R105 = 1 R106 = 0. 4 R108 = 2 R109 = 0 R110 = 1 R111 = 0. 2 R112 = 0. 1	
N45		LCYC95	
N50	G00 X0		发那科系统轮廓精加工程序段。西门子系统 轮廓定义子程序见表 3-28
N60	G01 Z0		
N70	X7. 945		
N80	X11. 945 Z-2		
N90	Z-9. 925		
N100	X14		
N110	X15. 965 Z-25		
N120	Z-30. 925		
N130	X19. 958		
N140	Z-45		
N150	X21. 958		
N160	X23. 958 Z-46		
N170	Z-59		
N180	X25		
N190	G00 G40 X100 Z200	G00 G40 X100 Z200	刀具退回至换刀点
N200	M0 M5	M0 M5	程序停、主轴停、测量
N210	T0202	T2D2	换外圆精车刀
N220	M3 S800 F0. 1	M3 S800	精加工转速 800r/min
N230	G70 P50 Q180	R105 = 5 R106 = 0	调用精加工循环,精加工
N235		LCYC95	
N240	G00 X100 Z200	G00 X100 Z200	刀具退回至换刀点
N250	M0 M5	M0 M5	程序停、主轴停、测量
N260	T0303	T3D3	换切槽刀
N270	M3 S400	M3 S400	主轴转速 400r/min
N280	G00 X28 Z-59	G00 X28 Z-59	刀具移至工件左端
N290	G01 X0 F0. 08	G01 X0 F0. 08	切断
N300	X28 F0. 3	X28 F0. 3	刀具沿 X 方向退出
N310	G00 X100 Z200	G00 X100 Z200	刀具退回至换刀点
N320	M30	M30	程序结束

（2）西门子系统轮廓定义子程序见表 3-28。

表 3-28　西门子系统轮廓定义子程序 L24. SPF

程序段号	程序内容	动作说明	程序段号	程序内容	动作说明
N05	G01 X0 Z0	精加工至原点	N70	X19. 958	精加工至 P_7 点
N10	X7. 945	精加工至 P_1 点	N80	Z-45	精加工至 P_8 点
N20	X11. 945 Z-2	精加工至 P_2 点	N90	X21. 958	精加工至 P_9 点
N30	Z-9. 925	精加工至 P_3 点	N100	X23. 958 Z-46	精加工至 P_{10} 点
N40	X14	精加工至 P_4 点	N110	Z-59	精加工至 P_{11} 点
N50	X15. 965 Z-25	精加工至 P_5 点	N120	X25	精加工至毛坯外圆
N60	Z-30. 925	精加工至 P_6 点	N130	M17	子程序结束

3.5.5　套类零件的加工

知识目标

① 掌握恒定切削速度功能指令及应用。

② 掌握套类零件加工工艺的制定。

③ 掌握套类零件加工循环参数的选择。

技能目标

① 巩固数控机床上钻中心孔、钻孔方法。

② 巩固内孔车刀的对刀方法及验证。

③ 熟练掌握内轮廓尺寸控制方法。

编制如图 3-51 所示零件数控车程序。

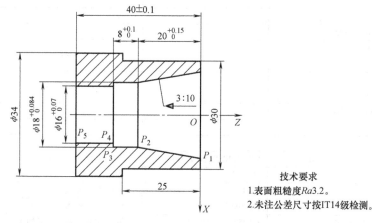

技术要求
1.表面粗糙度 Ra3.2。
2.未注公差尺寸按 IT14 级检测。

图 3-51　套类零件图

1. 恒定切削速度功能指令（G96、G97）

（1）指令功能：使用恒定切削速度功能后，可以使刀具切削点切削速度始终为常数（主轴转速×直径＝常数）。即切削速度不随刀具位置而发生变化，切削时工件直径发生变化，主轴转速随之变化，保证各点切削速度 v_a、v_b、v_c 恒定。

（2）指令使用说明：

1）主轴必须为受控主轴，该指令才能生效。

2）当工件从大直径加工到小直径时，主轴转速可能提高得非常快，因此使用恒定切削速度时，必须设定主轴转速上限。

3）用 G00 快速移动指令时，主轴转速不改变。

4）取消恒定切削速度后，S 地址下数值生效，单位为 r/min，如果没有重新写地址 S，则主轴以原先的 G96 功能生效前的转速旋转。

2. 工、量、刃具选择

（1）工具选择：铝棒装夹在自定心卡盘中，用划线盘校正，调头装夹用百分表校正，其余工具见表 3-29。

（2）量具选择：外圆尺寸精度要求不高，用游标卡尺测量，内孔精度较高用内径千分尺测量，内孔深度用深度千分尺测量，内锥面用万能角度量角器测量，具体规格见表3-29。

（3）刀具选择：外圆加工选用90°硬质合金外圆车刀；内孔车削选用硬质合金内孔车刀（不通孔车刀）。车削内孔前还需用中心钻钻中心孔，用麻花钻钻孔。具体清单见表3-29。

表3-29 套类零件加工工、量、刃具清单

工、量、刃具清单					图号	SKC3-3
种类	序号	名称	规格	精度	单位	数量
工具	1	自定心卡盘			个	1
	2	卡盘扳手			副	1
	3	刀架扳手			副	1
	4	垫刀片			块	若干
	5	划线盘			个	1
	6	钻夹头			个	1
	7	磁性表座			个	1
量具	1	游标卡尺	0~150mm	0.02	把	1
	2	内径千分尺	0~25mm	0.01	把	1
	3	深度千分尺	0~200mm	0.01	把	1
	4	万能角度量角器	0~320°	2′	把	1
	5	百分表	0~10mm	0.01	只	1
刀具	1	外圆车刀	90°		把	1
	2	内孔粗车刀	93°		把	1
	3	内孔精车刀	93°		把	1
	4	中心钻	A3		只	1
	5	麻花钻	$\phi14$		只	1

3. 加工工艺路线确定（见表3-30）

表3-30 套类零件加工工艺

工步号	工步内容	刀具号	切削用量		
			背吃刀量 a_p/mm	进给速度 v_f/(mm/r)	主轴转速 n/(r/min)
1	夹住毛坯外圆,车右端面	T01	1~2	0.2	600
2	车倒角及 $\phi30$ 外圆	T01	1~2	0.2	600
3	自动(手动)钻中心孔	T02	1.5	0.1	800
4	自动(手动)钻 $\phi14$ 孔	T03	8	0.08	400
5	粗车 $\phi16^{+0.07}_{0}$、$\phi18^{+0.084}_{0}$ 等内轮廓,留 0.4mm 精加工余量	T04	1~2	0.15	600
6	精车 $\phi16^{+0.07}_{0}$、$\phi18^{+0.084}_{0}$ 等内轮廓至尺寸要求	T05	0.2	0.1	800
7	调头装夹 $\phi30$ 外圆,车左端面,控制工件总长为 40±0.1	T01	1~2	0.15	600
8	车 $\phi34$ 外圆至尺寸	T01	1~2	0.2	600

本实例需加工端面、外圆、内孔，加工时采用调头装夹进行，先加工右端面、$\phi30$ 外圆及内轮廓表面；然后调头加工左端面及 $\phi34$ 外圆。外圆精度要求不高，可不分粗、精车；内轮廓分粗、精加工完成，内轮廓粗车可采用编程方法分层切削，也可采用毛坯循环加工，本实例采用毛坯循环完成内轮廓粗、精加工。

4. 计算基点坐标

基点坐标按各点极限尺寸的平均值进行计算，内轮廓各点坐标见表3-31。

表 3-31　基点坐标

基点	坐标(Z,X)	基点	坐标(Z,X)
P_1	$(0,24)$	P_4	$(-28.125,16.035)$
P_2	$(-20.075,18.042)$	P_5	$(-40,16.035)$
P_3	$(-28.125,18.042)$		

5. 参考程序

（1）主程序见表 3-32。

表 3-32　套类零件加工参考程序

程序段号	程序内容 （发那科系统）	程序内容 （西门子系统）	动作说明
N05	G97 G99 M3 S600 G21	M3 G97 S600 G71	设置初始状态
N10	T0101	T1D1	选择 T01 号外圆车刀
N20	G00 X0 Z5	G00 X0 Z5	刀具移近至进刀点
N30	G01 Z0 F0.2	G01 Z0 F0.2	刀具加工至工件原点
N40	X32	X32	车右端面
N50	Z-25	Z-25	粗车 φ30 外圆
N60	X36	X36	刀具沿 X 方向退出
N70	G00 Z2	G00 Z2	刀具沿 Z 方向退回
N80	X30	X30	刀具沿 X 方向进刀
N90	G01 Z-25 F0.1	G01 Z-25 F0.1	车 φ30 外圆至尺寸
N100	X36	X36	刀具沿 X 方向退出
N110	G00 X100 Z200	G00 X100 Z200	刀具沿 Z 方向退回
N120	M0	M0	程序停，手动钻中心孔、钻孔
N130	T0404	T4D4	换内孔粗车刀
N135	G50 S1500		主轴最高转速 1500r/min
N140	G96 S100	G96 S100 LIMS=1500	
N150	G00 X12 Z5	G00 X12 Z5	刀具移至循环起点
N160	G71 U2 R1	CNAME="L25"	调粗加工循环
N170	G71 P180 Q240 U-0.4 W0.2	R105=3 R106=0.4 R108=2 R109=0 R110=1 R111=0.2 R112=0.1	设置循环参数
N175		LCYC95	
N180	G00 X24 F0.1		发那科系统精加工内轮廓程序段。西门子系统轮廓定义子程序见表 3-33
N190	G01 Z0		
N200	X18.042 Z-20.075		
N210	Z-28.125		
N220	X16.035		
N230	Z-42		
N240	X14		
N250	G00 X100 Z200	G00 X100 Z200	刀具退回至换刀点
N260	M0 M5	M0 M5	主轴停、程序停、测量
N270	T0505	T5D5	换内孔精车刀
N275	G50 S2000		恒定切削速度控制，切削速度为 120m/min，最高工件转速 2000r/min
N280	G96 S120	G96 S120 LIMS=2000	
N290	G00 X12 Z5	G00 X12 Z5	刀具移至循环起点
N300	G70 P180 Q240	R105=7 R106=0	调用精加工循环，精加工内轮廓
N305		LCYC95	
N310	G00 G97 X100 Z200	G00 G97 X100 Z200	取消恒定切削速度控制
N320	M30	M30	程序结束

（2）西门子系统轮廓定义子程序"L25"见表3-33。

表 3-33 套类零件西门子子程序 L25.SPF

程序段号	程序内容	动作说明
N10	G01 X24 Z0	直线加工至 P_1
N20	X18.042 Z-20.075	直线加工至 P_2
N30	Z-28.125	直线加工至 P_3
N40	X16.035	直线加工至 P_4
N50	Z-42	直线加工至 P_5
N60	X14	直线加工至毛坯
N70	M17	子程序结束

3.5.6 外圆弧面的车削

知识目标

① 掌握圆弧插补终点坐标+圆心坐标指令格式及应用。

② 掌握倒圆、倒角指令及应用。

③ 了解凸/凹圆弧表面车刀特点及选用。

④ 掌握凸/凹圆弧零件加工工艺制定方法。

技能目标

① 掌握凸/凹圆弧类零件尺寸检验方法。

② 掌握凸/凹圆弧类零件加工及尺寸控制方法。

编制如图 3-52 所示零件数控车程序。

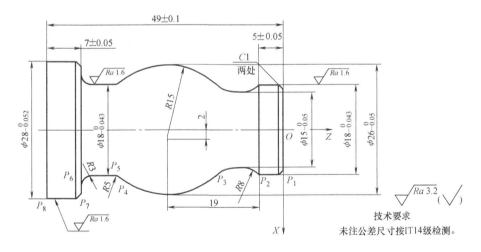

图 3-52 外圆弧面零件图

1. 选择工、量、刃具

（1）工具选择：工件用自定心卡盘装夹，用划线盘校正，其他工具见表3-34。

（2）量具选择：长度用游标卡尺测量，外圆用千分尺测量，圆弧面用圆弧样板测量，表面粗糙度用粗糙度样板比对，规格、参数见表3-34。

表 3-34 外圆弧面加工工具、量具、刃具

种类	序号	名称	规格	精度	单位	数量
		工、量、刃具清单			图号	SKC4-4
工具	1	自定心卡盘			个	1
	2	卡盘扳手			副	1
	3	刀架扳手			副	1
	4	垫刀片			块	若干
	5	划线盘			个	1
量具	1	游标卡尺	0~150mm	0.02	把	1
	2	外径千分尺	0~25mm 25~50mm	0.01	把	各1
	3	圆弧样板	R1~R6.5 R7~R14.5 R15~R25		套	3
	4	粗糙度样板			套	1
刀具	1	外圆粗车刀	90°		把	1
	2	外圆精车刀	90°		把	1
	3	切槽刀	4		把	1

（3）刀具选择：零件既有凸圆弧又有凹圆弧，故所选刀具既要防止主刀刃与圆弧面干涉，又要防止副刀刃与圆弧面发生干涉；此外，该零件需车削台阶，故选择主偏角应大于90°偏刀进行切削比较合适，具体规格见表 3-34。

2. 制定加工工艺路线

该零件表面构成简单，工艺路线为：①车右端面；②粗、精车外轮廓；③切断等。该零件加工的主要问题在于圆弧过渡面较多，既有凸圆弧又有凹圆弧，基点坐标计算困难；粗加工圆弧余量不均匀；采用车锥法、车圆法去除余量时各点坐标无法计算。为此，可借助于CAXA 电子图版、AutoCAD 或其他 CAD/CAM 工程软件进行辅助粗加工路线设计及各点坐标查询。加工路线如图 3-53 所示。

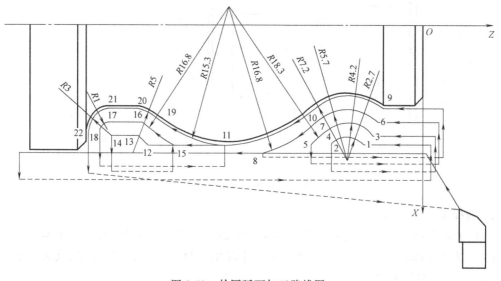

图 3-53 外圆弧面加工路线图

3. 计算基点及粗加工各点坐标

$P_1 \sim P_8$ 等基点坐标及粗加工时各点坐标均采用 CAD 软件查询方法获得，同时查出圆弧面粗加工时的圆弧半径值，基点及粗加工时各点坐标见表 3-35。

表 3-35 基点坐标

基点	坐标 (Z, X)	基点	坐标 (Z, X)
P_1	$(0, 17.974)$	8	$(-19.901, 28.6)$
P_2	$(-5, 17.974)$	9	$(-5.097, 18.6)$
P_3	$(-14.248, 18.802)$	10	$(-14.052, 19.258)$
P_4	$(-33.017, 20)$	11	$(-24.55, 26.6)$
P_5	$(-36.02, 17.974)$	12	$(-34.062, 26.6)$
P_6	$(-42, 17.974)$	13	$(-35.439, 24.6)$
P_7	$(-42, 27.974)$	14	$(-38.7, 24.6)$
P_8	$(-49, 27.974)$	15	$(-30.967, 26.6)$
1	$(-7.353, 26.6)$	16	$(-34.9, 21.6)$
2	$(-11.384, 26.6)$	17	$(-39.2, 21.6)$
3	$(-6.235, 24.6)$	18	$(-40.2, 23.6)$
4	$(-12.101, 23.814)$	19	$(-33.136, 20.576)$
5	$(-13.953, 26.6)$	20	$(-36.12, 18.6)$
6	$(-5.623, 21.6)$	21	$(-38.7, 18.6)$
7	$(-13.077, 21.536)$	22	$(-41.7, 24.6)$

4. 参考程序 （见表 3-36）

表 3-36 外圆弧面车削参考程序

程序段号	程序内容 （发那科系统）	程序内容 （西门子系统）	动作说明
N10	G40 G99 G80 G21	G40 G90 G71 G95	设置初始状态
N20	M3 S600 T0101	M3 S600 T1D1	设置粗加工参数
N30	G00 X0 Z5	G00 X0 Z5	刀具移至进刀点
N40	G01 Z0 F0.2	G01 Z0 F0.2	刀具车至工件原点
N50	X28.6	X28.6	车右端面
N60	G01 Z−55 F0.2	G01 Z−55 F0.2	粗车外圆轮廓
N70	X32	X32	刀具沿 X 方向退出
N80	G00 Z2	G00 Z2	刀具沿 Z 方向退回至 Z2
N90	X26.6	X26.6	进刀至 X26.6 外圆处
N100	G01 Z−7.353	G01 Z−7.353	粗车外圆至 1 点
N110	G02 Z−11.384 R2.7	G02 Z−11.384 CR = 2.7	粗车圆弧至 2 点
N120	G01 X30	G01 X30	刀具沿 X 方向退出
N130	G00 Z2	G00 Z2	刀具沿 Z 方向退回至 Z2
N140	X24.6	X24.6	进刀至 X24.6 外圆处
N150	G01 Z−6.235	G01 Z−6.235	粗车外圆至 3 点
N160	G02 X23.814 Z−12.101 R4.2	G02 X23.814 Z−12.101 CR = 4.2	粗车圆弧至 4 点
N170	G03 X26.6 Z−13.953 R18.3	G03 X26.6 Z−13.953 CR = 18.3	粗车圆弧至 5 点
N180	G01 X30	G01 X30	刀具沿 X 方向退出
N190	G00 Z2	G00 Z2	刀具沿 Z 方向退回
N200	X21.6	X21.6	刀具进刀至 X21.6
N210	G01 Z−5.623	G01 Z−5.623	粗车外圆至 6 点
N220	G02 X21.536 Z−13.077 R5.7	G02 X21.536 Z−13.077 CR = 5.7	粗车圆弧至 7 点
N230	G03 X28.6 Z−19.901 R16.8	G03 X28.6 Z−19.901 CR = 16.8	粗车圆弧至 8 点

（续）

程序段号	程序内容 （发那科系统）	程序内容 （西门子系统）	动作说明
N240	G01 X30	G01 X30	刀具沿 X 方向退出
N250	G00 Z2	G00 Z2	刀具沿 Z 方向退回
N260	X18.6	X18.6	刀具进刀至 X18.6
N270	G01 Z−5.097	G01 Z−5.097	粗车外圆至 9 点
N280	G02 X19.258 Z−14.052 R7.2	G02 X19.258 Z−14.052 CR=7.2	粗车圆弧至 10 点
N290	G03 X26.6 Z−24.55 R15.3	G03 X26.6 Z−24.55 CR=15.3	粗车圆弧至 11 点
N300	G01 Z−34.062	G01 Z−34.062	粗车至 12 点
N310	X24.6 Z−35.439	X24.6 Z−35.439	粗车至 13 点
N320	Z−38.7	Z−38.7	粗车至 14 点
N330	X31	X31	刀具沿 X 方向退出
N340	G00 Z−30.967	G00 Z−30.967	刀具 Z 方向退回
N350	G01 X26.6	G01 X26.6	X 方向进刀至 15 点
N360	G03 X21.6 Z−34.9 R16.8	G03 X21.6 Z−34.9 CR=16.8	粗车圆弧至 16 点
N370	G01 Z−39.2	G01 Z−39.2	粗车至 17 点
N380	G02 X23.6 Z−40.2 R1	G02 X23.6 Z−40.2 CR=1	粗车圆弧至 18 点
N390	G01 X31	G01 X31	刀具沿 X 方向退出
N400	G00 Z−24.55	G00 Z−24.55	Z 方向退刀至 11 点
N410	G01 X26.6	G01 X26.6	X 方向进刀至 11 点
N420	G03 X20.576 Z−33.136 R15.3	G03 X20.576 Z−33.136 CR=15.3	圆弧粗车至 19 点
N430	G02 X18.6 Z−36.12 R5	G02 X18.6 Z−36.12 CR=5	圆弧粗车至 20 点
N440	G01 Z−38.7	G01 Z−38.7	粗车至 21 点
N450	G02 X24.6 Z−41.7 R3	G02 X24.6 Z−41.7 CR=3	圆弧粗车至 22 点
N460	G01 X32	G01 X32	刀具沿 X 方向退出
N470	G00 X100 Z200	G00 X100 Z200	刀具退回至换刀点
N480	M0 M5	M0 M5	停程序、主轴、测量
N490	T0202	T2D2	换外圆精车刀
N500	M3 S800	M3 S800	主轴转速 800r/min
N510	G00 G42 X0 Z2	G00 G42 X0 Z2	建立刀补至进刀点
N520	G01 Z0 F0.1	G01 Z0 F0.1	精车至工件端面
N530	X17.974,C1	X17.974 CHF=1.414	精车至 P_1 点且倒角
N540	Z−5	Z−5	精车至 P_2 点
N550	G02 X18.802 Z−14.248 R8	G02 X18.802 Z−14.248 CR=8	精车至 P_3 点
N560	G03 X20 Z−33.017 R15	G03 X20 Z−33.017 CR=15	精车至 P_4 点
N570	G02 X17.974 Z−36.02 R5	G02 X17.974 Z−36.02 CR=5	精车至 P_5 点
N580	G1 Z−42,R3	G1 Z−42 RND=3	精车至 P_6 点并倒圆
N590	X27.974,C1	X27.974 CHF=1.414	精车至 P_7 点并倒角
N600	Z−55	Z−55	精车 $\phi28$ 外圆
N610	X32	X32	刀具沿 X 方向退出
N620	G00 G40 X100 Z200	G00 G40 X100 Z200	刀具退回至换刀点
N630	M0 M5	M0 M5	停程序主轴、测量
N640	T0303	T3D3	换切槽刀
N650	M3 S400	M3 S400	主轴转速 400r/min
N660	G00 X32 Z−53	G00 X32 Z−53	刀具移动至切断处
N670	G01 X0 F0.08	G01 X0 F0.08	切断至工件中心
N680	X32 F0.5	X32 F0.5	X 方向退出
N690	G00 X100 Z200	G00 X100 Z200	刀具退回
N700	M05	M05	主轴停止
N710	M30	M30	程序结束

3.5.7 普通三角形圆柱外螺纹加工

知识目标

① 掌握螺纹加工指令及应用。

② 了解普通三角形螺纹尺寸计算方法。

③ 会制定三角形圆柱外螺纹加工工艺。

技能目标

① 掌握三角形外螺纹车刀的安装及对刀方法。

② 掌握三角形外螺纹的加工方法及尺寸控制。

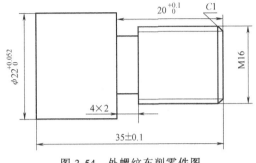

图 3-54 外螺纹车削零件图

编制如图 3-54 所示零件数控车程序。

1. 螺纹切削加工指令

（1）指令代码：发那科系统，G32；西门子系统，G33；两种代码格式见表 3-37。

（2）指令功能：由表 3-37 可知，此指令可以加工圆柱螺纹/圆锥螺纹、外螺纹/内螺纹、单线螺纹/多线螺纹、多段连续螺纹。

（3）指令使用说明：

1）螺纹切削指令使用时，进给速度倍率无效。

2）螺纹切削指令为模态代码，一经使用，持续有效，直到被同组 G 代码（G00、G01、G02、G03）取代为止。

表 3-37 发那科系统和西门子系统螺纹车削指令对比

数控系统	发那科系统	西门子系统
圆柱螺纹	指令格式 G32 Z __ F __ Z 为螺纹终点坐标，F 为导程	指令格式 G33 Z __ K __ Z 为螺纹终点坐标，K 为导程
圆锥螺纹 $\alpha<45°$	指令格式 G32 X __ Z __ F __ X、Z 为螺纹终点坐标，F 为 Z 方向导程（因为 Z 方向位移较大）	指令格式 G33 X __ Z __ K __ X、Z 为螺纹终点坐标，K 为 Z 方向导程（因为 Z 方向位移较大）
圆锥螺纹 $\alpha>45°$	指令格式 G32 X __ Z __ F __ X、Z 为螺纹终点坐标，F 为 X 方向导程（因为 X 方向位移较大）	指令格式 G33 X __ Z __ I __ X、Z 为螺纹终点坐标，I 为 X 方向导程（因为 X 方向位移较大）

（续）

数控系统	发那科系统	西门子系统
端面螺纹	指令格式 G32 X __ F __ X 为螺纹终点坐标，F 为 X 方向导程	指令格式 G33 X __ I __ X 为螺纹终点坐标，I 为 X 方向导程

3）加工螺纹时，刀具应处于螺纹起点位置。

4）由于数控机床伺服系统滞后，在主轴加速和减速过程中，会在螺纹切削起点和终点产生不正确的导程，因此在进刀和退刀时要留有一定的空刀导入量和空刀退出量，即螺纹的起点和终点坐标要比实际螺纹长。

2. 车削普通三角形外螺纹尺寸计算

（1）普通三角形外螺纹主要部分名称及计算公式，见表 3-38。

表 3-38　普通三角形外螺纹主要部分名称及计算公式

名称	代号	计算公式
牙型角	α	60°
螺距	P	
螺纹大径	d	公称直径
螺纹中径	d_2	$d_2 = d - 0.6495P\,(\mathrm{mm})$
牙型高度	b_1	$b_1 = 0.5413P\,(\mathrm{mm})$
螺纹小径	d_1	$d_1 = d - 2b_1 = d - 1.083P\,(\mathrm{mm})$

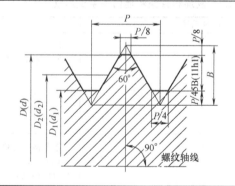

当车塑性材料螺纹时，由于受车刀挤压作用，会使外径胀大，故车螺纹前圆柱面直径应比螺纹公称直径（大径）小 0.1～0.4mm，螺纹实际牙型高度考虑刀尖圆弧半径等因素的影响，一般取：

螺纹大径：$d_{大} = d_{公称} - 0.13 \times$ 螺距

螺纹小径：$d_{小} = d_{公称} - 0.65 \times$ 螺距 $\times 2$

例：试计算 M24×2 螺纹 d、d_1 的尺寸。

$d = D = d - 0.13 \times P = 24 - 0.13 \times 2 = 23.76\mathrm{mm}$

$d_1 = D_1 = d - 0.65 \times P \times 2 = 24 - 0.65 \times 2 \times 2 = 21.4\mathrm{mm}$

（2）需要注意的是，由于螺纹车削是成形车削，螺纹车刀刚性不足，所以螺纹车削必须分多次车削、螺纹加工余量按照依次递减的顺序车削。常用的米制螺纹切削进给次数与背吃刀量的关系见表3-39。

表3-39　常用米制螺纹切削进给次数与背吃刀量　　　　　　　单位：mm

螺距		1.0	1.5	2	2.5	3
牙深（半径量）		0.65	0.98	1.3	1.625	1.95
切削次数及背吃刀量（直径量）	1次	0.7	0.8	0.9	1.0	1.2
	2次	0.4	0.6	0.6	0.7	0.7
	3次	0.2	0.4	0.6	0.6	0.6
	4次		0.16	0.4	0.4	0.4
	5次			0.1	0.4	0.4
	6次				0.15	0.4
	7次					0.2

（3）常见的普通螺纹基本尺寸及螺距（部分）见表3-40。

表3-40　常见的普通螺纹基本尺寸及螺距（部分）　　　　　单位：mm

公称直径 D	螺距 P	中径 D_2 或 d_2	小径 D_1 或 d_1
3	0.5	2.675	2.459
4	0.7	3.545	3.242
5	0.8	4.480	4.134
6	1	5.350	4.917
8	1.25	7.188	6.647
10	1.5	9.026	8.376
12	1.75	10.863	10.106
16	2	14.701	13.835
20	2.5	18.376	17.294
24	3	22.051	20.752
30	3.5	27.727	26.211
36	4	33.402	31.670

3. 加工工艺安排

（1）车螺纹前应先加工外圆柱面及螺纹退刀槽，然后粗、精加工螺纹，螺纹螺距为2mm，分5次走刀切完，每刀切削深度（直径值）分别取0.8mm、0.6mm、0.6mm、0.4mm、0.2mm，空刀导入量取2mm，空刀退出量取1.5mm。每次进给时螺纹起点及终点坐标见表3-41。

（2）螺纹加工时切削速度应选择较小，背吃刀量随切削深度增加而越来越小，进给量为螺纹螺距，具体数值见表3-39。

表3-41　螺纹加工进刀次数、起点及终点坐标

进刀次数	螺纹起点坐标(Z,X)	螺纹终点坐标(Z,X)
第一次进给	(2,15.2)	(-17.5,15.2)
第二次进给	(2,14.6)	(-17.5,14.6)
第三次进给	(2,14)	(-17.5,14)
第四次进给	(2,13.6)	(-17.5,13.6)
第五次进给	(2,13.4)	(-17.5,13.4)

4. 参考程序 （见表3-42）。

表 3-42　三角形外螺纹车削参考程序（部分）

程序段号	程序内容 （发那科系统）	程序内容 （西门子系统）	动作说明
N370	T0404	T4D4	换螺纹车刀
N380	M3 S400	M3 S400	车螺纹转速400r/min
N390	G00 X15.2 Z2	G00 X15.2 Z2	车刀移至进刀点
N400	G32 Z−17.5 F2	G33 Z−17.5 K2	第一次车螺纹
N410	G00 X24	G00 X24	刀具沿 X 方向退出
N420	Z2	Z2	刀具沿 Z 方向退回
N430	X14.6	X14.6	刀具沿 X 方向进刀
N440	G32 Z−17.5 F2	G33 Z−17.5 K2	第二次车螺纹
N450	G00 X24	G00 X24	刀具沿 X 方向退出
N460	Z2	Z2	刀具沿 Z 方向退回
N470	X14	X14	刀具沿 X 方向进刀
N480	G32 Z−17.5 F2	G32 Z−17.5 K2	第三次车螺纹
N490	G00 X24	G00 X24	刀具沿 X 方向退出
N500	Z2	Z2	刀具沿 Z 方向退回
N510	X13.6	X13.6	刀具沿 X 方向进刀
N520	G32 Z−17.5 F2	G33 Z−17.5 K2	第四次车螺纹
N530	G00 X24	G00 X24	刀具沿 X 方向退出
N540	Z2	Z2	刀具沿 Z 方向退回
N550	X13.4	X13.4	刀具沿 X 方向进刀
N560	G32 Z−17.5 F2	G33 Z−17.5 K2	第五次车螺纹
N570	G00 X24	G00 X24	刀具沿 X 方向退出
N580	X100 Z200	X100 Z200	刀具退至换刀点
N590	M00 M5	M00 M5	程序停、主轴停、测量

3.5.8　三角形圆锥外螺纹加工

知识目标

① 掌握螺纹切削复合循环指令及应用。

② 会计算圆锥螺纹尺寸。

③ 掌握圆锥螺纹加工工艺制定。

技能目标

① 掌握圆锥螺纹车刀安装及对刀方法。

② 掌握圆锥螺纹加工方法。

编制如图3-55所示零件数控车程序。

1. 螺纹切削复合循环指令

（1）指令功能：设置相关参数后，可以自动完成圆柱螺纹、圆锥螺纹、外螺纹和内螺纹的加工。

（2）指令格式见表3-43。

（3）G76和LCYC97的参数含义见表3-44。

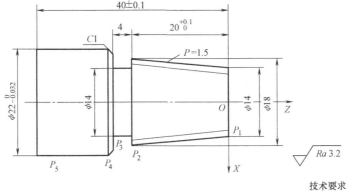

图 3-55 三角形圆锥螺纹零件

（4）指令使用说明：

表 3-43 发那科系统 G76 和西门子系统 LCYC97 格式对比

系统	发那科系统	西门子系统
图示		
指令格式	G76P（m）（r）（α）Q（Δd_{min}）R（d）； G76 X（U）__ Z（W）__ R（i）P（k）Q（Δd）F（L）；	R100=R101=R102=R103= R104=R105=R106=R109= R110=R111=R112=R113= R114= LCYC97；

1）西门子 LCYC97 循环可以在任意位置调用，但必须保证刀具运行到编程的螺纹起始点+空刀导入量位置时不发生碰撞。

2）西门子循环参数可以写在一段程序内，也可分别写在不同程序段中，还可以直接从数控车床中调用。

3）调用发那科系统 G76 循环前，刀具应处于循环起点位置：外螺纹起点位置处于大于螺纹直径位置，内螺纹处于小于螺纹直径位置，Z 方向保证有空刀导入量。

4）发那科系统 G76 循环中的 P（k）、Q（Δd）、R（i）、R（d）、Q（Δd_{min}）均不支持小数点输入。

表 3-44　G76 和 LCYC97 的参数含义

发那科系统	西门子系统
m:精车重复次数,从 01~99,用两位数表示,该参数为模态量 r:螺纹尾端倒角量,该值大小可设置为 $(0.0~9.9)L$,系数为 0.1 的整数倍,用 00~99 两位整数表示,该参数为模态量;其中 L 为导程 $α$:刀尖角,可以从 80°、60°、55°、30°、29°、0° 等 6 个角度中选择,用两位整数表示,该参数为模态量 $Δd_{min}$:最小车削深度,用半径值指定,单位 μm。模态量 d:精车余量,用半径值指定,单位 μm。模态量 $X(U)、Z(W)$ 为螺纹终点坐标或增量坐标 i:螺纹起点与终点半径差。当 $i=0$ 时,为圆柱螺纹,并可省略 k:螺纹高度,用半径值指定,单位 μm $Δd$:为第一次切削深度,用半径值指定,单位 μm L:螺纹的导程,单位 mm	R100:螺纹起始点直径 R101:螺纹起始点 Z 方向坐标 R102:螺纹终点直径 R103:螺纹终点 Z 方向坐标 R104:螺纹导程值,无符号 R105:螺纹加工类型 　　数值 1:表示外螺纹 　　数值 2:表示内螺纹 R106:精加工余量,无符号 R109:空刀导入量,无符号 R110:空刀退出量,无符号 R111:螺纹深度,无符号 R112:起始点偏移,无符号 R113:粗切削次数,无符号 R114:螺纹头数,无符号

5）发那科系统 X、Z 螺纹终点坐标是指螺纹终点牙底坐标;U、W 是螺纹终点牙底点相对于螺纹起始点牙底增量坐标。

2. 选择工、量、刃具

（1）选择工具:该工件装夹在自定心卡盘中,可以用划线盘校正,其余工具见表 3-45。

（2）选择量具:外径用千分尺测量,长度用游标卡尺测量,螺纹用圆锥螺纹塞规测量,其规格、参数见表 3-45。

（3）选择刃具:外圆面车削选用外圆车刀,螺纹退刀槽用切槽刀加工,圆锥螺纹用螺纹车刀加工,具体规格、参数见表 3-45。

表 3-45　锥螺纹加工所需工具、量具、刃具

工、量、刃具清单					图号	SKC5-2	
种类	序号	名称	规格	精度		单位	数量
工具	1	自定心卡盘				副	1
	2	卡盘扳手				副	1
	3	刀架扳手				副	1
	4	垫刀片				块	若干
	5	划线盘				个	1
量具	1	游标卡尺	0~150mm	0.02		把	1
	2	千分尺	0~25mm	0.01		个	1
	3	圆锥螺纹规				副	1
	4	粗糙度样板				套	1
	5	角度样板	60°			个	1
刀具	1	外圆粗车刀	90°			把	1
	2	外圆精车刀	90°			把	1
	3	切槽刀	4			把	1
	4	螺纹车刀	60°			把	1

3. 加工工艺路线

本实例轮廓较简单,先粗、精车外轮廓面,再车螺纹退刀槽,最后加工圆锥螺纹,圆锥螺纹可用 G32（或 G33）指令加工也可用螺纹切削复合循环指令加工,本实例采用螺纹切削复合循环指令加工。具体步骤见表 3-46。

4. 圆锥螺纹切削数值计算

车削外螺纹前外圆直径公式 $d_{计}=d-0.1P$,故螺纹大端直径为 $φ17.85mm$,小端直径为

$\phi 13.85$mm。螺纹实际牙型高度 $h_{1实} = (0.65 \times 1.5)$ mm $= 0.975$mm。螺纹终点小径为（$18 - 2 \times 0.975$）mm $= 16.05$mm。空刀导入量取3mm，空刀退出量取2mm。

表3-46　三角形圆锥外螺纹加工工艺

工步号	工步内容	刀具号	切削用量		
			背吃刀量 a_p/mm	进给速度 v_f/(mm/r)	主轴转速 n/(r/min)
1	车右端面	T01	1~2	0.2	600
2	粗加工圆锥螺纹外圆及 $\phi 22$ 外圆，留0.4mm精车余量	T01	1~2	0.2	600
3	精加工圆锥螺纹外圆及 $\phi 22$ 外圆至尺寸	T02	0.2	0.1	800
4	车 $4 \times \phi 14$ 螺纹退刀槽	T03	4	0.08	400
5	粗、精车圆锥螺纹至尺寸	T04	0.1~0.4	1.5	400
6	切断工件，控制工件总长 40 ± 0.1	T03	4	0.08	400

5. 选择合理切削用量及确定圆锥螺纹切削循环参数值（见表3-47）

表3-47　发那科系统与西门子系统圆锥螺纹切削循环参数值

发那科系统	西门子系统
精车重复次数：$m = 2$，螺纹尾端倒角量取 $r = 1L$，刀尖角为 $60°$，表示为 P021060	螺纹起始点直径：R100 = 14 螺纹起始点 Z 坐标：R101 = 0 螺纹终点直径：R102 = 18
最小车削深度：$\Delta d_{min} = 0.1$mm，表示为 Q100	螺纹终点 Z 方向坐标：R103 = −20 螺纹导程值：R104 = 1.5
精车余量：$d = 0.05$mm，表示为 R50	螺纹加工类型：R105 = 1
螺纹终点坐标：X = 16.05mm，Z = −20mm	精加工余量：R106 = 0.05 空刀导入量：R109 = 3
螺纹起点与终点半径差：$i = -2$，表示为 R−2	空刀退出量：R110 = 2
螺纹高度：$k = 0.65P = 0.975$，表示为 P975	螺纹深度：R111 = $0.65P$ = 0.975 起始点偏移：R112 = 0
第一次车削深度：Δd 取0.4mm，表示为 Q400	粗切削次数：R113 = 3
螺纹导程：$L = 1.5$mm，表示为 F1.5	螺纹头数（单头）：R114 = 1

6. 计算基点坐标（见表3-48）

表3-48　基点坐标

基点	坐标(Z, X)	基点	坐标(Z, X)
P_1	(0, 13.85)	P_4	(−24.05, 21.974)
P_2	(−20.05, 17.85)	P_5	(−40, 21.974)
P_3	(−24.05, 17.85)		

7. 参考程序（见表3-49）

表3-49　发那科系统与西门子系统参考程序

程序段号	程序内容 （发那科系统）	程序内容 （西门子系统）	动作说明
N10	G40 G99 G80 G21	G40 G90 G95 G71	设置初始状态
N20	M3 S600	M3 S600	设置工件转速
N30	T0101	T1D1	调用外圆车刀
N40	G00 X0 Z5	G00 X0 Z5	刀具移动至进刀点
N50	G01 Z0 F0.2	G01 Z0 F0.2	车至工件端面

（续）

程序段号	程序内容 （发那科系统）	程序内容 （西门子系统）	动作说明
N60	X22.4	X22.4	车工件右端面
N70	Z-45	Z-45	粗车 $\phi22$ 外圆，留切断余量
N80	X26	X26	刀具沿 X 方向退出
N90	G00 Z3	G00 Z3	刀具沿 Z 方向退回
N100	X18.4	X18.4	刀具沿 X 方向进刀
N110	G01 Z-23.6	G01 Z-23.6	粗车圆锥螺纹外圆
N120	X24	X24	刀具沿 X 方向退出
N130	G00 Z3	G00 Z3	刀具沿 Z 方向退回
N140	X14.4	X14.4	刀具沿 X 方向进刀
N150	G01 Z0	G01 Z0	刀具车至工件端面
N160	G01 X18.4 Z-20	G01 X18.4 Z-20	第二次粗车螺纹外圆
N170	Z-23.6	Z-23.6	粗车至台阶处
N180	X24	X24	刀具沿 X 方向退出
N190	G00 X100 Z200	G00 X100 Z200	刀具退回至换刀点
N200	M0 M5	M0 M5	程序停、主轴停、测量
N210	T0202	T2D2	换外圆精车刀
N220	M3 S800 F0.1	M3 S800 F0.1	设置精车用量
N230	G00 X13.85 Z3	G00 X13.85 Z3	刀具移动至进刀点
N240	G01 Z0	G01 Z0	精车至 P_1 点
N250	X17.85 Z-20.05	X17.85 Z-20.05	精车至 P_2 点
N260	Z-24.05	Z-24.05	精车至 P_3 点
N270	X21.974,C1	X21.974 CHF=1.414	精车至 P_4 点并倒角
N280	Z-45	Z-45	精车 $\phi22$ 外圆，留切断余量
N290	X26	X26	刀具沿 X 方向退出
N300	G00 X100 Z200	G00 X100 Z200	刀具退回至换刀点
N310	M0 M5	M0 M5	主轴停、程序停、测量
N320	T0303	T3D3	换切槽刀
N330	G00 X26 Z-24.05	G00 X26 Z-24.05	刀具移至螺纹退刀槽处
N340	G01 X14 F0.08	G01 X14 F0.08	车螺纹退刀槽
N350	G04 X2	G04 F2	槽底暂停 2s
N360	G01 X26 F0.2	G01 X26 F0.2	刀具沿 X 方向退出
N370	G00 X100 Z200	G00 X100 Z200	刀具退回至换刀点
N380	M0 M5	M0 M5	程序停、主轴停、测量
N390	T0404	T4D4	换螺纹车刀
N400	M03 S400	M03 S400	车螺纹转速 400r/min
N410	G00 X20 Z3	G00 X20 Z3	车刀移至进刀点
N420	G76 P021160 Q100 R50	R100=14 R101=0 R102=18 R103=-20 R104=1.5 R105=1 R106=0.05 R109=3 R110=2 R111=0.975 R112=0 R113=3 R114=1	设置螺纹参数，调用螺纹切削复合循环
N430	G76 X16.05 Z-20 R-2 P975 Q400 F1.5	LCYC97	

（续）

程序段号	程序内容 （发那科系统）	程序内容 （西门子系统）	动作说明
N440	X100 Z200	X100 Z200	刀具退回至换刀点
N450	M0 M5	M0 M5	程序停、主轴停、测量
N460	T0303	T3D3	换切槽刀
N470	M3 S400	M3 S400	设置切断转速
N480	G00 X29 Z-44	G00 X29 Z-44	刀具移至切断处
N490	G01 X0 F0.08	G01 X0 F0.08	切断工件
N500	X26 F0.2	X26 F0.2	刀具沿 X 方向退出
N510	G00 X100 Z200	G00 X100 Z200	刀具退回
N520	M05	M05	主轴停止
N530	M30	M30	程序结束

3.5.9　三角形圆柱内螺纹加工

知识目标

① 掌握车内螺纹前孔底直径计算方法。

② 掌握内螺纹切削复合循环参数确定。

③ 掌握内螺纹加工工艺的制定。

技能目标

① 掌握内螺纹车刀安装及对刀方法。

② 掌握内螺纹车削方法及尺寸控制方法。

编制如图 3-56 所示零件数控车程序。

1. 圆柱内螺纹切削数值计算

（1）内螺纹前孔底直径的计算见表 3-50。

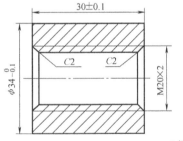

技术要求

1. 锐边倒角 C0.3。
2. 表面粗糙度全部 Ra3.2。

图 3-56　三角形内螺纹零件图

表 3-50　内螺纹前孔底直径计算

材料类型	孔径计算公式
塑性材料	$D_孔 = D - P$
脆性材料	$D_孔 = D - 1.05P$

式中：D 为内螺纹公称直径，P 为螺距

（2）螺纹实际牙型高度：$h_{1实} = 0.65P = (0.65 \times 2)$ mm $= 1.3$mm。

（3）空刀导入量、空刀退出量：空刀导入量取 3mm，空刀退出量取 2mm。

2. 选择合理车削加工工艺方案和参数

本实例先粗、精车端面、外圆、钻中心孔、钻孔、内孔倒角；然后调头装夹，车另一端面（若坯料较长则先切断后调头），车内孔，最后车内螺纹。具体步骤见表 3-51。

3. 确定圆柱内螺纹切削循环参数值（见表 3-52）

4. 选择工、量、刃具

（1）选择工具：工件装夹在自定心卡盘中，用划线盘校正，调头装夹后用百分表校正，其余工具见表 3-53。

表 3-51　三角形内螺纹切削工艺

工步号	工步内容	刀具号	切削用量		
			背吃刀量 a_p/mm	进给速度 v_f/(mm/r)	主轴转速 n/(r/min)
1	车右端面	T01	1	0.2	600
2	粗车 $\phi34_{-0.1}^{\ 0}$ 外圆,留 0.4mm 精车余量	T01	1.5	0.2	600
3	精车 $\phi34_{-0.1}^{\ 0}$ 外圆至尺寸	T01	0.2	0.1	800
4	钻 $\phi2$ 中心孔(手动)		2	0.1	800
5	钻 $\phi16$ 孔(手动)		8	0.2	400
6	车孔口倒角 C2(手动)	T01	1.5	0.2	600
7	调头夹住 $\phi34$ 外圆,车左端面,控制总长(或切断后,调头装夹)	T01	0.1~0.4	1.5	400
8	车内孔、倒角至尺寸	T03	1~2	0.2	600
9	粗、精车 M20×2 螺纹至尺寸	T04	0.05~0.8	1.5	400

表 3-52　G76 和 LCYC97 参数

发那科系统	西门子系统
精车重复次数:$m=2$,螺纹尾端倒角量取 $r=1.0L$,刀尖角为 60°,表示为 P021060	螺纹起始点直径:R100=20 螺纹起始点 Z 坐标:R101=0 螺纹终点直径:R102=20
最小车削深度:$\Delta d_{min}=0.1mm$,表示为 Q100	螺纹终点 Z 方向坐标:R103=-30 螺纹导程值:R104=2
精车余量:$d=0.05mm$,表示为 R-50	螺纹加工类型:R105=2 精加工余量:R106=0.05
螺纹终点坐标:X=20mm,Z=-32mm	空刀导入量:R109=3 空刀退出量:R110=2
螺纹起点与终点半径差:$I=0$,表示为 R0	螺纹深度:R111=0.65P=1.3 起始点偏移:R112=0
螺纹高度:$k=0.65P=1.3$,表示为 P1300	粗切削次数:R113=4
第一次车削深度:Δd 取 0.45mm,表示为 Q450	螺纹头数(单头):R114=1
螺纹导程:$L=2mm$,表示为 F2.0	

（2）选择量具：外圆用千分尺测量，长度、内孔用游标卡尺测量，螺纹用螺纹塞规测量，其规格、参数见表 3-53。

（3）选择刀具：用外圆车刀车外圆、端面，用内孔车刀车孔，车内孔前需钻孔（含钻中心孔），内螺纹用内螺纹车刀加工，内螺纹车刀形状如图 3-57 所示。所有刀具规格、参数见表 3-53。

图 3-57　内孔车刀示意图

5. 参考程序

（1）加工外圆、端面的参考程序见表 3-54。

表 3-53　三角形内螺纹加工所需工具、量具、刃具清单

工、量、刃具清单					图号	SKC5-3
种类	序号	名称	规格	精度	单位	数量
工具	1	自定心卡盘			副	1
	2	卡盘扳手			副	1
	3	刀架扳手			副	1
	4	垫刀片			块	若干
	5	划线盘			个	1
	6	钻夹头			个	1
	7	磁性表座			个	1

（续）

工、量、刃具清单				图号	SKC5-3	
种类	序号	名称	规格	精度	单位	数量
量具	1	游标卡尺	0～150mm	0.02	把	1
	2	千分尺	0～25mm 25～50mm	0.01	个	2
	3	螺纹塞规	M20×2		副	1
	4	粗糙度样板			套	1
	5	角度样板	60°		个	1
	6	百分表	0～5mm	0.01	只	1
刀具	1	外圆车刀	90°		把	1
	2	中心钻	A2		只	1
	3	麻花钻	$\phi16$		把	1
	4	内孔车刀	$\phi16\times35$		把	1
	5	螺纹车刀	60°		把	1

表 3-54　发那科系统与西门子系统车外圆参考程序

程序段号	程序内容 （发那科系统）	程序内容 （西门子系统）	动作说明
N10	G40 G99 G80 G21	G40 G90 G95 G71	设置初始状态
N20	M3 S600	M3 S600	设置工件转速
N30	T0101	T1D1	调用外圆车刀
N40	G00 X0 Z5	G00 X0 Z5	刀具移动至进刀点
N50	G01 Z0 F0.2	G01 Z0 F0.2	刀具车削至工件端面
N60	X34.4	X34.4	车工件右端面
N70	Z-34	Z-34	粗车 $\phi30$ 外圆
N80	X36	X36	刀具沿 X 方向退出
N90	G00 Z3	G00 Z3	刀具沿 Z 方向退回
N100	X33.95 S800	X33.95 S800	刀具沿 X 方向进刀,转速 800r/min
N110	G01 Z-36 F0.1	G01 Z-36 F0.1	精车 $\phi30$ 外圆
N120	X36	X36	刀具沿 X 方向退出
N130	G00 X100 Z200	G00 X100 Z200	刀具沿 Z 方向退回
N140	M00	M00	程序停,手动钻中心孔、钻孔
N150	T0202	T2D2	换切槽刀
N160	M3 S400	M3 S400	设置切断转速
N170	G00 X39 Z-35	G00 X39 Z-35	刀具移至切断处(总长留 1mm 余量)
N180	G01 X15 F0.08	G01 X15 F0.08	切断工件
N190	X36 F0.2	X36 F0.2	刀具沿 X 方向退出
N200	G00 X100 Z200	G00 X100 Z200	刀具退回
N210	M05	M05	主轴停止
N220	M30	M30	程序结束

（2）调头夹住 $\phi34$ 外圆,用百分表校正。车端面,车内孔、内螺纹的参考程序见表 3-55。

表 3-55　发那科系统与西门子系统车内孔、内螺纹参考程序

程序段号	程序内容 （发那科系统）	程序内容 （西门子系统）	动作说明
N10	G40 G99 G80 G21	G40 G90 G95 G71	设置初始状态
N20	M3 S600	M3 S600	设置工件转速
N30	T0101	T1D1	调用外圆车刀
N40	G00 X0 Z5	G00 X0 Z5	刀具移动至进刀点

(续)

程序段号	程序内容 （发那科系统）	程序内容 （西门子系统）	动作说明
N50	G01 Z0 F0.2	G01 Z0 F0.2	刀具加工至工件原点
N60	X36	X36	车端面
N70	G00 X100 Z200	G00 X100 Z200	刀具退回至换刀点
N80	M0 M5	M0 M5	程序停、主轴停、测量
N90	M3 S600	M3 S600	设置车内孔转速
N100	T0303	T3D3	换内孔车刀
N110	G00 X21 Z5	G00 X21 Z5	刀具快速移动至进刀点
N120	G01 Z0 F0.2	G01 Z0 F0.2	刀具车削至Z0点
N130	X17 Z-2	X17 Z-2	车内孔倒角
N140	G01 Z-32	G01 Z-32	车内孔
N150	X16	X16	刀具沿 X 方向退出
N160	G00 Z3	G00 Z3	刀具沿 Z 方向退回
N170	X21.4	X21.4	刀具沿 X 方向进刀
N180	G01 Z0 F0.1	G01 Z0 F0.1	刀具进给至Z0点
N190	X17.4 Z-2	X17.4 Z-2	车内孔倒角
N200	G01 Z-32	G01 Z-32	车内孔
N210	X16	X16	刀具沿 X 方向退出
N220	G00 Z200	G00 Z200	刀具沿 Z 方向退回
N230	X100	X100	刀具沿 X 方向退刀
N240	M0 M5	M0 M5	程序停、主轴停、测量
N250	M3 S400	M3 S400	设置车螺纹转速
N260	T0404	T4D4	换内螺纹车刀
N270	X16 Z3	X16 Z3	刀具移动至循环起点
N280	G76 P021060 Q100 R-50	R100=20 R101=0 R102=20 R103=-30 R104=2 R105=2 R106=0.05 R109=3 R110=2 R111=1.3 R112=0 R113=4 R114=1	设置螺纹参数，调用螺纹切削复合循环
N290	G76 X20 Z-30 R0 P1300 Q450 F2.0	LCYC97	
N300	X100 Z200	X100 Z200	刀具退回至换刀点
N310	M05	M05	主轴停止
N320	M30	M30	程序结束

本 章 小 结

本章主要讲述了数控车床简介、数控车床工艺基础、数控车床坐标系统的设定和对刀调整、数控车床的编程特点和基本编程指令以及数控车床编程实例等。重点是数控车床工艺基础、数控车床坐标系设定和对刀调整及数控车床编程基本指令，难点是数控车床编程实例，即数控车床编程指令的运用。车外圆、车台阶、车圆锥、切槽/切断、车外螺纹、钻孔、车孔和车内螺纹是数控车床加工工艺对象的基本特征，必须掌握。数控车床编程是基础，读者只要熟记数控车床常用编程指令，熟悉不同的图形、不同的数控系统、不同的工艺方法、不同的数控指令，并使用数控仿真软件和数控机床验证（第 7 章），勤加练习，就能熟练掌握，达到举一反三的目的，也能够达到国家车工中级技能鉴定的要求。

思考与练习题

3-1　数控车床的类型有哪些？床身导轨倾斜有什么好处？

3-2　数控车床加工内容有哪些？

3-3　确定数控车床加工工件时的加工顺序一般应遵循什么原则？如何确定数控车床刀具的进给路线？

3-4　数控车床由哪几个部分组成？

3-5　目前工厂中常用的数控系统有哪些？

3-6　试编写如图 3-58～图 3-66 所示零件数控车削程序。

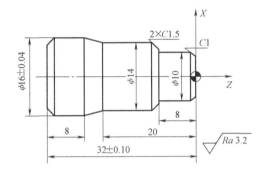

图 3-58　台阶轴练习题

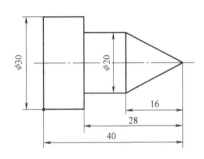

图 3-59　圆锥练习题

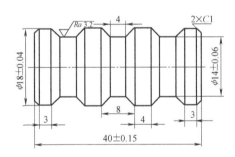

图 3-60　切槽练习题

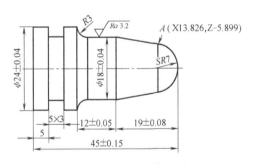

图 3-61　圆弧轴练习题

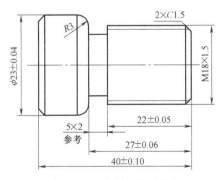

图 3-62　外螺纹练习题

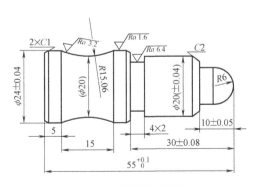

图 3-63　凹圆弧练习题

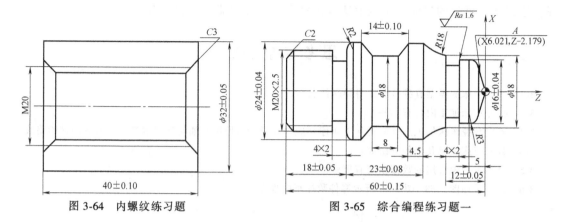

图 3-64　内螺纹练习题

图 3-65　综合编程练习题一

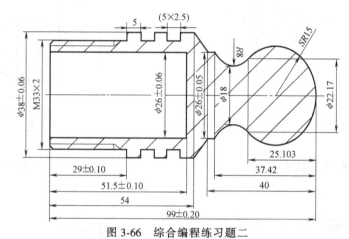

图 3-66　综合编程练习题二

第4章

数控铣床的编程

本章知识要点：

◎ 数控铣床简介
◎ 数控铣床加工工艺基础
◎ 数控铣削编程基础
◎ 数控铣床加工编程实例

4.1 数控铣床简介

4.1.1 数控铣床的用途和主要功能

1. 数控铣床

数控铣床是目前广泛使用的数控机床之一，有立式、卧式和龙门铣床三种，如图4-1~图4-3所示。数控铣床是主要采用铣削方式加工工件的数控机床。这种数控机床功能比较齐全，它能够进行外轮廓铣削、平面或曲面铣削及三维复杂型面的铣削，如凸轮、模具、叶片、螺旋桨等。另外，数控铣床还具有孔加工的功能，通过特定的功能指令可进行一系列孔

图4-1 立式数控铣床

图4-2 卧式数控铣床

的加工，如钻孔、扩孔、铰孔、镗孔和攻螺纹等。

2. 数控铣床的主要功能

由于各类铣床配置的数控系统不同，其功能也会不尽相同，其中主要功能如下。

（1）点位控制功能：点位控制功能主要是针对有位置精度要求的孔的加工。

（2）连续轮廓控制功能：连续轮廓

图 4-3　数控龙门铣床

控制功能通过直线和圆弧插补，实现对刀具轨迹的连续轮廓控制，非圆曲线经过直线和圆弧逼近后加工。

（3）刀具半径补偿功能：刀具半径补偿功能只需按工件实际轮廓编程，不必考虑刀具的实际半径大小，避免了复杂的刀具中心轨迹计算过程。

（4）刀具长度补偿功能：刀具长度补偿功能只需补偿刀具在长度方向的尺寸变化，而不必重新编写加工程序。

（5）比例及镜像加工功能：比例功能是将各轴的移动按比例改变坐标值执行。镜像加工功能又称为轴对称加工，即只需编出一部分工件轮廓的程序，其余部分可通过镜像的功能来实现。

（6）固定循环功能和子程序调用功能：对于需要重复出现的刀具运动轨迹，可专门编制出一个程序作为子程序加以调用，大大简化了编程过程。对储存于系统中的子程序可用一个指令调出的功能，称为固定循环功能。

（7）坐标旋转功能：坐标旋转功能可将加工程序在加工平面内旋转某一角度后执行。

（8）宏程序功能：宏程序功能采用计算机语言通过对变量赋值、运算，用一个指令代码调用该功能，使程序的编制更加灵活、方便。

4.1.2　数控铣床的组成

数控铣床一般由主传动系统、进给伺服系统、数控装置、辅助装置和机床基础件几大部分组成。

（1）主传动系统：包括主轴箱体和主轴传动系统，用于装夹刀具并带动刀具旋转。主轴转速范围和输出转矩对加工有直接的影响。

（2）进给伺服系统：由进给电动机和进给执行机构组成，按照程序设定的进给速度实现刀具和工件之间的相对运动，包括直线进给运动和旋转运动。

（3）数控装置：它是数控铣床运动控制的中心，执行数控加工程序，控制机床进行加工。数控装置主要由数控系统、伺服驱动装置和伺服电动机组成。其工作过程为：数控系统发出的信号经伺服驱动装置放大后指挥伺服电动机进行工作。

（4）辅助装置：如液压、气动、润滑、冷却系统和排屑、防护等装置。

（5）机床基础件：通常是指底座、立柱、横梁等，它是整个机床的基础和框架。

4.1.3　数控铣床加工的主要对象

数控铣削是机械加工中最常用和最主要的数控加工方法之一，它除了能铣削普通铣床所能铣削的各种零件表面外，还能铣削普通铣床不能铣削的需要 2~5 轴联动的各种平面轮廓和立体轮廓。

根据数控铣床的特点，从铣削加工角度考虑，适合数控铣削的主要加工对象有以下几类。

（1）平面类零件。加工面平行或垂直于定位面，或加工面与水平面的夹角为定角的零件为平面类零件，如图 4-4 所示。目前在数控铣床上加工的大多数零件都属于平面类零件，其特点是各个加工面是平面，或可以展开成平面。平面类零件是数控铣削加工中最简单的一类零件，一般只需用三坐标数控铣床的两坐标联动（即两轴半坐标联动）就可以把它们加工出来。

图 4-4　平面类零件

（2）变斜角类零件。加工面与水平面的夹角呈连续变化的零件称为变斜角零件，如图 4-5 所示的飞机变斜角梁缘条。变斜角类零件的变斜角加工面不能展开为平面，但在加工中，加工面与铣刀圆周的瞬时接触为一条线。此类零件最好采用四坐标、五坐标数控铣床摆角加工，若没有上述机床，也可采用三坐标数控铣床进行两轴半近似加工。

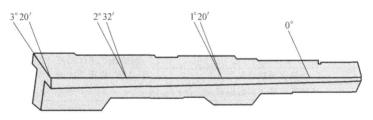

图 4-5　变斜角零件

（3）空间 3D 曲面类零件。加工面为空间曲面的零件称为曲面类零件，如叶片、螺旋桨等。曲面类零件不能展开为平面。加工时，铣刀与加工面始终为点接触，一般采用球头铣刀在三轴数控铣床上加工。当曲面较复杂、通道较狭窄、会伤及相邻表面及需要刀具摆动时，要采用四坐标或五坐标铣床加工。空间曲面类零件见图 4-6。

（4）箱体类零件。箱体类零件一般是指具有一个以上孔系，内部有一定型腔或空腔，在长、宽、高方向上有一定比例的零件，如图 4-7 所示。箱体类零件一般都需要进行多工位

图 4-6　空间 3D 曲面类零件

孔系、轮廓及平面加工，公差要求较高，特别是几何公差要求较为严格，通常要经过铣、钻、扩、镗、铰、锪、攻螺纹等工序，需要刀具较多，在普通机床上加工难度大，工装套数多，费用高，加工周期长，需多次装夹、找正，手工测量次数多，加工时必须频繁地更换刀具，工艺难以制定，更重要的是精度难以保证。这类零件在加工中心上加工，一次装夹可完成普通机床 60%~95% 的工序内容，零件各

图 4-7　箱体类零件

项精度一致性好，质量稳定，同时节省费用，缩短生产周期。加工箱体类零件的加工中心，当加工工位较多，需工作台多次旋转角度才能完成的零件时，一般选卧式镗铣类加工中心；当加工的工位较少，且跨距不大时，可选立式加工中心，从一端进行加工。

4.1.4　数控铣床主要技术参数

数控铣床的主要技术参数包括工作台面积、各坐标轴行程、主轴转速范围、切削进给速度范围、定位精度和重复定位精度等，其具体内容及作用见表 4-1。

表 4-1　数控铣床主要技术参数

类别	主要内容	作用
尺寸参数	工作台面积(长×宽)、承重	影响加工工件的尺寸范围(重量)、编程范围及刀具、工件、机床之间的干涉
	各坐标最大行程	
	主轴套筒移动距离	
	主轴端面到工作台距离	
接口参数	工作台 T 形槽数、槽宽、槽间距	影响工件及刀具安装
	主轴孔锥度、直径	
运动参数	主轴转速范围	影响加工性能及编程参数
	工作台快进速度、切削进给速度范围	
动力参数	主轴电动机功率	影响切削负荷
	伺服电动机额定转矩	
精度参数	定位精度、重复定位精度	影响加工精度及其一致性
	分度精度(回转工作台)	

以 XK5040A 数控铣床为例，数控铣床主要技术参数如下。

工作台工作面积（长×宽）：1600mm×400mm。

工作台最大纵向行程：900mm。

工作台最大横向行程：375mm。

工作台最大垂直行程：400mm。

工作台T形槽数：3。

工作台T形槽宽：18mm。

工作台T形槽间距：100mm。

主轴孔锥度：7：24，莫氏锥柄。

主轴孔直径：27mm。

主轴套筒移动距离：70mm。

主轴端面到工作台面距离：50~450mm。

主轴中心线至床身垂直导轨距离：430mm。

4.2 数控铣床加工工艺基础

4.2.1 数控铣床的工艺装备

1. 刀具

数控铣床的刀具种类繁多，但常用刀具与普通铣床采用的刀具大体相同。数控铣床大部分钻铣用刀具都需要通过标准刀柄夹持转接后与主轴锥孔连接。刀具系统通常由拉钉、刀柄和钻铣刀具等组成，如图4-8所示。

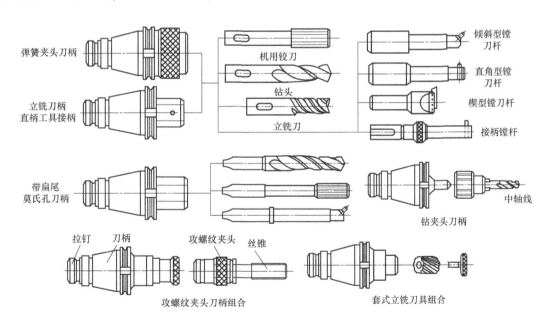

图4-8 数控铣床工具系统

根据铣削的表面类型不同，刀具的选择如下：

（1）当铣削平面时，一般选择面铣刀，如图4-9a所示。

（2）当铣削台阶面或小平面时，一般采用立铣刀，如图 4-9b 所示。

（3）当铣削键槽时，一般采用两刃或四刃键槽铣刀，如图 4-9c 所示。

（4）当孔加工时，可采用钻头、扩孔钻、铰刀、镗刀等，如图 4-9d 所示。

（5）当加工曲面时，必须采用球头刀才能保证刀具切削刃与加工轮廓在切削点相切，粗加工用两刃铣刀，精加工用四刃铣刀，如图 4-9e 所示。

（6）当加工变斜角类零件时，可采用鼓形铣刀，如图 4-9f 所示，或者其他工艺方法。

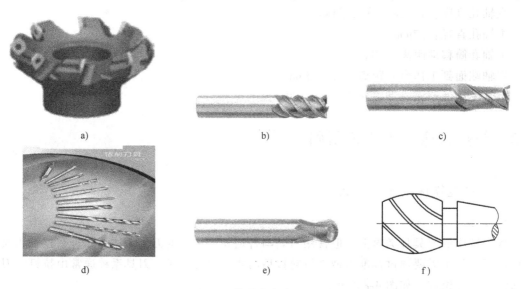

a)   b)   c)

d)   e)   f)

图 4-9　数控铣床常用刀具

a）面铣刀　b）立铣刀　c）键槽铣刀　d）孔加工刀具　e）球头铣刀　f）鼓形铣刀

2. 夹具

数控铣床虽然主要用于复杂形状的工件加工，但所使用的夹具结构与普通铣床的夹具并无本质不同。在选择数控铣床夹具时，要全面考虑加工质量、生产率和经济性，主要取决于零件的生产类型。

（1）夹具的基本要求。

1）为保持工件安装方位与机床坐标系及编程坐标系方向的一致性，夹具应能保证在机床上实现定向安装，还要求能协调工件定位面与机床之间保持一定的坐标尺寸联系。

2）为保持工件在本工序中所有需要完成的待加工面充分暴露在外，夹具要做得尽可能开敞，因此夹紧机构元件与加工面之间应保持一定的安全距离，同时要求夹紧机构元件能低则低，以防止夹具与铣床主轴套筒或刀套、刃具在加工过程中发生碰撞。

3）夹具的刚性与稳定性要好。尽量不采用在加工过程中更换夹紧点的设计，当非要在加工过程中更换夹紧点不可时，要特别注意不能因更换夹紧点而破坏夹具或工件的定位精度。

（2）数控铣床常用夹具种类。

1）通用夹具：在生产量小时，应广泛采用万能组合夹具或通用夹具。例如，对于并不很复杂的小型工件可直接采用机用平口钳装夹。

2）专用夹具：小批或成批生产时可考虑采用专用夹具，但应尽量简单。

3）多工位夹具和气动、液压夹具：在生产批量较大时可考虑采用多工位夹具和气动、液压夹具。

4）成组夹具：零件结构和外形尺寸接近、工序内容相似的批量生产可采用成组夹具。

4.2.2 数控铣削加工路线的确定

编程前首先要确定好加工路线。加工路线的确定对能否保证加工质量和提高加工效率起到至关重要的作用。确定加工路线应从以下几方面考虑。

1．采用加工路线最短的原则

应减少空刀时间，提高加工效率。

2．尽量采用顺铣加工原则

顺铣和逆铣对加工表面粗糙度会产生不同的影响。由于数控铣床采用滚珠丝杠传动结构，其进给传动间隙很小，因此顺铣的工艺性较好。

3．切向切入和切向切出原则

刀具切入点和切出点一般选在工件轮廓几何要素的交点，特别是在铣削平面轮廓时，应避免在零件重要表面的法向方向进刀，以免留下切痕。

4．铣削外轮廓表面

铣削外轮廓表面采用立铣侧刃或端刃切削，或者采用端铣刀切削，并按以上原则进行。

5．铣削内轮廓表面

铣削内轮廓表面同样遵守以上原则。通常，刀具快速移动到距零件表面 2~5mm 处（简称安全高度），然后以工作进给速度加工。铣削内轮廓表面有以下两种方法。

（1）通常的做法是，在型腔的某一位置处先钻一工艺孔至型腔底面并留有精铣余量，最后沿周边精铣。具体有以下三种路线。

1）采用行切法走刀路线，路线较短，但因加工表面切削不连续和接刀较多，表面质量差，如图 4-10a 所示。

2）采用环切法走刀路线，路线长且生产率低，但加工表面连续切削，使表面粗糙度值较低，如图 4-10b 所示。

3）采用综合法走刀路线，先采用行切法去除大部分材料，后采用环切法加工轮廓表面。此法兼顾两者优点，是较好的加工路线，如图 4-10c 所示。

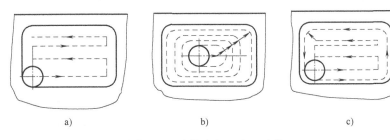

a)   b)   c)

图 4-10 内轮廓加工走刀路线

a）行切法走刀路线 b）环切法走刀路线 c）综合法走刀路线

（2）采用倾斜下刀方式。采用立铣刀，随着 X 或 Y 轴方向的移动，Z 轴方向同时移动（深度和周边都留有精铣余量），以达到用立铣刀直接下刀的方法。

（3）采用螺旋下刀方式。此方式与上述方式相似，刀具在走圆弧的同时，Z轴方向同时移动。

6. 加工内轮廓时的 Z 向进刀方式

与加工外轮廓相比，内轮廓加工过程中的主要问题是如何进行 Z 向切深进刀。通常，在数控加工中，常用的内轮廓加工 Z 向进刀方式主要有以下几种。

（1）垂直切深进刀。如图 4-11a 所示，采用垂直切深进刀时，必须选择切削刃过中心的键槽铣刀或钻铣刀进行加工，而不能采用立铣刀进行加工（中心处没有切削刃）。另外，由于采用这种进刀方式切削时，刀具中心的切削线速度为零，因此，即使选用键槽铣刀进行加工，也应选择较低的切削进给速度。

（2）三轴联动斜直线进刀。采用立铣刀加工内轮廓时，也可直接用立铣刀采用三轴联动斜直线方式（如图 4-11b 所示）进刀，从而避免刀具中心部分参加切削。但这种进刀方式无法实现 Z 向进给与轮廓加工的平滑过渡，容易产生加工痕迹。这种进刀方式指令如下：

G01 X20.0 Y25.0 Z0；（定位至起刀点）

X−20.0 Z−8.0；　　　（斜直线进刀）

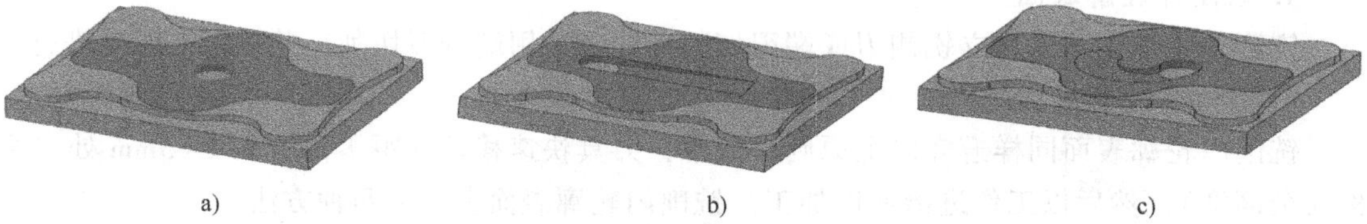

图 4-11　内轮廓 Z 向进刀方式

a）垂直切深进刀　b）斜直线进刀　c）螺旋线进刀

（3）三轴联动螺旋线进刀。采用三轴联动的另一种进刀方式是螺旋线进刀（如图 4-11c 所示）方式。这种进刀方式容易实现 Z 向进刀与轮廓加工的自然平滑过渡，不会产生加工过程中的刀具接痕。因此，在手工编程和自动编程的内轮廓铣削中广泛使用这种进刀方式。

FANUC 螺旋下刀指令格式如下：

G02/G03 X ___ Y ___ Z ___ R ___；　　　非整圆加工的螺旋线指令

G02/G03 X ___ Y ___ Z ___ I ___ J ___ K ___；　整圆加工的螺旋线指令

式中，X、Y、Z 为螺旋线的终点坐标；R 为螺旋线的半径；I、J、K 为螺旋线起点到圆心的矢量值。

7. 刀具的进退刀方式

铣削加工最常见的进退刀方式有直线进退刀和圆弧进退刀两种方式。粗加工时为节省时间可采用直线进退刀方式；精加工时为得到较好的表面质量可采用圆弧进退刀方式。如图 4-12 所示，铣削外轮廓表面时常采用直线进退刀方式（进刀 A-B-C，退刀 D-B-E）；铣削内轮廓表面时常采用圆弧进退刀方式（进刀 F-G-J，退刀 I-G-H）。

> 💧 **注意**：铣削内轮廓表面有时也采用法向进刀，这样会在进刀处留下切痕，因此在精加工时，应多次进刀逐渐消除切痕。

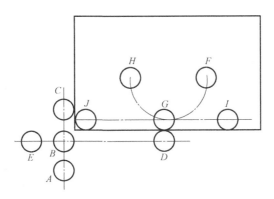

图 4-12　数控铣削退刀方法

8. 铣削曲面的加工路线

对于边界敞开的曲面，使用球头刀采用行切法进行加工，行间距依零件加工精度而定，如图 4-13 所示两种加工路线。

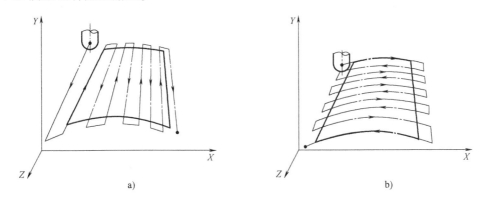

图 4-13　空间曲面走刀路线

a）沿曲面 U 向行切　b）沿曲面 V 向行切

9. 孔加工时进给路线的确定

（1）圆周均布孔的最短进给路线设计示例，如图 4-14 所示。

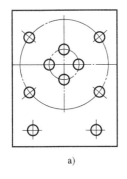 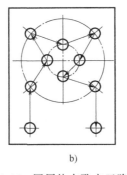 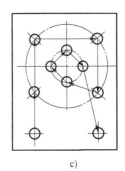

图 4-14　圆周均布孔走刀路线

a）待加工孔系　b）加工路线长　c）加工路线短

（2）矩形分布孔的进给路线图，如图 4-15 所示。

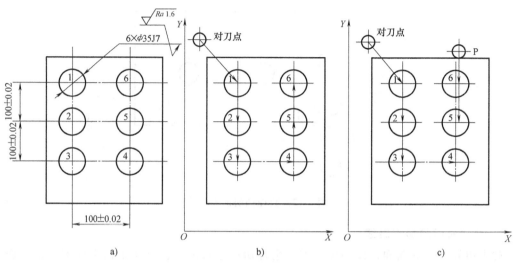

图 4-15　矩形分布孔进给路线

a）待加工孔系　b）加工路线 1、2、3、4、5、6　c）加工路线 1、2、3、4、6、5

4.3　数控铣削编程基础

4.3.1　数控系统的 M、S、F 功能

辅助功能 M 是指控制操作的工艺性指令，控制机床的"开-关"状态。它分为前指令代码和后指令代码两类。当机床移动指令和 M 指令在同一程序段时，若同时执行移动指令和 M 指令，则 M 称为前指令代码；若移动指令执行完成后再执行 M 指令，则 M 称为后指令代码。M 指令由字母 M 及后面的数字构成。

在同一程序段中只能执行一个 M 指令，若同时指定了两个或两个以上的 M 指令，则只有最后一个指令有效。常用 M 代码及其功能见表 4-2。

表 4-2　数控铣床 M 代码功能表（西门子）

M 代码	功　能	M 代码	功　能
M00	程序停止	M05	主轴停止
M01	程序选择性停止	M08	切削液开启
M02	程序结束	M09	切削液关闭
M03	主轴正转	M17	子程序结束，返回主程序
M04	主轴反转	M30	程序结束，返回开头

由于数控铣床 S、F 功能和数控车床相同，此处不再赘述。

4.3.2　常用准备功能指令

本节以西门子 802S 数控系统为主进行讲述。

1. 米、寸制编程

FANUC 系统及大部分数控系统：G21 表示米制，G20 表示寸制；SIEMENS 系统：G71

表示米制，G70 表示寸制。

2. 平面选择指令（如图 4-16 所示）

G17：*XY* 平面；

G18：*XZ* 平面；

G19：*YZ* 平面。

3. 绝对坐标与增量坐标

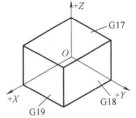

图 4-16　编程平面示意图

绝对坐标用 G90 来表示，程序中坐标功能字后面的坐标是以原点作为基准，表示刀具终点的绝对坐标。相对坐标用 G91 来表示，程序中坐标功能字后面的坐标是以刀具起点作为基准，表示刀具终点相对于刀具起点坐标值的增量。

4. 快速点定位指令（G00）

（1）指令格式：G00 X __ Y __ Z __；

（2）含义：*X*、*Y*、*Z* 为刀具目标点坐标，当使用增量方式时，*X*、*Y*、*Z* 为刀具目标点相对于刀具起点的增量坐标，不运动的坐标可以不写。

（3）举例：G00 X100 Y80 Z150；

（4）指令说明：

1）G00 不用指定移动速度，其移动速度由机床系统参数设定。

2）G00 的轨迹通常为折线型轨迹。

3）G00 的速度可以由机床面板相应的按键或者按钮进行调节。

5. 直线插补指令（G01）

（1）指令格式：G01 X __ Y __ Z __ F __；

（2）指令含义：刀具以指定的速度移动到 *X*、*Y*、*Z* 坐标处；X __ Y __ Z __ 为刀具目标点坐标；F __ 为刀具切削进给的进给速度。

（3）举例：G01 X50 Y50 Z-5 F200；

（4）指令说明：

1）当一个程序第一次使用 G01 指令的时候，必须指定 F 值（进给速度）。

2）G01 的速度可以由机床面板相应的按键或者按钮进行调节。

6. 圆弧加工指令（G02/G03）

（1）指令格式（以 G17 平面为例）。

$$
G17 \begin{cases} G90 \begin{cases} G02\ X\ \_\_\ Y\ \_\_\ CR=\_\_\ F\ \_\_; \\ G03\ X\ \_\_\ Y\ \_\_\ CR=\_\_\ F\ \_\_; \end{cases} 半径方式 \\ G91 \begin{cases} G02\ X\ \_\_\ Y\ \_\_\ I\ \_\_\ J\ \_\_\ F\ \_\_; \\ G03\ X\ \_\_\ Y\ \_\_\ I\ \_\_\ J\ \_\_\ F\ \_\_; \end{cases} 圆心方式 \end{cases}
$$

（2）指令含义：

1）G02：表示顺时针圆弧插补。

2）G03：表示逆时针圆弧插补。

3）*X*、*Y*、*Z*：表示圆弧的终点坐标值，其值可以是绝对坐标，也可以是增量坐标。在增量方式下，其值为圆弧终点坐标相对于圆弧起点的增量值。

4）CR：表示圆弧半径。

5）I、J、K：表示圆弧的圆心相对于其起点并分别在 X、Y 和 Z 坐标轴上的增量值。

（3）指令说明：

1）G02/G03 判断方法。沿圆弧所在平面（如 XY 平面）的另一根轴（Z 轴）的正方向向负方向看，顺时针方向为顺时针圆弧，逆时针方向为逆时针圆弧。

2）圆弧半径 CR 正负的判断。

① 当圆弧圆心角小于或等于 180° 时，程序中的 CR 用正值表示。

② 当圆弧圆心角大于 180° 并小于 360° 时，CR 用负值表示。

③ CR 指令格式不能用于整圆插补的编程，整圆插补需用 I、J、K 方式编程。

④ FANUC 系统在程序中圆弧半径用 R 表示。

3）关于 I、J、K 值的问题。

① I、J、K 数值计算：

$$I = X_{圆心} - X_{起点}$$
$$J = Y_{圆心} - Y_{起点}$$
$$K = Z_{圆心} - Z_{起点}$$

也就是说，I 的值为圆弧圆心的 X 坐标值减圆弧起点的 X 坐标值，J 的值为圆弧圆心的 Y 坐标值减圆弧起点的 Y 坐标值，K 的值为圆弧圆心的 Z 坐标值减圆弧起点的 Z 坐标值。

② I、J、K 数值的检验：

G17 平面的圆弧：$I^2 + J^2 = R^2$

G18 平面的圆弧：$I^2 + K^2 = R^2$

G19 平面的圆弧：$J^2 + K^2 = R^2$

🖐 **注意**：在上式中，R 为圆弧半径。

（4）举例。

例 1：编写加工如图 4-17 所示圆弧 AB 的程序段。

（AB）① G03 X30.0 Y-40.0 CR = 50.0 F100；（圆弧 1：终点 + 半径）

（AB）② G03 Y-40.0 CR = -50.0 F100；（圆弧 2：终点 + 半径）

例 2：编写加工如图 4-18 所示圆弧 AB 的程序段。

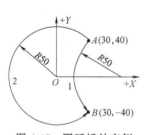

图 4-17 圆弧插补实例

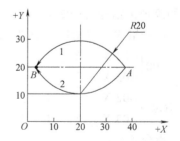

图 4-18 圆弧编程实例

① G03 X2.68 Y20.0 CR = 20.0；（圆弧 1：终点 + 半径）

G03 X2.68 Y20.0 I-17.32 J-10.0；（圆弧 1：终点 + 圆心）

② G02 X2.68 Y20.0 CR = 20.0；（圆弧 2：终点 + 半径）

G02 X2.68 Y20.0 I-17.32 J10.0；（圆弧 2：终点 + 圆心）

例3：编写加工如图4-19所示整圆的程序段。

G03 X50.0 Y0 I-50.0 J0；或简写成：G03 I-50.0；

7．工件坐标系零点设定或偏移（G54~G59）

（1）指令格式：G54~G59 G __ X __ Y __ Z __；

（2）指令说明。

1）零点偏置的方法：选择装夹后工件的编程坐标系原点，找出该点在机床坐标系中的绝对坐标值，如图4-20所示，将这些值通过机床面板操作输入机床偏置存储器参数中，从而将机床坐标系原点偏移至工件坐标系原点。

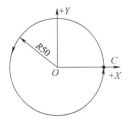

图4-19　整圆编程实例

2）实质：在编程与加工之前让数控系统知道工件坐标系在机床坐标系中的具体位置。

3）对刀：找出工件坐标系在机床坐标系中位置的过程。

4）一般通过输入不同的零点偏移数值，可以设定G54~G59共6个不同的工件坐标系，在编程及加工过程中可以通过G54~G59指令来对不同的工件坐标系进行选择调用。

（3）举例：试编写如图4-21所示程序。

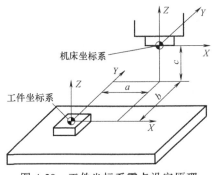

图4-20　工件坐标系零点设定原理

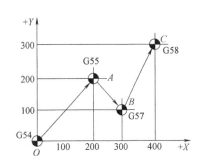

图4-21　工件坐标系编程实例

刀具刀位点在O点、A点、B点和C点间快速移动的程序：

G90；　　　　　　　　　　（绝对坐标系编程）

G54 G00 X0 Y0；　　　　　（选择G54坐标系，快速定位到该坐标系XY平面原点）

G55 G00 X0 Y0；　　　　　（选择G55坐标系，快速定位到该坐标系XY平面原点）

G57 G00 X0 Y0；　　　　　（选择G57坐标系，快速定位到该坐标系XY平面原点）

G58 G00 X0 Y0；　　　　　（选择G58坐标系，快速定位到该坐标系XY平面原点）

M30；　　　　　　　　　　（程序结束）

8．返回参考点（固定点）**指令**（G74）

（1）指令格式：G74（G75）　X __ Y __ Z __；

（2）指令功能：用G74（G75）指令实现在程序中回参考点（固定点）功能，每个轴的动作方向和速度存储在机床数据中。

（3）指令说明。

1）固定点是指存储在机床数据中的一个特定位置，比如作为换刀位置的某个固定点，它不会产生偏移。

2）G74（G75）需要一个独立程序段，并按程序段方式有效。

3）在 G74（G75）之后的程序段中，原先插补方式组中的 G 指令（G00、G01、G02、...）将再次生效。

4）程序段中 X、Y、Z 后编程的数值不识别。即在 G74（G75）指令后可以编写一个数值，但该数值不起任何作用。

9. 刀具半径补偿指令（G40、G41、G42）

（1）刀具半径补偿的定义：在编制轮廓切削加工程序的场合，一般以工件的轮廓尺寸作为刀具轨迹进行编程，而实际的刀具运动轨迹则与工件轮廓有一偏移量（即刀具半径）。数控系统的这种编程功能称为刀具半径补偿功能。通过运用刀具补偿功能编程，可以实现简化编程的目的。

（2）指令格式：

G41 G00/G01 X __ Y __ F __ D __；　　（建立刀具半径左补偿）

G42 G00/G01 X __ Y __ F __ D __；　　（建立刀具半径右补偿）

G40；　　　　　　　　　　　　　　（取消刀具半径补偿）

（3）含义：G41 为刀具半径左补偿；G42 为刀具半径右补偿；G40 为取消刀具半径补偿；D 是用于存放刀具半径补偿值的寄存器号。

（4）指令说明。

1）G41 与 G42 的判断方法是：在补偿平面外垂直于补偿平面的那根轴的正方向，沿刀具的移动方向看，当刀具处在切削轮廓左侧时，称为刀具半径左补偿（G41）；当刀具处在切削轮廓的右侧时，称为刀具半径右补偿（G42），如图 4-22 所示。

2）地址 D 所对应的偏置存储器中存入的偏置值通常指刀具半径值。和刀具长度补偿一样，刀具刀号与刀具偏置存储器号可以相同，也可以不同，一般情况下，为防止出错，最好采用相同的刀具号与刀具偏置存储器号。

3）G41、G42 为模态指令，可以在程序中保持连续有效。G41、G42 的撤销可以使用 G40 指令实现，也可以用 D00 取消，因为 D00 无法输入数值，永远为零。

4）当改变刀具平面的时候，必须取消刀具半径补偿（简称刀补）。

（5）刀具半径补偿过程：刀具半径补偿的过程如图 4-23 所示，共分三步，即刀补的建立、刀补的进行和刀补的取消。

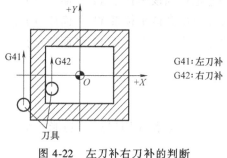

图 4-22　左刀补右刀补的判断

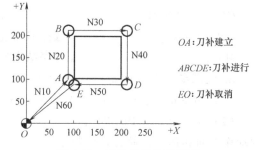

图 4-23　刀具半径补偿过程

程序如下：

SKX001；　　　　　　　　　西门子程序文件名

......

```
N10 G41 G01 X100.0 Y100.0 D01；        刀补建立
N20    Y200.0 F100；                    刀补进行
N30    X200.0；
N40    Y100.0；
N50    X100.0；
N60 G40 G00 X0 Y0；                     刀补取消
...
```

1）刀补建立：刀补的建立指刀具从起点接近工件时，刀具中心从与编程轨迹重合过渡到与编程轨迹偏离一个偏置量的过程。该过程的实现必须有 G00 或 G01 功能才有效。

刀具补偿过程通过 N10 程序段建立。当执行 N10 程序段时，机床刀具的坐标位置由以下方法确定：预读包含 G41 语句的下边两个程序段（N20、N30），连接在补偿平面内最近两移动语句的终点坐标（图 4-23 中的 AB 连线），其连线的垂直方向为偏置方向，根据 G41 或 G42 来确定偏向哪一边，偏置的大小由偏置号 D01 地址中的数值决定。经补偿后，刀具中心位于图 4-23 中 A 点处，即坐标点 [（100-刀具半径），100] 处。

2）刀补进行：在 G41 或 G42 程序段后，程序进入补偿模式，此时刀具中心与编程轨迹始终相距一个偏置量，直到刀补取消。

一般情况，数控机床在补偿模式下，数控系统要预读两段程序，找出当前程序段刀位点轨迹与下一个程序段刀位点轨迹的交点，以确保机床在下一个工件轮廓处向某一个方向补偿一个偏置量，如图 4-23 中的 B 点、C 点等。

3）刀补取消：刀具离开工件，刀具中心轨迹过渡到与编程轨迹重合的过程称为刀补取消，如图 4-23 中的 EO 程序段。

刀补的取消用 G40 或 D00 来执行，要特别注意的是，G40 必须与 G41 或 G42 成对使用。

（6）刀具半径补偿注意事项。

1）刀具半径补偿模式的建立与取消程序段只能在 G00 或 G01 移动指令模式下才有效。当然，现在有部分系统也支持 G02、G03 模式，但为防止出现差错，在半径补偿建立与取消程序段最好不使用 G02、G03 指令。

2）为保证刀补建立与刀补取消时刀具与工件的安全，通常采用 G01 运动方式来建立或取消刀补。如果采用 G00 运动方式来建立或取消刀补，则要采取先建立刀补再下刀和先退刀再取消刀补的编程加工方法。

3）为了便于计算坐标，采用切线切入方式或法线切入方式来建立或取消刀补。当不便于沿工件轮廓线方向切向或法向切入、切出时，可根据情况增加一个圆弧辅助程序段。

4）为了防止在半径补偿建立与取消过程中刀具产生过切现象（如图 4-24 中所示的 OM 和下右图中的 AM），刀具半径补偿建立与取消程序段的起始位置与终点位置最好与补偿方向在同一侧（如图 4-24 中所示的 OA 和 AN）。

5）在刀具补偿模式下，一般不允许存在连续两段以上的非补偿平面内移动指令，否则刀具也会出现过切等危险动作。

非补偿平面移动指令通常指：只有 G、M、S、F、T 代码的程序段（如 G90、M05 等），程序暂停程序段（如 G04 X10.0 等），G17（G18、G19）平面内的 Z（Y、X）轴移动指令等。

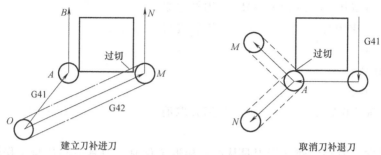

图 4-24　刀补建立与取消时的起始与终点位置

（7）刀具半径补偿的实例。刀具半径补偿功能除了使编程人员直接按轮廓编程，简化了编程工作外，在编程实例中还有例子，此处就不再赘述了。

10. 刀具长度补偿指令（G43、G44、G49）

（1）指令格式：G43　G00/G01　Z __ H __；　　　　刀具长度补偿 "+"

　　　　　　　　　 G44　G00/G01　Z __ H __；　　　　刀具长度补偿 "–"

（2）含义：H 是用于指定长度偏置的偏置存储器号。在地址 H 所对应的偏置存储器中存入相应的偏置值。当执行刀具长度补偿指令时，系统首先根据偏移方向指令将指令要求的移动量与偏置存储器中的偏置值做相应的 "+"（G43）或 "–"（G44）运算，计算出刀具的实际移动值，然后指令刀具做相应的运动。

（3）指令说明：G43、G44 为模态指令，可以在程序中保持连续有效。G43、G44 的撤销可以使用 G49 指令或选择 H00（"刀具偏置值" H00 规定为 0）进行。

> 🌐 注意：在实际编程中，为避免产生混淆，通常采用 G43 而非 G44 的指令格式进行刀具长度补偿的编程。

（4）编程示例：如图 4-25 所示，假定的标准刀具长度为 0，理论移动距离为 –100。采用 G43 指令进行编程，计算刀具从当前位置移动至工件表面的实际移动量（已知：H01 中的偏置值为 20.0；H02 中的偏置值为 60.0；H03 中的偏置值为 40.0）。

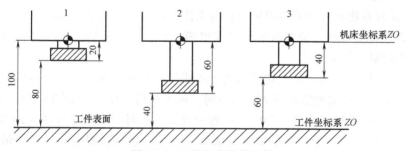

图 4-25　刀具长度补偿示例

刀具 1：

G43 G01 Z0 H01 F100；刀具的实际移动量 = –100+20 = –80，刀具向下移动 80mm。

刀具 2：

G43 G01 Z0 H02 F100；刀具的实际移动量 = –100+60 = –40，刀具向下移动 40mm。

刀具 3：

如果采用 G44 编程，则输入 H03 中的偏置值应为 -40.0，其编程指令为 G44 G01 Z0 H03 F100；刀具实际移动量 = -100 - (-40) = 60，刀具向下移动 60mm。

11. 固定循环（西门子）

固定循环是指用于特定加工过程的参数化通用工艺子程序。

（1）西门子数控系统固定循环指令：

LCYC82	钻孔、沉孔循环
LCYC83	深孔钻削循环
LCYC840	带补偿夹头内螺纹切削循环
LCYC84	不带补偿夹头内螺纹切削循环
LCYC85	铰孔、精镗孔循环
LCYC60	线性分布孔加工循环
LCYC61	圆周分布孔加工循环
LCYC75	铣凹槽循环（矩形、圆形、腰形槽）

（2）循环参数为 R100～R249。在编程时，这些参数可以有两种操作方法输入数值：①键盘面板输入键编程输入；②通过西门子数控系统蓝图编程界面图形屏幕按标准格式输入。

（3）指令讲解。由于篇幅所限，只讲几个常见的指令，其余的请读者自行查阅西门子数控系统编程手册。如果你使用的是 FANUC 数控系统，请参考第 5 章 5.3.2 条相关内容。

1）LCYC82 钻孔、沉孔加工循环。

① 参数：R101 返回平面，R102 安全距离，R103 参考平面，R104 最后钻深，R105 孔底停留时间。该指令动作如图 4-26 所示。

② 应用：钻孔、扩孔、锪孔、铰孔、镗孔（定尺寸镗刀）。

2）LCYC83 深孔钻削循环。

① 参数：R101 返回平面，R102、R105 各深度处停留时间（断屑），R103 进给率，R108 首钻进给率，R109 起点处停留时间（排屑），R110 首钻深度，R111 递减量，R127 加工方式。LCYC83 动作如图 4-27 所示。

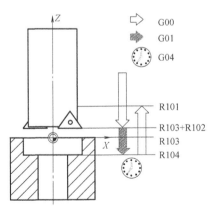

图 4-26　LCYC82 动作示意图

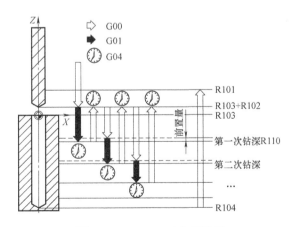

图 4-27　LCYC83 动作示意图

② 应用：深径比较大时尽量采用，确保可靠加工。

3）LCYC840 带补偿夹头内螺纹切削循环。

参数：R101 返回平面，R102 安全距离，R103 参考平面，R104 最后钻深，R106 螺纹导程，R126 攻螺纹时主轴转向。该指令动作如图 4-28 所示。

4）LCYC84 不带补偿夹头内螺纹切削循环。

参数：R101 返回平面，R102 安全距离，R103 参考平面，R104 最后钻深，R105 终点停留，R106 螺纹导程，R112 攻螺纹转速，R113 退刀转速。该指令动作如图 4-29 所示。

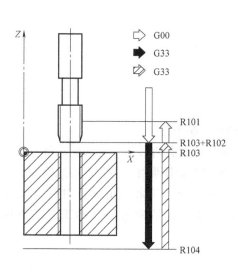

图 4-28　LCYC840 动作示意图

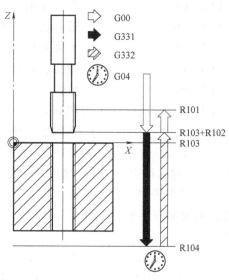

图 4-29　LCYC84 动作示意图

5）LCYC85 铰孔、精镗孔循环。

① 参数：R101 返回平面，R102 安全距离，R103 参考平面，R104 最后钻深，R105 终点停留时间，R107 加工进给率，R108 退刀进给率。该指令动作如图 4-30 所示。

② 应用：LCYC85 循环用于精加工，解决了孔壁刀痕问题，但增加了加工时间，影响效率，经济性差。

6）LCYC60 线性分布孔加工循环。

参数：R115 钻孔或攻螺纹单循环号（82、83、840、84、85），R116 参考点横坐标，R117 参考点纵坐标，R118 第一孔到参考点间的距离，R119 孔数，R120 平面中孔排列线的角度，R121 孔间距。该指令参数如图 4-31 所示。

7）LCYC61 圆弧分布孔加工循环。

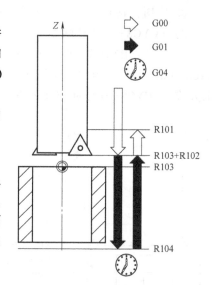

图 4-30　LCYC85 动作示意图

参数：R115 钻孔或攻螺纹单循环号（82、83、840、84、85），R116 分布圆中心横坐标，R117 分布圆中心纵坐标，R118 分布圆半径，R119 孔数，R120 起始角，R121 角增量。该指令参数如图 4-32 所示。

8）LCYC75 铣槽加工循环。

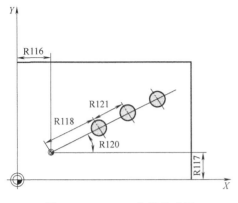

图 4-31　LCYC60 参数示意图

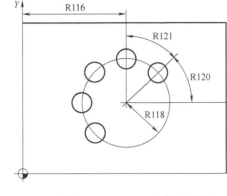

图 4-32　LCYC61 参数示意图

① 参数：R101 退回平面，R102 安全距离，R103 参考平面，R104 槽深，R116 槽中心横坐标，R117 槽中心纵坐标，R118、R119 槽长、槽宽，R120 槽拐间半径，R121 最大进刀深度，R122 深度进给率，R123 表面进给率，R124 槽侧精加工余量，R125 槽底精加工余量，R126 铣削方向，R127 铣削类型。该指令参数如图 4-33 所示。

② 应用场合：矩形、圆形、腰形槽加工；平面加工。

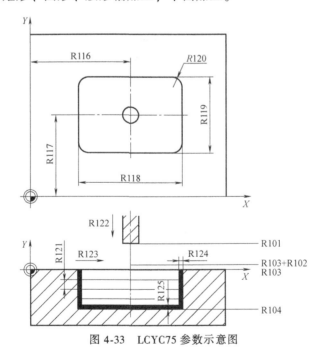

图 4-33　LCYC75 参数示意图

4.4　数控铣床加工编程实例

4.4.1　平面铣削

平面编程实例 1：

加工如图 4-34 所示工件，试编写其平面加工程序。

（1）毛坯为 100mm×80mm×31mm 的 7050 铝合金。

（2）要求切削深度为 1mm。

（3）参考程序见表 4-3。

平面编程实例 2：

加工如图 4-34 所示工件，试编写其平面加工程序。

（1）毛坯为 100mm×80mm×31mm 的 7050 铝合金。

（2）要求使用子程序。

（3）参考程序见表 4-4。

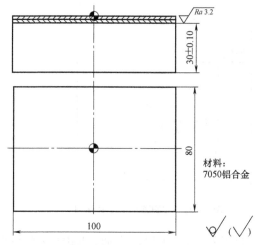

图 4-34　平面加工零件图

表 4-3　平面加工实例 1 参考程序

刀具	φ60mm 面铣刀		
	加工程序		
程序段号	发那科系统	西门子系统	程序说明
	O0001；	PM001. MPF	程序号
N10	G90 G00 G54X−90.0 Y−20.0 Z20.0M03 S1000；	G90 G00 G54X−90.0 Y−20.0 Z20.0M03 S1000LF	主轴正转，刀具在 XY 平面中快速定位
N20	Z2.；	Z2.	刀具移动到参考高度
N30	G01 Z−1.0 F400；	G01 Z−1.0 F400LF	一次切削至总深
N40	X50.0；	X50.0LF	A→B
N50	Y20.0；	Y20.0LF	B→C
N60	X−90.0；	X−90.0LF	C→D
N70	G00 Z20.0；	G00 Z20.0LF	刀具 Z 向快速抬刀
N80	M05；	M05 LF	主轴停转
N90	M30；	M30 LF	程序结束

表 4-4　平面加工实例 2 参考程序

刀具	φ60mm 立铣刀		
	加工程序（主程序）		
程序段号	发那科系统	西门子系统	程序说明
	O0002；	PM002. MPF	程序号（主）
N10	G90 G00 G54 X−65 Y−55 Z50 M3S2000；	G90 G00 G54 X−65. Y−55. Z50. M03S2000 LF	主轴正转，刀具在 XY 平面中快速定位
N20	Z1.；	Z1. LF	刀具移动到参考高度
N30	G01 Z−1. F300；	G01 Z−1.0 F300 LF	一次切削至总深
N40	M98 P1001 L4；	L1001 P4 LF	调用子程序 4 次
N50	G90 G00 Z50.；	G90 G00 Z50. LF	主轴快速抬高至 50mm
N60	G00 X0 Y0；	G00 X0 Y0 LF	刀具回退至工件原点
N70	M05；	M05 LF	主轴停转
N80	M30；	M30 LF	程序结束

（续）

刀具	φ60mm 立铣刀		
加工程序（子程序）			
程序段号	发那科系统	西门子系统	程序说明
	O1001;	L1001. SPF	程序号（子程序）
N10	G91 G01 X115. F800;	G91 G01 X115. F800 LF	开始加工平面
N20	G00 Y14. ;	G00 Y14. LF	刀具快速移动
N30	G01 X115. ;	G01 X115. LF	
N40	G00 Y14. ;	G00 Y14. LF	
N50	M99;	M17 LF	子程序结束

4.4.2 铣削外轮廓零件

外轮廓铣削编程实例 1：

加工如图 4-35 所示零件，试编写其外轮廓加工程序。

（1）选用 φ16mm 立铣刀，在 80mm×80mm×20mm 的毛坯上加工凸台外轮廓，使用刀具半径补偿指令，试编写其加工程序。

（2）该零件走刀路线图，如图 4-36 所示。

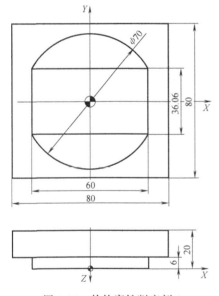

图 4-35 外轮廓铣削实例 1

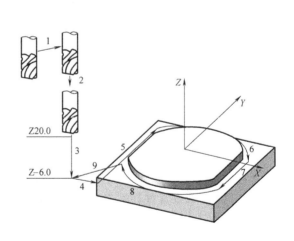

图 4-36 走刀路线图

（3）外轮廓数控加工参考程序见表 4-5。

表 4-5 外轮廓数控加工参考程序

刀具	φ16mm 立铣刀		
加工程序			
程序段号	发那科系统	西门子系统	程序说明
	O0003;	WX003. MPF	程序号
N10	G90G0X-50. Y-50. Z50. M03 S1000;	G90G0X-50. Y-50. Z50.0M03 S1000LF	主轴正转，600r/min，刀具定位，轨迹 1
N20	Z2.0;	Z2.0LF	轨迹 2
N30	G01 Z-6.0 F300;	G01 Z-6.0 F300LF	Z 向下刀，轨迹 3

(续)

刀具	φ16mm 立铣刀		
加工程序			
程序段号	发那科系统	西门子系统	程序说明
	O0003;	WX003. MPF	程序号
N40	G41 G01 X-30. D01;	G41 G01 X-30. D01LF	建立刀补,轨迹 4
N50	Y18.03;	Y18.03LF	轨迹 5
N60	G02 X30.0 R35.0;	G02 X30.0 CR = 35.0LF	轨迹 6
N70	G01 Y-18.03;	G01 Y-18.03LF	轨迹 7
N80	G02 X-50.0 R35.;	G02 X-50.0 CR = 35. LF	轨迹 8
N90	G40 G01 X-50. Y-50.;	G40 G01 X-50.0 Y-50.0 LF	取消刀补,轨迹 9
N100	G00 Z50.	G00 Z50. LF	刀具 Z 向快速抬刀
N110	M05;	M05 LF	主轴停转
N120	M30;	M30 LF	程序结束

外轮廓铣削编程实例 2:

（1）加工如图 4-37 所示零件，试编写其外轮廓加工程序。

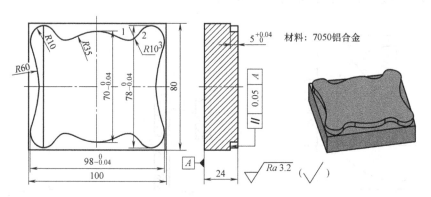

图 4-37　外轮廓铣削实例 2

（2）任务分析：加工本例工件时，由于轮廓较为复杂，如果直接计算刀具刀位点的轨迹进行编程，则计算复杂，容易出错，编程效率低，而采用刀具半径补偿方式进行编程，则较为简便。

（3）设计加工路线：加工本例工件时，采用刀具半径补偿方式进行编程。编程时采用延长线上切入的方式，其刀具轨迹如图 4-38 所示。

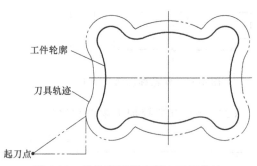

图 4-38　外轮廓铣削实例 2 刀具轨迹

（4）分析基点坐标：由于本例题基点较多，故采用 AUTOCAD、CAXA 电子图版或其他 CAD/CAM 软件进行基点坐标分析，得出图 4-38 中所有基点坐标（基点坐标略）。

（5）外轮廓铣削实例 2 参考程序见表 4-6。

表 4-6 外轮廓铣削实例 2 参考程序

刀具	ϕ60mm 立铣刀		
加工程序			
程序段号	发那科系统	西门子系统	程序说明
	O0004	WX004. MPF	程序号
N10	G54 G90 G00 X－60. Y－50. Z50. M03 S1200；	G54 G90 G00 X－60. Y－50. Z50. M03 S1200 LF	主轴正转，刀具快速定位
N20	Z2. M08；	Z2. M08 LF	快速定位，切削液开
N30	G01 Z－5.0 F400；	G01 Z－5.0 F400 LF	下刀至铣削深度位置
N40	G41 G01 X49.0 D01；	G41 G01 X49.0 D01LF	轮廓延长线上建立刀补
N50	Y－39.0；	Y－39.0LF	开始加工外轮廓
N60	G02 X－48.10 Y－24.86 R10.0；	G02 X－48.10 Y－24.86 CR＝10. LF	
N70	G03 Y24.86 R60.0；	G03 Y24.86 CR＝60.0LF	
N80	G03 Y24.86 R60.0；	G03 Y24.86 CR＝60.0LF	
N90	G02 X－30.44 Y34.16 R10.0；	G02 X－30.44 Y34.16 CR＝10.0LF	
N100	G03 X－17.01 Y30.59 R10.0；	G03 X－17.01 Y30.59 CR＝10.0LF	
N110	G02 X17.01 R30.0；	G02 X17.01 CR＝30.0LF	
N120	G03 X30.44 Y34.16 R10.0；	G03 X30.44 Y34.16 CR＝10.0LF	
N130	G02 X48.10 Y24.86 R10.0；	G02 X48.10 Y24.86 CR＝10.0LF	
N140	G03 Y－24.86 R60.0；	G03 Y－24.86CR＝60. LF	
N150	G02 X30.44 Y－34.16 R10.0；	G02 X30.44 Y－34.16 CR＝10.0LF	
N160	G03 X17.01 Y－30.59 R10.0；	G03 X17.01 Y－30.59 CR＝10.0LF	
N170	G02 X－17.01 R35.0；	G02 X－17.01 CR＝35. LF	
N180	G03 X－30.44 Y－34.16 R10.0；	G03X－30.44 Y－34.16 CR＝10.0LF	
N190	G02 X－48.10 Y－24.86 R10.0；	G02 X－48.10 Y－24.86 CR＝10.0LF	
N200	G40 G01 X－50.0 Y－50.0M09；	G40 G01 X－50.0 Y－50.0 M09 LF	取消刀补，切削液关
N210	G00 Z50.0 ；	G00 Z50.0 LF	快速抬刀
N220	M05；	M05 LF	主轴停转
N230	M30；	M30 LF	程序结束

4.4.3 铣削内轮廓零件

内轮廓铣削编程实例 1：

加工如图 4-39 所示图形内轮廓，试编写该零件内轮廓数控精加工程序。

（1）要求使用刀补，铣刀直径为 10mm，一次下刀 8mm，顺铣。

（2）该零件已经粗加工，轮廓留有 1mm 精加工余量。毛坯为 7050 铝合金。

（3）参考程序见表 4-7。

内轮廓铣削编程实例 2：

加工如图 4-40 所示图形内孔，试编写该零件内孔精加工程序。

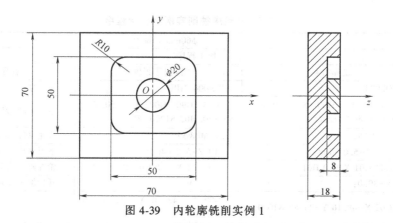

图 4-39　内轮廓铣削实例 1

表 4-7　内轮廓编程实例 1 参考程序

刀具		φ10mm 立铣刀	
		加工程序	
程序段号	发那科系统	西门子系统	程序说明
	O0005	NX005. MPF	程序号
N10	G90 G00 G54 X0 Y0 Z40. M03 S1000；	G90 G00 G54 X0 Y0 Z40. M03 S1000LF	主轴正转,刀具在 XY 平面中快速定位
N20	G00 X-50. Y-50. ；	G00 X-50. Y-50. LF	快速移至刀补起点
N30	G41 G01 X-25. Y0 D01 F150；	G41 G01 X-25. Y0 D01 F400LF	建立刀补
N40	G01 Z-8. ；	G01 Z-8LF	Z 向下刀至铣削深度位置
N50	Y-15. ；	Y-15LF	开始加工内轮廓
N60	G03 X-15. Y-25. R10. ；	G03 X-15. Y-25. CR = 10. LF	
N70	G01 X15. ；	G01 X15. LF	
N80	G03 X25. Y-15. R10；	G03 X25. Y-15. CR = 10. LF	
N90	G01 Y15. ；	G01 Y15. LF	
N100	G03 X15. Y25. R10. ；	G03 X15. Y25. CR = 10. LF	
N110	G01 X-15. ；	G01 X-15. LF	
N120	G03 X25. Y-5. R10. ；	G03 X25. Y-5. CR = 10. LF	
N130	G01 Y0；	G01 Y0LF	
N140	G01 X-10. ；	G01 X-10. LF	
N150	G02 I10. ；	G01 I10. LF	加工 φ20 整圆
N160	G40 G01 X-16. Y0；	G40 G01 X-16. Y0；	取消刀补
N170	M05；	M05 LF	主轴停转
N180	M30；	M30 LF	程序结束

（1）采用 φ16mm 的立铣刀加工（铣刀无顶针孔）。

（2）采用三维螺旋切削方式，毛坯材料为 7050 铝合金。

（3）内孔铣削参考程序见表 4-8。

内轮廓铣削编程实例 3：

加工如图 4-39 所示的型腔，试编写该零件内孔精加工程序。

（1）深度为 12mm，要求使用子程序，每次下刀深度 2mm。

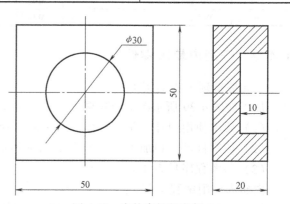

图 4-40　内轮廓铣削实例 2

表 4-8 内孔铣削参考程序

刀具	ϕ16mm 立铣刀		
	加工程序		
程序段号	发那科系统	西门子系统	程序说明
	O0006	NX006.MPF	程序号
N10	G90 G00 G54 X0 Y0 Z50.M03 S1000;	G90 G00 G54 X0 Y0 Z50.M03 S1000LF	主轴正转,刀具在 XY 平面中快速定位
N20	G00 Z1.;	G00 Z1.LF	刀具快速移至工件上表面1mm 处
N30	G01 Z0 F100;	G01 Z0 F100LF	刀具以 100mm/min 速度移动到工件上表面
N40	G41 G01 X15.D01;	G41 G01 X15.0 D01LF	建立刀补
N50	G03 X15.Y0 Z-5.0 I-15.;	G03 X15.0 Y0 Z-5.0 I-15.K0LF	螺旋线进刀
N60	G03 Z-10.I-15.;	G03 Z-10.I-15.K0LF	
N70	G03 I-15.0;	G03 I-15.0LF	
N80	G40 G01 X0 Y0;	G40 G01 X0 Y0 LF	取消刀补
N90	G01 Y15.;	G01 Y15.LF	
N100	G00 Z40.;	G00 Z40.LF	抬刀
N170	M05;	M05 LF	主轴停转
N180	M30;	M30 LF	程序结束

（2）铣刀直径为 10mm。

（3）内轮廓编程实例 3 参考程序见表 4-9。

表 4-9 内轮廓编程实例 3 参考程序

刀具	ϕ10mm 立铣刀		
	加工程序（主程序）		
程序段号	发那科系统	西门子系统	程序说明
	O0007	NX007.MPF	程序号（主程序）
N10	G90 G00 G54 X0 Y0 Z40 M03 S1000;	G90 G00 G54 X0 Y0 Z40 M03 S1000LF	主轴正转,刀具在 XY 平面中快速定位
N20	G00 X-20 Y-20;	G00 X-20 Y-20LF	快速移至刀补起点
N30	G41 G01 X-25 Y0 D01 F150;	G41 G01 X-25 Y0 D01 F400LF	建立刀补
N40	G01 Z-2;	G01 Z-2LF	第一次下刀
N50	M98 P1002;	L1002 LF	调用子程序开始第一层型腔加工
N60	G01 Z-4;	G01 Z-4 LF	第 2 次下刀
N70	M98 P1002;	L1002 LF	调用子程序 002 开始第 2 层型腔加工
N80	G01 Z-6;	G01 Z-6 LF	第 3 次下刀
N90	M98 P1002;	L1002 LF	调用子程序 002 开始第 3 层型腔加工
N100	G01 Z-8;	G01 Z-8 LF	第 4 次下刀
N110	M98 P1002;	L1002 LF	调用子程序 002 开始第 4 层型腔加工
N120	G01 Z-10;	G01 Z-10LF	第 5 次下刀
N130	M98 P1002;	L1002 LF	
N140	G01 Z-12;	G01 Z-12 LF	
N150	M98 P1002;	L1002 LF	加工 ϕ20 整圆
N160	G00 Z40;	G00 Z40LF	取消刀补
N170	G40 G00 X0Y0 D01;	G40 G00 X0Y0 D01 LF	
N180	M05;	M05 LF	主轴停转
N190	M30;	M30 LF	程序结束

（续）

程序段号	刀具			
	ϕ10mm 立铣刀			
	加工程序（主程序）			
	发那科系统	西门子系统	程序说明	
	O1002	L1002. SPF	程序号（子程序）	
N10	Y-15；	Y-15 LF	开始加工内轮廓	
N20	G03 X-15 Y-25 R10；	G03 X-15 Y-25 CR=10 LF		
N30	G01 X15；	G01 X15LF		
N40	G03 X25 Y-15 R10；	G03 X25 Y-15 CR=10LF		
N50	G01 Y15；	G01 Y15LF		
N60	G03 X15 Y25 R10；	G03 X15 Y25 CR=10LF		
N70	G01 X-15；	G01 X-15LF		
N80	G03 X25 Y-15 R10；	G03 X25 Y-15 CR=10LF		
N90	G01 Y0；	G01 Y0LF		
N100	G01 X-10；	G01 X-10 LF		
N110	G02 I10；	G02 I10； LF	加工 ϕ20 圆形岛屿	
N120	G01 X-25 Y0；	G01 X-25 Y0 LF	回到下刀点	
N130	M99；	M17 LF	子程序结束	

4.4.4 内外轮廓加工综合实例

综合编程实例：

加工如图 4-41 所示零件，试编写其加工程序。

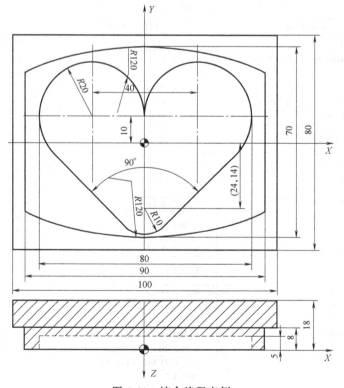

图 4-41 综合编程实例

（1）计算基点

坐标（也可以使用 CAD/CAM 软件自动标注坐标）。

基点计算方法如图 4-42 所示。

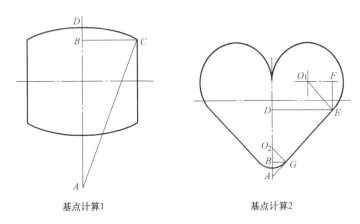

基点计算1 基点计算2

图 4-42 综合编程实例基点计算

1）点 1 坐标的计算：在 $\triangle ABC$ 中，$AC=120$，$BC=45$，则 $AB=\sqrt{AC^2-BC^2}=111.24$。则 C 点（即点 1）的坐标 $X_C=45.0$，$Y_C=111.24-80=31.24$。

2）点 2 和点 3 坐标的计算：

在 $\triangle O_1EF$ 中，$O_1F=EF=R_1\times\cos45°=14.14$。

则 E 点（即点 2）的坐标 $X_E=20+14.14=34.14$，$Y_E=10-14.14=-4.14$。在 $\triangle ADE$ 中，$AD=DE=34.14$。在 $\triangle ABG$ 中，$AB=BG=R_2\times\cos45°=7.07$。

则 G 点（即点 3）的坐标 $X_G=7.07$，$Y_G=-4.14-34.14+7.07=-31.21$。

（2）内外轮廓综合实例参考程序见表 4-10。

表 4-10 内外轮廓综合实例参考程序

刀具	$\phi16mm$ 高速钢立铣刀		
	加工程序 1（主程序）		
程序段号	发那科系统	西门子系统	程序说明
	O0008；	LKZH008.MPF	主程序
N10	M03 S800；	M03 S800 LF	主轴正转
N20	G90 G54 G00 X-60. Y-60. Z50；	G90 G54 G00 X-60. Y-60. Z50 LF	刀具定位
N30	Z1.；	Z1. LF	
N40	M98 P1003 L4；	L1003 P4 LF	分层切削加工外轮廓
N50	G00 Z5.0；	G00 Z5.0 LF	刀具抬起后重新定位
N60	X10.0 Y0；	X10.0 Y0 LF	
N70	G01 Z0；	G01 Z0 LF	
N80	M98 P1004；	L1004 LF	加工内轮廓
N90	M05；	M05 LF	主轴停转
N100	M30；	M30 LF	程序结束

（续）

刀具	ϕ16mm 高速钢立铣刀		
加工程序 2（子程序）			
程序段号	发那科系统	西门子系统	程序说明
	O1003；	L1003. SPF	加工外轮廓子程序
N10	G91 G01 Z-2.0 F200；	G91 G01 Z-2.0 F200 LF	每次 Z 向切深 2mm
N20	G90 G41 G01 X-45. D01；	G90 G41 G01 X-45. D01 LF	加工外轮廓
N30	Y31.24；	Y31.24 LF	
N40	G02 X45. R120.0；	G02 X45. CR=120. LF	
N50	G01 Y-31.24；	G01 Y-31.24LF	
N60	G02 X-45. R120.0；	G02 X-45. CR=120. LF	
N70	G40G01X-60Y-60；	G40 G01X-60. Y-60. LF	
N80	M99；	M17 LF	子程序结束
加工程序 3（子程序）			
程序段号	发那科系统	西门子系统	程序说明
	O1004；	L1004	加工内轮廓子程序
N10	G01 X-20.0 Y10.0 Z-5.0 F100；	G01 X-20.0 Y10.0 Z-5.0F100 LF	三轴联动斜向进刀
N20	G41 G01 Y-10.0 D01；	G41 G01 Y-10. D01 F200 LF	加工内轮廓
N30	G03 X-34.14 Y-4.14 R-20.0；	G03 X-34.14 Y-4.14 CR=-20. LF	
N40	G01 X-7.07 Y-31.21；	G01 X-7.07 Y-31.21 LF	
N50	G03 X7.07 R10.0；	G03 X7.07 CR=10.0 LF	
N60	G01X34.14 Y-4.14；	G01 X34.14 Y-4.14 LF	
N70	G03 X20.0 Y-10.0 R-20.0；	G03 X20.0 Y-10.0 CR=-20.0 LF	
N80	G40 G01 X0 Y0；	G40 G01 X0 Y0 LF	
N90	M99；	M17 LF	子程序结束

4.5 孔加工

孔加工编程实例 1：

编写如图 4-43 所示零件孔加工程序。

（1）选用 ϕ10mm 的麻花钻头，加工路线为 1-2-3-4-5。

（2）孔的深度 5mm。

（3）参考程序见表 4-11。

孔加工编程实例 2：

编写如图 4-43 所示零件孔加工程序。

（1）选用 ϕ10mm 的麻花钻头，加工路线为 1-2-3-4-5。

（2）孔的深度 10mm，每次钻深 2mm。

（3）使用子程序进行编程。

（4）参考程序见表 4-12。

孔加工编程实例 3：

编写如图 4-43 所示零件孔加工程序。发那科系统和西门子系统固定循环指令对比见表 4-13。

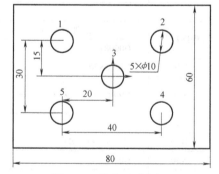

图 4-43　孔加工实例

表 4-11　钻孔实例 1 参考程序

刀具	ϕ10mm 麻花钻		
	加工程序		
程序段号	发那科系统	西门子系统	程序说明
	O0009;	PM009. MPF	程序号
N10	G90 G00 G54 X - 20. Y15. Z50. M03 S600 M08 ;	G90 G00 G54 X - 20. Y15. Z50. M03 S600 M08 LF	主轴正转,钻头在 XY 平面快速定位到第一个孔,切削液打开
N20	Z1.0;	Z1.0 LF	Z 轴定位到工件上表面 1mm 处
N30	G01 Z-5. F200;	G01 Z-5. F200 LF	钻第一个孔
N40	G00 Z1.0;	G00 Z1.0 LF	抬刀至参考平面
N50	X0 Y0;	X0 Y0 LF	快速定位第二个孔
N60	G01 Z-5. ;	G01 Z-5. LF	钻第二个孔
N70	G00 Z1. ;	G00 Z1. LF	抬刀至参考平面
N80	X20. Y15. ;	X20. Y15. LF	快速定位第三个孔
N90	G01 Z-5. ;	G01 Z-5. LF	钻第三个孔
N100	G00 Z1. ;	G00 Z1. LF	抬刀至参考平面
N110	Y-15. ;	Y-15. LF	快速定位第四个孔
N120	G01 Z-5. ;	G01 Z-5. LF	钻第四个孔
N130	G00 Z1. ;	G00 Z1. LF	抬刀至参考平面
N140	G00 X-20. ;	G00 X-20. LF	快速定位第五个孔
N150	G01 Z-5. ;	G01 Z-5. LF	钻第五个孔
N160	G00 Z20. ;	G00 Z20LF	抬刀至初始平面
N170	M05;	M05 LF	主轴停转
N180	M30;	M30 LF	程序结束

表 4-12　钻孔实例 2 参考程序

刀具	ϕ10mm 麻花钻		
	加工程序 (主程序)		
程序段号	发那科系统	西门子系统	程序说明
	O0010;	PM010. MPF	程序号 (主程序)
N10	G90 G00 G54 X - 20. Y15. Z50. M03 S600 M08 ;	G90 G00 G54 X - 20. Y15. Z50. M03 S600 M08 LF	主轴正转,钻头在 XY 平面快速定位到第一个孔,切削液打开
N20	G90 Z1.0;	G90 Z1.0 LF	Z 轴定位
N30	M98 P1005L6;	L1005P6 LF	钻第一个孔
N40	G90 G00 Z1. ;	G90 G00 Z1. LF	抬刀至参考平面
N50	X0 Y0;	X0 Y0 LF	快速定位第二个孔
N60	M98P1005L6;	L1005P6 LF	钻第二个孔
N70	G90 G00 Z1. ;	G90 G00 Z1. LF	抬刀至参考平面
N80	X20. Y15. ;	X20. Y15. LF	快速定位第三个孔
N90	M98P1005L6;	L1005P6 LF	钻第三个孔
N100	G90 G00 Z1. ;	G90 G00 Z1. LF	抬刀至参考平面
N110	Y-15. ;	Y-15. LF	快速定位第四个孔
N120	M98 P1005L6;	L1005P6LF	钻第四个孔
N130	G90 G00 Z1. ;	G90 G00 Z1. LF	抬刀至参考平面
N140	G00 X-20. ;	G00 X-20. LF	快速定位第五个孔
N150	M98 P1005L6;	L1005P6LF	钻第五个孔
N160	G90 G00 Z20. ;	G90 G00 Z20LF	抬刀至初始平面

(续)

刀具	ϕ10mm 麻花钻		
	加工程序(主程序)		
程序段号	发那科系统	西门子系统	程序说明
	O0010;	PM010. MPF	程序号(主程序)
N170	M05;	M05 LF	主轴停转
N180	M30;	M30 LF	程序结束
刀具	ϕ10mm 麻花钻		
	加工程序(子程序)		
程序段号	发那科系统	西门子系统	程序说明
	O1005;	L1005. SPF	程序号(子程序)
N10	G91 G01 Z-2. F200;	G91 G01 Z-2. F200 LF	开始钻孔
N20	G00 Z12.	G00 Z12. LF	快速抬刀 12mm
N30	Z-12.;	Z-12. LF	快速下刀至 Z-12
N40	M99;	M17 LF	子程序结束

表 4-13　发那科系统和西门子系统固定循环指令对比 1

数控系统	发那科系统	西门子系统
指令格式	G82 X__ Y__ Z__ R__ F__ P__ K__ 其中,X__ Y__:孔位 X、Y 坐标 　　　Z__:孔底的位置坐标(绝对值时) 　　　　　从 R 点到孔底的距离(增量值时) 　　　R__:从初始位置到 R 点位置的距离 　　　F__:切削进给速度 　　　P__:孔底停留时间 　　　K__:重复次数 G80 取消循环	LCYC82 循环参数: R101:退回平面(绝对平面) R102:安全距离 R103:参考平面(绝对平面) R104:最后钻深(绝对值) R105:钻削深度停留时间

（1）选用 ϕ10mm 的麻花钻头，加工路线为 1-2-3-4-5。

（2）孔的深度 5mm，在孔底暂停 2s。

（3）使用固定循环指令进行编程。

（4）参考程序见表 4-14。

表 4-14　钻孔实例 3 参考程序

刀具	ϕ10mm 麻花钻		
	加工程序		
程序段号	发那科系统	西门子系统	程序说明
	O0009;	PM009. MPF	程序号
N10	G90 G00 G54 X-20. Y15. Z20. M03 S600 M08;	G90 G00 G54 X-20. Y15. Z20. F200 M03 S600 M08 LF	主轴正转,钻头在 XY 平面快速定位到第一个孔,切削液打开
N20	G82Z-5. R1. P2. F200;	R101=20. R102=20. R103=1. R104=-5. R105=2. LF LCYC82 LF	钻第一个孔
N30	X0Y0;	X0Y0LF LCYC82 LF	钻第二个孔
N40	X20. Y15.;	X20. Y15. LF LCYC82 LF	钻第三个孔
N110	Y-15.;	Y-15. LF LCYC82 LF	钻第四个孔

（续）

刀具	ϕ10mm 麻花钻		
	加工程序		
程序段号	发那科系统	西门子系统	程序说明
	O0009；	PM009. MPF	程序号
N120	X-20.；	X-20. LF LCYC82 LF	钻第五个孔
N160	G00 Z20.；	G00 Z20LF	抬刀至初始平面
N170	M05；	M05 LF	主轴停转
N180	M30；	M30 LF	程序结束

孔加工编程实例4：

编写如图4-43所示零件孔加工程序。

（1）孔的深度10mm，每次钻深2mm，在孔底暂停2s。

（2）使用固定循环指令进行编程（发那科系统和西门子系统固定循环指令对比见表4-15）。

（3）选用ϕ10mm的麻花钻头，加工路线为1-2-3-4-5。

（4）参考程序见表4-16。

表4-15　发那科系统和西门子系统固定循环对比2

数控系统	发那科系统	西门子系统
指令格式	G83 X__ Y__ Z__ R__ Q__ F__ P__ K__ 其中： X__ Y__：孔位 X、Y 坐标 Z__：孔底的位置坐标（绝对值时） 从 R 点到孔底的距离（增量值时） R__：从初始位置到 R 点位置的距离 Q__：每次切削进给的背吃刀量，它必须用增量值指定 F__：切削进给速度 P__：孔底停留时间 K__：重复次数	LCYC83 循环参数： R101：退回平面（绝对平面） R102：安全距离 R103：参考平面（绝对平面） R104：最后钻深（绝对值） R105：孔底停留时间 R107：钻削进给速度 R108：首钻进给速度 R109：在起始点和排屑时停留时间 R110：首钻深度 R111：递减量 R127：加工方式：断屑=0 排屑=1

表4-16　钻孔实例4参考程序

刀具	ϕ10mm 麻花钻		
	加工程序		
程序段号	发那科系统	西门子系统	程序说明
	O0009；	PM009. MPF	程序号
N10	G90 G00 G54 X-20. Y15. Z20. M03 S600 M08；	G90 G00 G54 X-20. Y15. Z20. F200 M03 S600 M08 LF	主轴正转，钻头在 XY 平面快速定位到第一个孔，切削液打开
N20	G83Z-5. Q2. R1. P2. F200；	R101=20. R102=20. R103=1. R104=-5. R105=2. R107=200 R108=200R109=0 R110=2. R111=0.5 R127=1LF LCYC83 LF	设置钻孔参数，钻第一个孔

（续）

刀具	ϕ10mm 麻花钻		
	加工程序		
程序段号	发那科系统	西门子系统	程序说明
	O0009;	PM009. MPF	程序号
N30	X0Y0;	X0Y0 LF LCYC83 LF	钻第二个孔
N40	X20. Y15.;	X20. Y15. LF LCYC83 LF	钻第三个孔
N110	Y−15.;	Y−15. LF LCYC83 LF	钻第四个孔
N120	X−20.;	X−20. LF LCYC83 LF	钻第五个孔
N160	G00 Z20.;	G00 Z20LF	抬刀至初始平面
N170	M05;	M05 LF	主轴停转
N180	M30;	M30 LF	程序结束

本 章 小 结

本章主要讲了数控铣床简介、数控铣床加工工艺、数控铣削编程基础以及数控铣床加工编程实例等内容。重点是数控铣床加工工艺基础和数控铣床编程基本指令。平面、外形、内形、孔的加工和曲面加工，这些是数控铣床加工对象最基本的加工特征。其中曲面加工由于手工编程比较困难，所以单独列出第6章讲解。数控铣床编程是在数控车床编程的基础上，增加了一个坐标（Y）轴，编程难道增加了一点点。但是读者只要熟记数控铣床常用编程指令，在数控车床编程基础上，使用不同的图形、不同的数控系统、不同的工艺方法、不同的数控指令，并使用数控仿真软件和数控机床验证（第8章），勤加练习，就能熟练掌握，达到举一反三的目的，也能够达到国家铣工中级技能鉴定的要求。

思考与练习题

4-1 什么是机床坐标系和工件坐标系？它们有何区别？

4-2 什么是顺铣和逆铣？分别对应于何种刀补？数控铣削一般采用哪种方式？

4-3 何谓安全高度？一般取值多少？

4-4 如何利用刀具补偿控制零件的加工精度？

4-5 什么是子程序？有何作用？

4-6 在固定循环指令中，G82 和 LCYC82、G83 和 LCYC83 有何区别？

4-7 编写如图 4-44~图 4-50 所示零件的数控粗、精加工程序。

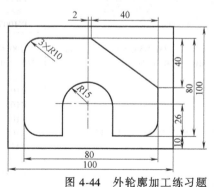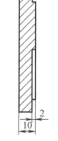

图 4-44 外轮廓加工练习题

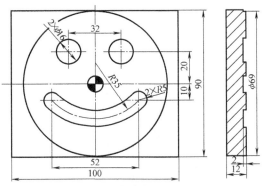

图 4-45 内轮廓加工练习题

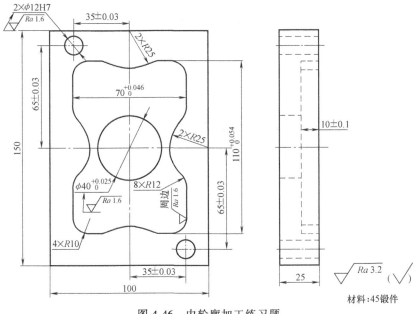

图 4-46 内轮廓加工练习题

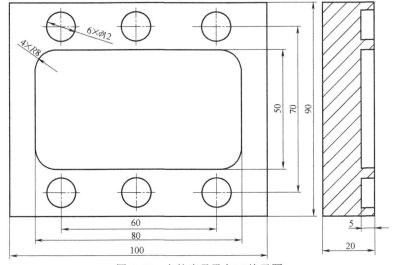

图 4-47 内轮廓及孔加工练习题

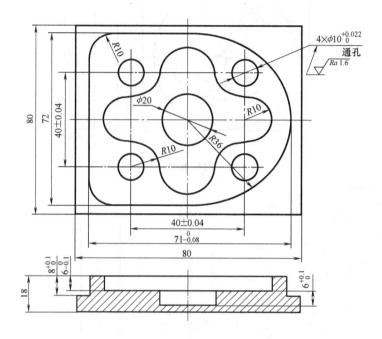

图 4-48   综合练习题（一）

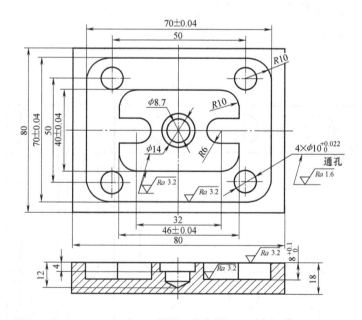

图 4-49   综合练习题（二）

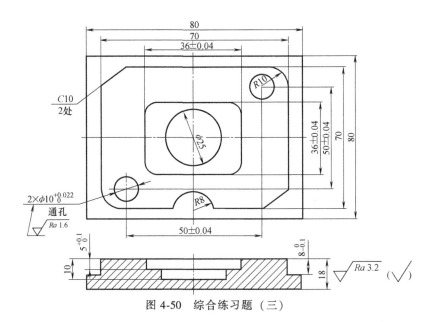

图 4-50　综合练习题（三）

第5章

加工中心机床的编程

本章知识要点：

◎ 加工中心机床简介

◎ 加工中心的加工工艺

◎ 加工中心机床编程

5.1 加工中心机床简介

5.1.1 加工中心机床概述

1. 加工中心（Machining Center，简称 MC）

加工中心和数控铣床有很多相似之处，主要区别在于刀库和自动刀具交换装置（ATC，Automatic Tools Changer）。加工中心是在数控机床的基础上发展起来的一种适用于复杂零件加工的高效自动化机床。由于它带有刀库和自动换刀装置，故在工件经过一次装夹后，数控系统能控制机床按不同工序自动选择和更换刀具、自动对刀、自动改变机床主轴转速、进给量和刀具相对工件的运动轨迹及其他辅助功能，连续地对工件各加工表面自动进行铣（车）、钻、扩、铰、镗以及攻螺纹等多种工序的加工，可减少工件装夹、测量、机床调整、工件周转等许多非加工时间，对加工形状比较复杂、工序多、精度要求较高的凸轮、箱体、支架、盖板、模具等各种复杂型面的零件，具有良好的加工效果。

加工中心使切削利用率高于普通数控机床 2～3 倍，大大降低了操作者的劳动强度，且加工精度高，具有良好的经济效果。因此加工中心的应用越来越多。本章介绍的是加工功能有较大改进的镗铣类加工中心。

加工中心能实现 3 轴或 3 轴以上的坐标联动控制，以保证刀具进行复杂表面的加工。加工中心除具有直线插补和圆弧插补功能外，还具有各种加工固定循环、刀具半径自动补偿、刀具长度自动补偿、坐标轴旋转、坐标移动、镜像、比例缩放、极坐标、数据输入输出和 DNC、子程序、宏程序、加工过程图形显示、人机对话、故障自动诊断、离线编程等功能。

2. 加工中心机床分类

（1）加工中心通常依据主轴与工作台在空间的相对位置来分类，分为立式加工中心、卧式加工中心、龙门加工中心和复合加工中心。

1）立式加工中心：指主轴轴线与工作台垂直设置的加工中心，其结构形式多为固定立柱，工作台为长方形，无分度回转功能。立式加工中心主要适用于加工板类、盘类、模具及小型壳体类复杂零件，它一般具有三个直线运动坐标轴，并可在工作台上安装一个沿水平轴旋转的回转台，用以加工螺旋线类零件。此类加工中心机床使用最多。立式加工中心机床如图5-1所示。

2）卧式加工中心：指主轴为水平状态的加工中心，通常都带有自动分度的回转工作台。卧式加工中心一般具有3~5个运动坐标，常见的是3个直线运动坐标加一个回转运动坐标，工件在一次装夹后，完成除安装面和顶面以外的其余四个表面的加工，它最适合加工箱体类零件。与立式加工中心相比较，卧式加工中心加工时排屑容易，对加工有利，但结构复杂，价格较高。卧式加工中心机床如图5-2所示。

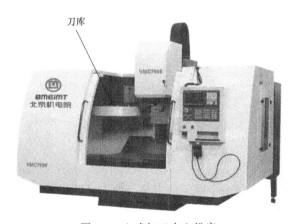

图5-1　立式加工中心机床

图5-2　卧式加工中心机床

3）龙门加工中心：用于加工大型、重型箱体类、模具类、叶片等复杂零件，主要应用于航空航天、汽车、船舶等重型重工业行业中，比如加工飞机的梁、框以及大型工程机械上的某些零件等。总而言之，龙门加工中心是为了加工大型复杂零件而设计的一款大型机床，适用于大型零件行业。龙门加工中心机床如图5-3所示。

4）复合加工中心（又称万能加工中心或五面加工中心）：指在一台加工中心上有立、卧两个主轴或主轴可90°改变角度，因而可在工件一次装夹中实现5个面的加工。通过加工主轴轴线与工作台回转轴线的角度变化可控制联动变化，从而完成复杂空间曲面的加工。它适用于具有复杂空间曲面的叶轮转子、模具、刀具等零件的加工。复合加工中心如图5-4所示。

（2）加工中心按换刀方式来分类，分为带机械手加工中心、无机械手加工中心和转塔刀库加工中心。

3. 加工中心机床结构

加工中心的本体主要包括基础部件、主轴部件、自动换刀机构和辅助机构等几部分，如图5-5所示。

图 5-3　龙门加工中心机床

图 5-4　复合加工中心机床

（1）基础部件：基础部件的总体刚性直接影响机床的精度稳定性，一般要求进给系统的传动精度和刚度高，响应速度快，运动惯量小，并且无间隙、传动效率高。

（2）主轴部件：加工中心的主轴部件要求具有高的运转精度、长的精度保持性以及长时间运动的精度稳定性。一般加工中心的主轴应具有如下特点。

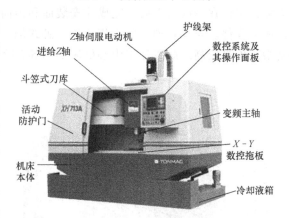

图 5-5　立式加工中心结构图

1）主轴应带有自动定向准停装置。一般加工中心的主轴与刀柄之间靠端面键传递转矩。当主轴停转进行刀具交换时，主轴需停在一个固定不变的方位上，以保证主轴端面的键也在一个固定的方位，使刀柄上的键槽能恰好对正端面键。此外，在钻孔时，有时需通过前壁小孔镗内壁的同轴大孔，或进行孔的反倒角加工等，也要求主轴实现准停，使刀尖停在一个固定方位上，以便工件相对主轴偏移一定尺寸，使大刀刃能通过前壁小孔进入箱体内对大孔进行镗削。这就要求加工中心的主轴应具备自动定向（准停）功能。

2）主轴应具备吹气功能。加工中心的刀具安装是以主轴锥孔和刀柄锥度作为定位基准，所以主轴锥孔必须保持清洁，如果有异物或灰尘存在，就会影响刀具的定位精度。当在卸刀过程中刀柄离开主轴锥孔时，从主轴后端向外吹气，以清洁锥孔的配合面。

3）主轴应具备刀具锁紧和松开装置。该装置用来固定刀具与主轴间的连接，在刀柄插入锥孔后，主轴中的刀柄锁紧机构动作，通过拉杆拉紧刀柄尾部的拉钉，拉力一般为20000N左右。

（3）自动换刀机构：在每一工序完成后，由自动换刀机构把下一工序需要的刀具换至机床主轴上，从而保证了工序之间的连贯。一般加工中心的换刀是通过刀库、机械手、主轴间的协调动作完成的，除此之外还有自动更换主轴箱和自动更换刀库等形式。

加工中心的刀库形式很多，结构也各不相同。刀库具体分类如下。

1）按照换刀过程中是否有机械手参与，刀库可分为有机械手换刀刀库和无机械手换刀刀库两大类。

在无机械手换刀机床上，刀柄轴线与主轴锥孔轴线平行，并且刀具在主轴的运动范围之内。换刀时，通过主轴移动与刀库的配合，首先将主轴上用过的刀具放入刀库中确定的位置，然后通过刀库自动选刀功能使待换刀具转到换刀位置，再移动主轴使待换刀具放入主轴锥孔，完成换刀。在无机械手换刀机床上，刀库选刀和机床加工时间不能重合，这种换刀方式将影响机床的生产效率，通常用于刀库刀位数较少的机床上。

有机械手换刀刀库配置较为灵活，换刀时间短，可实现加工中自动选刀，但是其机械结构和控制系统较为复杂，同时换刀机械手也是加工中心中故障高发的结构之一。无机械手换刀刀库的机械结构和控制系统都较为简单，但是换刀时间长，影响加工效率，刀具数量和机床结构形式均受影响。

2）按照结构分类，主要有盘式刀库和链式刀库两种。

如图 5-1 所示刀库为盘式刀库（又叫斗笠式刀库）。在盘式刀库中，按照刀具轴线在刀库中的放置方式不同又有轴向、径向和斜向安装之分。盘式刀库一般用于刀具容量要求不大的中小型加工中心上，也称为斗笠式刀库，刀具数量为几把到几十把，以 30 把以下较为常见。

如图 5-2 所示刀库为链式刀库。链式刀库容量一般比盘式刀库容量大，结构可以随刀库容量要求灵活变化，常见的有单链结构、多链结构和"S"形折叠结构等。链式刀库一般用于大型加工中心上，刀库容量可达几十把到几百把。

一般刀库安装在加工中心的床身、立柱侧面或顶面上。但是，在刀库容量较大时，刀库的重量和运动对机床的性能有一定的影响（如床身的承载变形、刀库运动时的振动等），所以一些大型加工中心通常采用刀库独立于机床本体的安装形式。

（4）辅助机构：加工中心的辅助机构包括自动排屑装置、冷却装置、防护装置、润滑装置等。

自动排屑装置：自动排屑器分为链式和螺旋式两种，其主要功能是排出热的切屑，带走切屑热量，减少切削热对机床和工件的影响。

冷却装置：一般加工中心配备大流量的切削液，可以冲刷刀具和工件，带走热量，减少热变形，提高切削用量和刀具寿命，同时也可以提高零件的加工精度和表面质量。

防护装置：加工中心配备全封闭的防护罩，各门带有安全互锁，工作时必须关闭，否则机床不能运行，这样可以防止切削液飞溅，防止污染，也保证了操作者的人身安全。

润滑装置：加工中心一般采用集中自润滑，由导轨润滑泵根据 PLC 程序的要求，自动定时定量地向导轨及丝杠供给润滑油，保证机床运行的稳定性。

主轴恒温油箱：由主轴恒温油箱完成主轴的外循环冷却。通过向主轴箱内通入控制温度的冷却油，带走主轴部件的发热量，降低主轴温升，保证主轴的热稳定性和回转精度。

测头：有的加工中心配有自动对刀装置，由它完成对刀过程，得到刀具相应的补偿值，减少了人工对刀的时间，提高了机床效率。

5.1.2　加工中心机床的自动换刀装置

1. 自动换刀装置（ATC）

自动换刀装置的用途是按照加工需要，自动地更换装在主轴上的刀具。自动换刀装置是一套独立、完整的部件。

自动换刀装置的形式 $\begin{cases} 回转刀架：结构简单、刀具数量有限 \\ 带刀库的自动换刀装置（应用广泛） \end{cases}$

2. 刀库的形式

鼓轮式刀库，其特点是结构简单、紧凑、应用广。链式刀库，其特点是刀库容量大。

3. 换刀过程

自动换刀装置的换刀过程由选刀和换刀两部分组成。

选刀：是刀库按照选刀指令（T××指令）自动将要用的刀具移动到换刀位置，完成选刀过程，为下面换刀做好准备。

换刀：是把主轴上用过的刀具取下，将选好的刀具安装在主轴上。

选刀和换刀方式：

选刀方式 $\begin{cases} 顺序选刀方式（早期） \\ 任选方式：记忆式，跟踪刀具就近换刀 \end{cases}$

换刀方式 $\begin{cases} 机械手换刀 \\ 刀库—主轴运动换刀 \end{cases}$

（1）机械手换刀动作过程。

1）主轴箱回参考点，主轴准停。

2）机械手抓刀（主轴上和刀库上）。

3）取刀：活塞杆推动机械手下行。

4）交换刀具位置：机械手回转180°。

5）装刀：活塞杆上行，将更换后的刀具装入主轴和刀库。

（2）刀库移动—主轴升降式换刀过程。

1）分度：将刀盘上接收刀具的空刀座转到换刀所需的预定位置。

2）接刀：活塞杆推出，将空刀座送至主轴下方，并卡住刀柄定位槽。

3）卸刀：主轴松刀，铣头上移至参考点。

4）再分度：再次分度回转，将预选刀具转到主轴正下方。

5）装刀：铣头下移，主轴抓刀，活塞杆缩回，刀盘复位。

5.1.3 加工中心的特点和加工对象

1. 加工中心的特点

（1）具有自动换刀装置，能自动地更换刀具，在一次装夹中完成铣削、镗孔、钻削、扩孔、铰孔和攻螺纹等加工，工序高度集中。

（2）带有自动摆角的主轴或回转工作台的加工中心，在一次装夹后，自动完成多个面和多个角度的加工。

（3）带有可交换工作台的加工中心，可同时进行一个加工，一个装夹工件，具有极高的加工效率。

（4）初期投入成本较大。

（5）维修比较困难。

（6）对设备操作者和编程人员的专业技术要求较高。

2. 加工中心的主要加工对象

加工中心适用于加工形状复杂、工序多、精度要求高、需要多种类型普通机床经过多次装夹才能完成加工的零件。其主要加工对象为：箱体类零件；复杂曲面类零件；异形件；板、套、盘类零件；特殊加工。

5.2　加工中心的加工工艺

5.2.1　加工中心的工艺特点

由于加工中心具有工序集中和自动换刀的特点，故零件的加工工艺应尽可能符合这些特点，尽可能在一次装夹的情况下完成铣、钻、镗、铰和攻螺纹等多工序加工。由于加工中心具备了高刚度和高功率的特点，故在工艺上可采用大的切削用量，以便在满足加工精度的条件下尽量节省加工工时。选用加工中心作为生产设备时，必须采用合理的工艺方案，以实现高效率加工。

工艺方案确定原则如下。

（1）确定采用加工中心的加工内容，确定工件的安装基面、加工基面和加工余量等。

（2）以充分发挥加工中心效率为目的来安排加工工序。有些工序可选用其他机床。

（3）对于复杂零件来说，由于加工过程中会产生热变形，淬火后会产生内应力，零件卡压后也会变形等多种原因，故全部工序很难在一次装夹后完成，这时可以考虑两次或多次装夹。

（4）当加工工件批量较大，工序又不太长时，可在工作台上一次装夹多个工件同时加工，以减少换刀次数。

（5）安排加工工序时应本着由粗渐精的原则。

建议参考以下工序顺序：铣大平面、粗镗孔、半粗镗孔、立铣刀加工、钻中心孔、钻孔、攻螺纹、精加工、铰、镗、精铣等。

（6）采用大流量的冷却方式（即充分冷却），以提高刀具寿命，减少切削热量对加工精度的影响。

> ⊙ **注意**：在机床选用上，应了解各类加工中心的规格、最佳使用范围和功能特点。

5.2.2　加工中心的工具系统及其他知识

1. 加工中心对刀具的要求

（1）良好的切削性能：能承受高速切削和强力切削并且性能稳定。

（2）较高精度：刀具精度指刀具的尺寸精度和刀具与装夹装置的位置精度。

（3）完善的工具系统：满足各种及连续加工要求。

2. 加工中心的工具系统

加工中心的工具系统和数控铣床基本相同，通常由刀具、刀柄、拉钉及中间模块等组成，起到固定刀具及传递动力的作用。加工中心用刀柄必须带有夹持槽供机械手夹持。现阶段，我国工具系统已经系列化、标准化（如图5-6所示）。

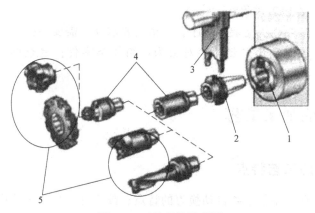

图 5-6　工具系统示意图

1—主轴　2—刀柄　3—换刀机械手　4—中间模块　5—刀具

下面以 TSG 整体式工具系统为例进行详细说明。

TSG 工具系统中的刀柄，其代号由四部分组成，各部分的含义如下：

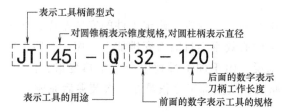

我国现阶段使用的主要工具柄部型式代号见表 5-1。

表 5-1　工具柄部型式代号

代号	使用场合	柄部型式	标准编号
JT	自动换刀机床	7:24 圆锥工具柄	GB/T 10944—2013
BT	自动换刀机床	7:24 圆锥工具柄	JIS B6339（日本标准）
ST	手动换刀机床	7:24 圆锥工具柄	GB/T 3837—2001
MT	手动换刀机床	带扁尾莫氏圆锥工具柄	GB/T 1443—2016

我国现阶段使用的标准已经和国际标准接轨，机床厂家大部分都使用的是 BT 型刀柄，例如一般中小型加工中心 BT40 使用最多。

（1）刀柄。在工厂，加工中心机床使用的主要刀柄类型见表 5-2。

表 5-2　常用刀柄类型

刀柄类型	刀柄实物图	夹头或中间模块	夹持刀具	备注及型号举例
削平型工具刀柄		无	直柄立铣刀、球头刀、削平型浅孔钻等	JT40-XP20-70
弹簧夹头刀柄		ER 弹簧夹头	直柄立铣刀、球头刀、中心钻等	BT30-ER20-60
强力夹头刀柄		KM 弹簧夹头	直柄立铣刀、球头刀、中心钻等	BT40-C22-95

（续）

刀柄类型	刀柄实物图	夹头或中间模块	夹持刀具	备注及型号举例
面铣刀刀柄		无	各种面铣刀	BT40-XM32-75
三面刃铣刀刀柄		无	三面刃铣刀	BT40-XS32-90
侧固式刀柄		粗、精镗及丝锥夹头等	丝锥及粗、精镗刀	21A. BT40.32-58
莫氏锥度刀柄		莫氏变径套	锥柄钻头、铰刀	有扁尾 ST40-M1-45
		莫氏变径套	锥柄立铣刀和锥柄带内螺纹立铣刀等	无扁尾 ST40-MW2-50
钻夹头刀柄		钻夹头	直柄钻头、铰刀	ST50-Z16-45
丝锥夹头刀柄		无	机用丝锥	ST50-TPG875
整体式刀柄		粗、精镗刀头	整体式粗、精镗刀	BT40-BCA30-160

　　现在很多工厂也有使用内冷式刀柄的，这种刀柄上有一个或多个内部冷却通道，冷却液流经主轴，一直到柄部的前端。内冷刀柄消除了外部冷却喷嘴方式带来的位置偏离，但这种刀柄会增加额外成本。

　　（2）拉钉。国标规定了 A 型和 B 型两种形式的拉钉，其中 A型拉钉用于不带钢球的拉紧装置，而 B 型拉钉用于带钢球的拉紧装置。刀柄及拉钉的具体尺寸可查阅有关标准的规定。拉钉如图 5-7所示。

图 5-7　拉钉示意图

　　（3）弹簧夹头。弹簧夹头（即卡簧）主要有两种类型，如图 5-8 所示。

　　（4）中间模块。中间模块是刀柄和刀具之间的中间连接装置，通过中间模块的使用，提高了刀柄的通用性能。例如，镗刀、丝锥与刀柄的连接就经常使用中间模块，如图 5-9所示。

a)   b)

图 5-8　弹簧夹头示意图

a)   b)   c)

图 5-9　中间模块示意图

a）精镗刀中间模块　b）攻丝夹套　c）钻夹头接柄

3. 加工中心机床使用的夹具

加工中心机床使用的夹具种类非常多，总结起来有以下几种。

（1）平口钳和螺钉压板（通用类夹具，其中螺钉压板使用频率最多）。

（2）卡盘和分度头。

（3）专用夹具。

（4）组合夹具。

（5）成组夹具。

夹具选择依据：零件精度等级、结构特点、产品批量及机床精度等因素。

夹具选择顺序：首先考虑通用夹具，其次考虑组合夹具，最后考虑专用夹具、成组夹具。

4. 加工中心机床的工艺处理

（1）正确选择程序起始点和返回点。

（2）合理选择铣刀的刀位点。

（3）选择进刀点。

（4）选择退刀点。

（5）刀具的下刀方式。

（6）进刀、退刀方式的确定。

5. 加工中心机床的编程特点

（1）广泛采用刀具补偿（半径和长度补偿）来进行编程。

（2）用自带的孔加工固定循环功能（例如 G81、G83 等）来实现常见的钻孔、镗孔及攻螺纹等切削加工。

（3）大多数具备镜像加工、坐标系旋转、极坐标及比例缩放等一些特殊编程指令，特别是手工编程的时候。

（4）根据需要选择加工中心采用自动换刀还是手动换刀。

（5）广泛采用子程序编程的方法。

（6）可使用宏程序编程功能。

5.3　加工中心机床编程

本节只介绍加工中心机床一些特殊的指令，和其他数控设备相同的指令就不再赘述了。请读者注意，本节所用系统以 FANUC 数控系统为主。

5.3.1　刀具交换指令

自动换刀有两个过程：选刀和换刀。

加工中心换刀指令格式：M06 T××。

（1）指令含义：M06 表示换刀，××表示刀具号，一般取值范围为 00~99。

（2）编程举例：M06 T01；

　　　　　　　　M06 T23；

5.3.2　孔加工固定循环指令

FANUC 数控系统及现今世界上大多数数控系统，孔加工固定循环指令的格式基本上相同。其孔加工固定循环指令见表 5-3。

表 5-3　孔加工固定循环指令一览表

G 代码	加工运动（Z 轴负向）	孔底动作	返回运动（Z 轴正向）	应用
G73	分次，切削进给	—	快速定位进给	高速深孔钻削
G74	切削进给	暂停—主轴正转	切削进给	攻左螺纹
G76	切削进给	主轴定向，让刀	快速定位进给	精镗循环
G80	—	—	—	取消固定循环
G81	切削进给	—	快速定位进给	普通钻削循环
G82	切削进给	暂停	快速定位进给	钻削或粗镗削
G83	分次，切削进给	—	快速定位进给	深孔钻削循环
G84	切削进给	暂停—主轴反转	切削进给	攻右螺纹
G85	切削进给	—	切削进给	镗削循环
G86	切削进给	主轴停	快速定位进给	镗削循环
G87	切削进给	主轴正转	快速定位进给	反镗削循环
G88	切削进给	暂停—主轴停	手动	镗削循环
G89	切削进给	暂停	切削进给	镗削循环

1. 对孔加工固定循环产生影响的几个 G 代码

（1）G90/G91 对孔加工固定循环指令的影响，如图 5-10 所示。

（2）G98/G99 决定孔加工固定循环在孔加工完成后返回 R 点还是起始点，如图 5-11 所示。

2. 孔加工固定循环指令格式

G×× X ＿ Y ＿ Z ＿ R ＿ Q ＿ P ＿ K ＿ F ＿；

该格式中参数含义如下：

G××：孔加工方式，可以为 G73/G74/G76/G81~G89。

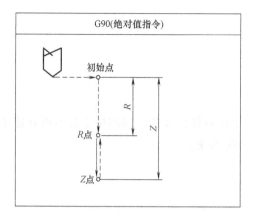
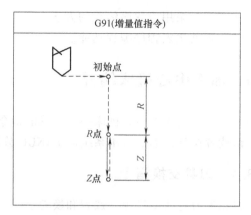

图 5-10　G90/G91 对孔加工固定循环指令的影响

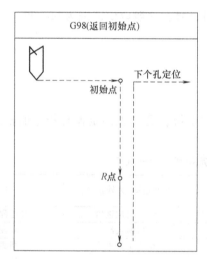
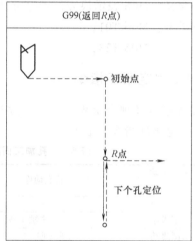

图 5-11　G98/G99 对固定循环指令的影响

X、Y、Z：被加工孔的位置参数。

R：G00 到 G01 速度转换的参考平面，一般称 R 平面。

Q：每次钻削深度。不是每个固定循环指令都有这个参数。

P：孔底暂停时间。不是每个固定循环指令都有这个参数。

F：孔加工切削速度。数控铣和加工中心机床编程一般取 100~400mm/min。

K：重复次数（非模态），该参数在需要重复时采用，否则可以省略。

3. 孔加工固定循环指令动作，如图 5-12 所示。

从图 5-12 可知，孔加工固定循环指令由下列 6 个动作顺序组成：

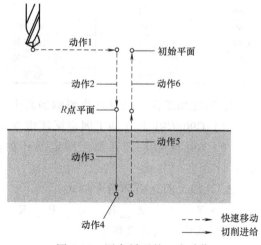

图 5-12　固定循环的 6 个动作

动作 1——X、Y 轴的定位（有可能成为其他轴）；

动作 2——快速移动到 R 点平面；

动作 3——钻孔；

动作 4——在孔底位置的动作；

动作 5——退刀至 R 点平面；

动作 6——快速移动到初始平面。

> ⊙ **注意**：不是每个指令都有这六个动作！常用指令动作见后面的叙述。

4. 孔固定加工循环指令具体动作

（1）G73（高速深孔钻削循环），如图 5-13 所示。

指令格式：G98/G99 G73 X __ Y __ Z __ R __ Q __ F __ K __ ；

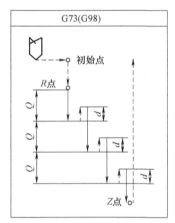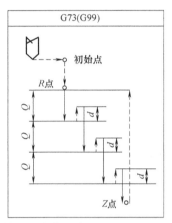

图 5-13　高速深孔钻削循环参数示意图

该指令主要用于径深比小的孔的加工。

（2）G74（攻左螺纹循环），如图 5-14 所示。

指令格式：G74 X __ Y __ Z __ R __ P __ F __ K __ ；

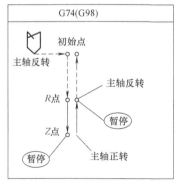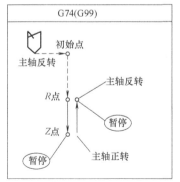

图 5-14　攻左螺纹循环示意图

该指令使用时请注意：

1）进给倍率被保持在 100%；

2）在一个固定循环执行完毕之前不能中途停止。

（3）G76（精镗循环），如图5-15所示。

指令格式：G76 X＿＿ Y＿＿ Z＿＿ R＿＿ Q＿＿ P＿＿ F＿＿ K＿＿；

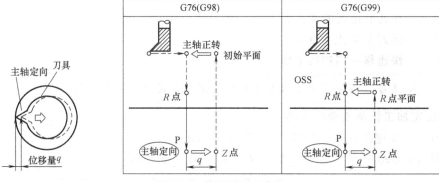

图5-15　精镗循环示意图

（4）G80（取消固定循环）。

孔加工固定循环指令（G73、G74、G76、G81～G89）被该指令（G80）取消，除F外的所有孔加工参数均被取消。另外，01组的G代码G00、G01、G02和G03也会起到同样的作用。

（5）G81（钻削循环），如图5-16所示。

指令格式：G98/G99 G81 X＿＿ Y＿＿ Z＿＿ R＿＿ P＿＿ F＿＿ K＿＿；

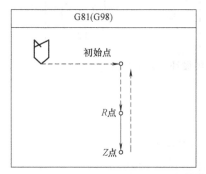
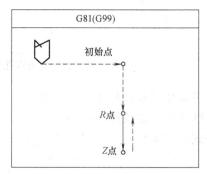

图5-16　钻削循环示意图

（6）G82（钻削循环、粗镗削循环），如图5-17所示。

指令格式：G82 X＿＿ Y＿＿ Z＿＿ R＿＿ P＿＿ F＿＿ K＿＿；

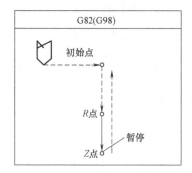
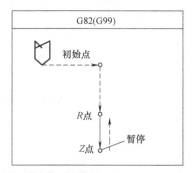

图5-17　钻削循环、粗镗削循环示意图

（7）G83（深孔钻削循环），如图 5-18 所示。

指令格式：G83 X ＿ Y ＿ Z ＿ R ＿ Q ＿ F ＿ K ＿；

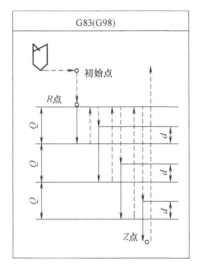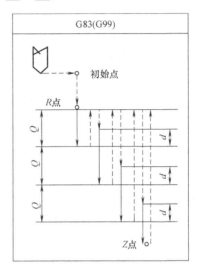

图 5-18 深孔钻削循环示意图

（8）G84（攻螺纹循环），如图 5-19 所示。

指令格式：G84 X ＿ Y ＿ Z ＿ R ＿ P ＿ F ＿ K ＿；

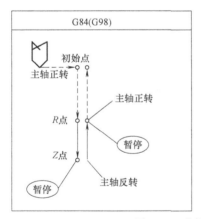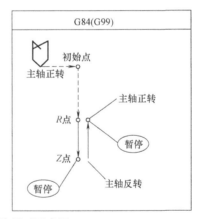

图 5-19 攻螺纹循环示意图

> **注意**：G84 固定循环除主轴旋转的方向完全相反外，其他与攻左螺纹循环 G74 完全一样，该指令用于右螺纹加工。

5.3.3 极坐标（G15、G16）指令

1. 格式

G16 α ＿ β ＿

G15

2. 含义

G16 为极坐标模式有效，G15 为极坐标模式取消。α 为极坐标半径；β 为极坐标角度。

逆时针为正，顺时针为负（极坐标生效）。

3. 指令说明

（1）当使用极坐标指令后，即以极径和极角来确定点的位置。

（2）极坐标半径：用所选平面的第一轴地址来指定（用正值表示）。

（3）极坐标角度：用所选平面的第二坐标地址来指定。

4. 方向

极坐标的零度方向为第一坐标轴的正方向。

角度方向以逆时针方向为正向，顺时针方向为负向。

5. 点的极坐标表示方法

如图 5-20 所示 A 点与 B 点的坐标，采用极坐标方式表示如下。

A 点：X40.0 Y0；（极径为 40，极角为 0°）

B 点：X40.0 Y60.0；（极径为 40，极角为 60°）

刀具从 A 点到 B 点采用极坐标系编程如下。

…

G00 X40.0 Y0；　　　（直角坐标系）

G90 G17 G16；　　　（选择 XY 平面，极坐标生效）

G01 X40.0 Y60.0；　　（终点极径为 40，终点极角为 60°）

G15；　　　　　　　（取消极坐标）

…

6. 极坐标编程

（1）以工件坐标系的零点作为极坐标原点。

用绝对值编程，如"G90 G17 G16 ;"。

极径：是指程序段终点坐标到工件坐标系原点的距离。

极角：是指程序段终点坐标与工件坐标系原点的连线与 X 轴的夹角，如图 5-21 所示。

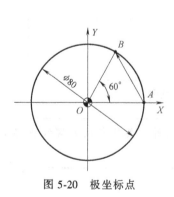

图 5-20　极坐标点　　　　　　　　　　图 5-21　极坐标原点

（2）以刀具当前的位置作为极坐标系原点。

用增量值编程，如"G91 G17 G16 ;"。

7. 极坐标编程实例

实例 1：试用极坐标编写如图 5-22 所示工件外轮廓数控程序，深度为 5mm。

实例 2：试用极坐标编写如图 5-23 所示四个孔的钻孔数控程序，深度为 5mm。

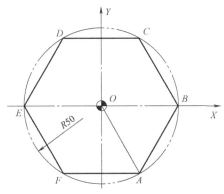

图 5-22 极坐标编程实例 1

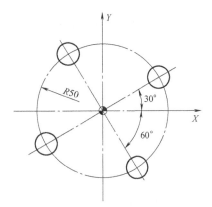

图 5-23 极坐标编程实例 2

实例 1 参考程序如下（加工路线 *A-B-C-D-E-F-A*）：

O00001；

…

G90 G00 X40.0 Y-60.0；

G01 Z-5.0 F100；

G41 G01 Y-43.30 D01； （切入点位于轮廓的延长线上）

G90 G17 G16； （设定工件坐标系原点为极坐标系原点）

G41 G01 X50.0 Y240.0 D01； （极径为 50.0，极角为 240°）

Y180.0； （极角为 180°）

Y120.0； （极角为 120°）

Y60.0； （极角为 60°）

Y0；

Y-60.0

G15； （取消极坐标编程）

G90 G40 G01 X 40.0 Y-60.0；

…

实例 2 参考程序如下：

O00002；

……

G90 G17 G16； （设定工件坐标系原点为极坐标系原点）

G81 X50.0 Y30.0 Z-5.0 R5.0 F100；

Y120；

Y210； Y300；

G15 G80； （取消极坐标编程）

……

5.3.4 坐标旋转（G68、G69）加工指令

1. 指令格式

G17 G68 X __ Y __ R __；（坐标系旋转生效）

G69；（坐标系旋转取消）

2. 指令说明

X、Y：指定坐标系旋转的中心；

R：指定坐标系旋转的角度（该角度一般取 0~360° 的正值）；

旋转角度以零度方向为第一坐标轴的正方向；逆时针方向为角度方向的正方向；不足 1° 的角度以小数点表示（如 10°54′ 用 10.9° 表示）。

3. 坐标系旋转编程注意事项

（1）在坐标系旋转取消指令（G69）以后的第一个移动指令必须用绝对值指定。如果采用增量值指令，则不执行正确的移动。

（2）在坐标系旋转编程过程中，如需采用刀具补偿指令进行编程，则需在指定坐标系旋转指令后再指定刀具补偿指令，取消时，按相反顺序取消。

4. 坐标旋转编程实例

采用坐标旋转指令编写如图 5-24 所示零件的数控程序，参考程序见表 5-4。

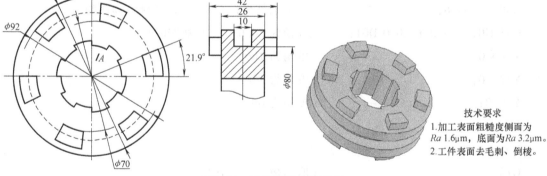

技术要求
1. 加工表面粗糙度侧面为 Ra 1.6μm，底面为 Ra 3.2μm。
2. 工件表面去毛刺、倒棱。

图 5-24　坐标旋转编程实例

表 5-4　坐标旋转实例参考程序

刀具	T01：φ16mm 立铣刀	
程序段号	加工程序	程序说明
	O0010；	程序号（主程序）
N10	G90 G94 G40 G21 G17 G54；	程序初始化
N20	G91 G28 Z0；	主轴 Z 向回参考点
N30	M06 T01；	刀具交换并更换转速
N40	M03 S600；	
N50	G90 G00 X0 Y0；	刀具定位
N60	G43 Z20.0 H01 M08；	
N70	G01 Z-8.0 F200；	
N80	M98 P100；	加工第一个凸台
N90	G68 X0 Y0 R60.0；	坐标系旋转 60°
N100	M98 P100；	加工第二个凸台

（续）

刀具	T01：φ16mm 立铣刀	
程序段号	加工程序	程序说明
	O0010；	程序号（主程序）
N110	G69；	取消坐标系旋转
N120	G68 X0 Y0 R120.0；	坐标系旋转 120°
N130	M98 P100；	加工第三个凸台
N140	G69；	取消坐标系旋转
N150	G68 X0 Y0 R180.0；	坐标系旋转 180°
N160	M98 P100；	加工第四个凸台
N170	G69；	取消坐标系旋转
N180	G68 X0 Y0 R240.0；	坐标系旋转 240°
N190	M98 P100；	加工第五个凸台
N200	G69；	取消坐标系旋转
N210	G68 X0 Y0 R300.0；	坐标系旋转 300°
N220	M98 P100；	加工第六个凸台
N230	G69；	取消坐标系旋转
N240	G91 G28 Z0；	程序结束
N250	M30；	
程序段号	加工单个凸台的子程序	程序说明
	O100；	程序号（子程序）
N10	G17 G16；	极坐标生效
N20	G41 G01 X35.0 Y-10.0 D01；	加工单个凸台
N30	G03 X35.0 Y21.9 R35.0；	
N40	G01 X46.0；	
N50	G02 X46.0 Y0 R46.0；	
N60	G01 X25.0；	
N70	G40 G01 X25.0 Y60.0；	
N80	G15；	极坐标取消
N90	M99；	返回主程序

5.3.5　坐标镜像加工指令

1. 坐标镜像指令格式

格式一：G17 G51.1 X __ Y __；（可编程镜像设置指令）

G50.1；（可编程镜像取消指令）

X、Y 用于指定对称轴或对称点。

G51.1 指令后 ①一个坐标字——以某一坐标轴为镜像轴。

例："G51.1 X0；"表示将 Y 轴设置为镜像轴线。

②两个坐标字——以某一坐标点为镜像点。

例："G51.1 X0 Y0；"表示以原点为对称点镜像。

格式二：G17 G51 X __ Y __ I __ J __；（可编程镜像设置指令）

G50；（可编程镜像设置指令）

I、J 可分别取值为 "1" 或 "-1"

①当 I 或 J 为 "1" 时,将相应屏蔽 X 值或 Y 值,以非屏蔽坐标值所确定的直线作为镜像轴线。

例:"G51 X0 Y20.0 I1.0 J-1.0;"表示屏蔽 X 值,以 Y=20 的直线为镜像轴线。

②当 I 和 J 均为 "-1" 时,将以 X、Y 坐标值所确定的点为镜像点。

例:"G51 X0 Y0 I-1.0 J-1.0;"表示坐标原点为镜像点。

2. 镜像编程的注意事项

(1) 在指定平面内执行镜像指令时,如果程序中有圆弧指令,则圆弧的旋转方向相反,即 G02 变成 G03,相应地,G03 变成 G02。

(2) 在指定平面内执行镜像指令时,如果程序中有刀具半径补偿指令,则刀具半径补偿的偏置方向相反,即 G41 变成 G42,相应地,G42 变成 G41。

(3) 在可编程镜像方式中,返回参考点指令(G27、G28、G29、G30)和改变坐标系指令(G54~G59、G92)不能指定。如果要指定其中的某一个,则必须在取消可编程镜像后指定。

(4) 在使用镜像功能时,由于数控镗铣床的 Z 轴一般安装有刀具,所以,Z 轴一般都不进行镜像加工。

3. 镜像编程实例

编写如图 5-25 所示工件的四个凹槽的数控加工程序,要求使用镜像编程。参考程序见表 5-5。

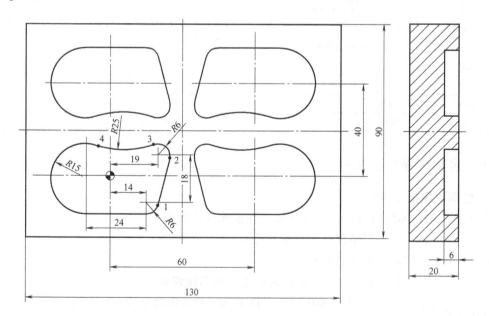

技术要求

1.加工表面粗糙度侧面为 Ra 1.6μm,底面为 Ra 3.2μm。

2.工件表面去毛刺、倒棱。

图 5-25　镜像编程实例

表 5-5　镜像编程实例参考程序

刀具	ϕ16mm 立铣刀	
	加工程序	程序说明
程序段号	O0010;	程序号(主程序)
N10	G90 G94 G40 G21 G17 G54;	程序初始化
N20	G91 G28 Z0;	主轴 Z 向回参考点
N30	M06 T01;	刀具交换并更换转速
N40	M03 S600 ;	
N50	G90 G00 X0 Y0;	刀具定位
N60	G43 Z20.0 H01 M08;	
N70	M98 P500;	加工左下方第一个内凹轮廓
N80	G51 X30.0 Y0 I-1.0 J1.0;	沿 X=30 且平行 Y 轴的轴线镜像
N90	M98 P500;	加工右下方第二个内凹轮廓
N100	G50;	取消坐标镜像
N110	G51 X0 Y20.0 I1.0 J-1.0;	沿 Y=20 且平行 X 轴的轴线镜像
N120	M98 P500;	加工左上方第三个内凹轮廓
N130	G50;	取消坐标镜像
N140	G51 X30.0 Y20.0 I-1.0 J-1.0;	沿 X=30,Y=20 的坐标点镜像
N150	M98 P500;	加工右上方第四个内凹轮廓
N160	G50;	取消坐标镜像
N170	G91 G28 Z0;	程序结束
N180	M30;	
程序段号	加工单个凹轮廓子程序	程序说明
	O500;	程序号(子程序)
N10	G00 X0 Y0;	刀具定位
N20	G01 Z-6.0 F200;	
N30	G41 G01 X5.0 D01;	加工单个凹轮廓
N40	G03 X-10.0 Y-15.0 R-15.0;	
N50	G01 X14.0;	
N60	G03 X19.78 Y-10.61 R6.0;	
N70	G01 X24.78 Y7.39;	
N80	G03 X16.38 Y14.40 R6.0;	
N90	G02 X-4.20 Y13.83 R25.0;	
N100	G40 G01 X0 Y0;	
N110	G00 Z50.0;	刀具抬起
N120	M99;	返回主程序

5.3.6　比例缩放指令编程（G50、G51）

1. 比例缩放指令格式

G51 X ＿ Y ＿ Z ＿ P ＿;

G50;

2. 含义

X、Y、Z：缩放中心的坐标值。

P：缩放比例（最小输入单位 0.001 或 0.00001…与参数选择有关）。

G50：取消比例缩放。

缩放比例不适用于补偿量，如刀具的长度补偿值、刀具的半径补偿值和刀具偏置值。

3. 编程实例

试编写如图 5-26 所示零件数控程序。基本形状经缩放后加工，缩放比例为 1:1，切削深度为 10mm，刀具的半径补偿为 D2。参考程序如下：

O1000；

G90 G00 G54 X0 Y0；

Z100.0；

G51（X0 Y0）Z0 P1100；

X-60.0 Y-40.0；

N1 Z2.0；

N2 G01 Z-10.0 F100；

G41 X-40.0 Y-30.0 D2 F200；

Y25.0；

X20.0；

G02 Y-25.0 J-25.0；

G01 X-45.0；

G40 X-60.0 Y-45.0；

N3 G50 G00 Z100.0；

X0 Y0；

M30；

5.3.7 综合编程实例

编写如图 5-27 所示零件数控程序，参考程序见表 5-6。

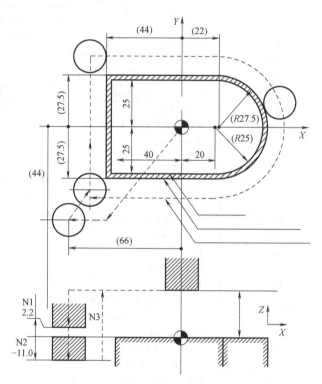

图 5-26 比例缩放实例

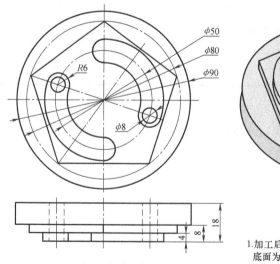

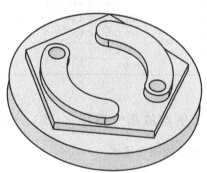

技术要求

1. 加工后表面粗糙度侧面为 Ra 1.6μm，底面为 Ra 3.2μm。
2. 工件表面去毛刺、倒棱。

图 5-27 综合编程实例 1

表 5-6　综合编程实例 1 参考程序

刀具	ϕ12mm 立铣刀	
程序段号	加工程序	程序说明
	O0062;	程序号
N10	G90 G94 G21 G40 G17 G54 G15;	程序初始化
N20	G91 G28 Z0;	Z 向回参考点
N25	M06 T01;	
N30	M03 S600 ;	主轴正转
N40	G90 G00 X50.0 Y-50.0 M08;	刀具在 XY 平面中快速定位,切削液开
N50	Z20.0;	刀具 Z 向快速定位
N60	G01 Z-8.0 F100;	刀具 Z 向切深
N70	G17 G16;	采用极坐标编程
N80	G41 G01 X40.0 Y306.0 D01;	
N90	Y234.0;	
N100	Y162.0;	加工五边形
N110	Y90.0;	
N120	Y18.0;	
N130	Y306.0;	
N140	G40 G01 X60.0 ;	
N150	G01 Z-4.0;	
N160	G41 G01 X31.0 Y280.0 D01;	
N170	G02 Y162.0 R31.0;	
N180	G02 X19.0 R6.0;	加工左侧圆弧凸台
N190	G03 Y270.0 R19.0;	
N200	G02 X31.0 R6.0;	
N210	G40 G01 X60.0 Y306.0;	
N220	G41 G01 X19.0 Y306.0;	
N230	G03 Y90.0 R19.0;	
N240	G02 X31.0 R6.0;	加工右侧圆弧凸台
N250	G02 Y306.0 R31.0;	
N260	G02 X19.0 R6.0;	
N270	G40 G01 X0;	取消刀具半径补偿
N280	G15;	取消极坐标
N290	G91 G28 Z0;	
N300	M05;	自动换刀部分
N310	M06 T02;	
	钻孔加工参考程序	刀具:ϕ8 麻花钻头
N330	M03 S600;	
N340	G90 G00 X0 Y0;	刀具定位
N350	Z30.0 M08;	
N360	G17 G16;	极坐标编程加工孔
N370	G81 X25.0 Y342.0 Z-25.0 R5.0 F100;	
N380	Y162.0;	
N390	G15 G80;	
N400	G91 G28 Z0;	程序结束部分
N410	M05;	
N420	M30;	

本 章 小 结

本章主要讲了加工中心机床简介、加工中心的加工工艺准备和加工中心机床编程。加工中心机床是在数控铣床基础上发展起来的，两者的编程基本上是一样的，最大的区别在于加工中心有自动换刀装置，可以实现自动换刀。但正是由于这个区别，才使得两者的工艺方法和工艺范围有比较大的区别，而且加工中心机床的价格也是所有机床设备中最高的，充分利用机床特有的性能，最大限度地发挥加工中心机床的价值，是每个管理者、编程工艺人员的使命。本章的重点是加工中心的加工工艺准备和刀库的使用；难点是那些高级编程指令，例如坐标旋转、极坐标、子程序运用等。由于现在工厂数控铣床/加工中心机床绝大部分都使用了自动编程（CAD/CAM 技术），所以在本章就省略了传统的宏程序编程，在第 6 章补充了自动编程。

思考与练习题

5-1 加工中心机床是如何分类的，各适用于什么场合？

5-2 加工中心的刀库和机械手分别有哪几种？各有何特点？

5-3 加工中心机床使用的夹具有哪些？如何选择？

5-4 简述有机械手的加工中心换刀动作过程。

5-5 编写以下如图 5-28～图 5-33 所示零件的数控加工程序。

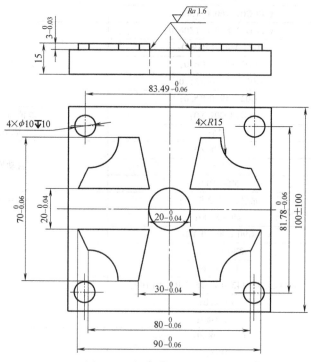

图 5-28　轮廓和孔加工练习

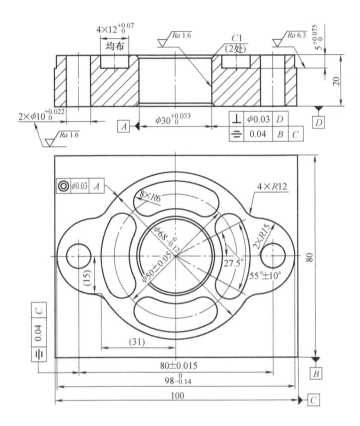

图 5-29　综合加工练习 1

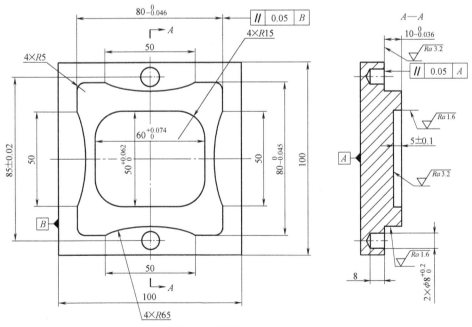

图 5-30　综合加工练习 2

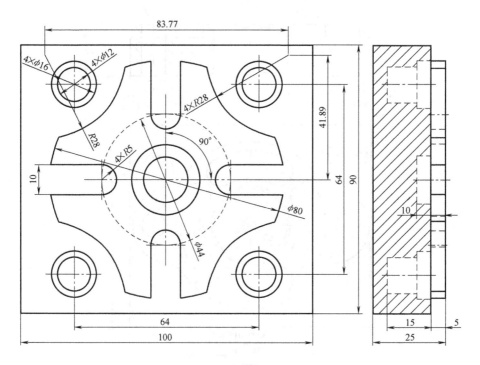

图 5-31　综合加工练习 3

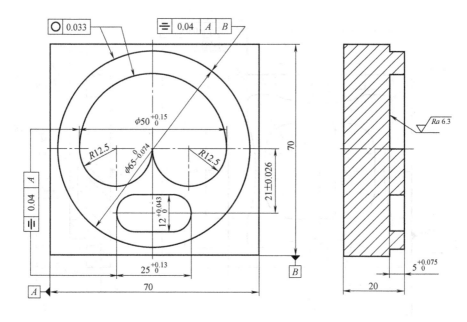

图 5-32　综合加工练习 4

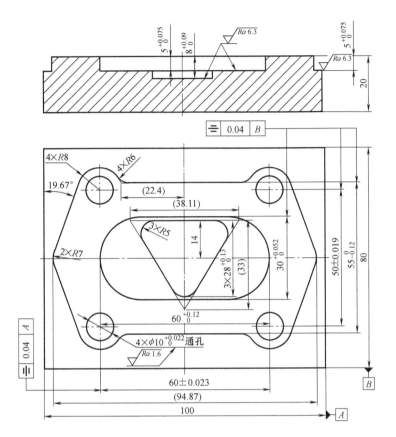

图 5-33 综合加工练习 5

第6章

CAD/CAM与高速切削技术

本章知识要点：

◎ CAD/CAM 技术简介

◎ 典型 CAD/CAM 软件介绍

◎ 典型零件 CAD/CAM 应用实例

◎ 高速切削技术

6.1 CAD/CAM 技术简介

CAD/CAM（Computer Aided Design/Computer Aided Manufacturing，计算机辅助设计及制造）与 PDM（Product Data Management，产品数据管理）构成了一个现代制造型企业计算机应用的主干。采用 CAD/CAM 技术已成为整个制造行业当前和将来技术发展的重点。

CAM 与 CAD 密不可分，甚至比 CAD 应用得更为广泛。在实际应用中，二者很自然地紧密结合起来，形成 CAD/CAM 系统。数控自动编程系统利用设计的结果和产生的模型，形成数控加工机床所需的信息。CAD/CAM 系统大大地缩短了产品的制造周期，显著地提高了产品质量，产生了巨大的经济效益。

6.1.1 CAD/CAM 软件分类

CAD/CAM 技术经过几十年的发展，先后走过大型机、小型机、工作站和微型计算机时代，每个时代都有当时流行的 CAD/CAM 软件。现在，工作站和微型计算机平台 CAD/CAM 软件已经占据主导地位，并且出现了一批比较优秀、比较流行的商品化软件。

1. 高档 CAD/CAM 软件

高档 CAD/CAM 软件的代表有 CATIA、UG NX、Creo 等。这类软件的特点是优越的参数化设计、变量化设计及特征造型技术与传统的实体和曲面造型功能结合在一起，加工方式完备，计算准确，实用性强，可以从简单的 2 轴加工到以 5 轴联动方式来加工极为复杂的工件表面，也可以对数控加工过程进行自动控制和优化，同时提供了二次开发工具，允许用户扩展它们的功能。这三个软件是航空航天、汽车和造船行业优先选择的 CAD/CAM 软件。

2. 中档 CAD/CAM 软件

CMATRON、PowerMILL 是中档 CAD/CAM 软件的代表。这类软件实用性强，提供了比较灵活的用户界面，优良的三维造型、工程绘图，全面的数控加工，各种通用、专用数据接口以及集成化的产品数据管理。

3. 相对独立的 CAM 软件

相对独立的 CAM 软件有 Mastercam、Surfcam 等。这类软件主要通过中性文件从其他 CAD 系统获取产品几何模型。系统主要有交互工艺参数输入模块、刀具轨迹生成模块、刀具轨迹编辑模块、三维加工动态仿真模块和后置处理模块。这类软件主要应用在中小企业的模具行业。特别是 Mastercam，该软件一直是机械制造行业装机量最高的 CAD/CAM 软件之一。本教材也以它为主讲述 CAD/CAM 自动编程技术。

4. 国内 CAD/CAM 软件

国内 CAD/CAM 软件的代表主要有 CAXA 制造工程师、CAXA 数控车、中望 3D 等。这类软件是面向机械制造业自主开发的中文界面、三维复杂型面 CAD/CAM 软件，具备机械产品设计、工艺规划设计和数控加工程序自动生成等功能。这些软件价格便宜，主要面向中小企业和高等院校，符合我国国情和标准，所以受到了广泛的欢迎，赢得了越来越大的市场份额。

6.1.2 CAD/CAM 技术的发展趋势

1. 集成化

集成化是 CAD/CAM 技术发展的一个最为显著的趋势。它是指把 CAD、CAE、CAPP、CAM 以至 PPC（生产计划与控制）等各种功能不同的软件有机地结合起来，用统一的执行控制程序来组织各种信息的提取、交换、共享和处理，保证系统内部信息流的畅通并协调各个系统有效地运行。国内外大量的经验表明，CAD 系统的效益往往不是从其本身体现，而是通过 CAM 和 PPC 系统体现出来的；反过来，CAM 系统如果没有 CAD 系统的支持，花巨资引进的设备往往很难得到有效的利用；PPC 系统如果没有 CAD 和 CAM 的支持，既得不到完整、及时和准确的数据作为计划的依据，订出的计划也较难贯彻执行，所谓的生产计划和控制将得不到实际效益。因此，人们着手将 CAD、CAE、CAPP、CAM 和 PPC 等系统有机地、统一地集成在一起，从而消除"自动化孤岛"，取得最佳的效益。

2. 网络化

CAD/CAM 系统的网络化能使设计人员对产品方案在费用、流动时间和功能方面进行并行处理，它是一种并行化产品设计应用系统；能提供产品、进程和整个企业性能仿真、建模和分析技术的拟实制造系统；能开发自动化系统，产生和优化工作计划和车间级控制，支持敏捷制造的制造计划和控制应用系统；支持对生产过程中物流进行管理的物料管理应用系统等。

3. 智能化

人工智能在 CAD 中的应用主要集中在知识工程的引入，发展专家 CAD 系统。专家系统具有逻辑推理和决策判断能力，它将许多实例和有关专业范围内的经验准确结合在一起，给设计者更全面、更可靠的指导。

6.2 典型 CAD/CAM 软件介绍

本教材主要介绍 Mastercam 2017。

6.2.1 Mastercam 2017 简介

Mastercam 2017（如图 6-1 所示）是由 CNC Software Inc 公司打造的一款 CAM 一体化软件，这个版本增强了对 Win10 系统的支持，拥有二维绘图、三维实体造型、曲面设计、体素拼合、数控编程、刀具路径模拟及真实感模拟等多种功能，新版本还带来了全新的性能。

Mastercam 的动态加工技术（Dynamic Motion）是一个智能制造的典型。动态加工技术可以在工件开粗刀路的生成过程中，智能地分析刀具的负载和排屑的情况，然后通过计算，对刀具行走路径进行微调。使整个加工过程中的刀具负载达到动态平衡，这样，即使在加工时加大刀具的切深也不会产生刀具断裂的情况，避免了多余的加工分层，可以大幅提高加工效率。同时，因为刀具的均匀负载，刀具不容易断裂，所以延长了刀具的寿命。

除此之外，Mastercam 多轴加工中的高级应用"叶轮专家"，可以智能地降低复杂叶轮叶片的编程及加工难度，使复杂叶轮的刀路编程变得易学、易用。测头的智能编程则是 Mastercam 的又一项智能应用，运用 Mastercam 的 Productivity+测头插件，可以在测头编程中加入逻辑判断，通过测头的测量结果自动判断工件加工结果是否在可以接受的公差范围内，并自动决定是否需要进一步加工。

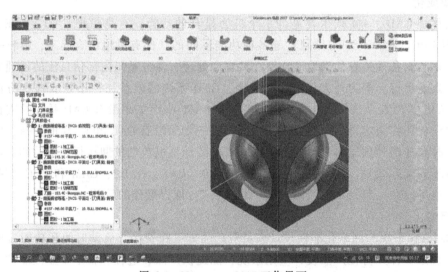

图 6-1　Mastercam 2017 工作界面

6.2.2 Mastercam 2017 主要功能

1. 灵活的几何编辑功能

灵活的几何编辑功能包括：可改变单个实体或所有实体的线宽、线型和颜色；快速修改线长、圆弧半径等参数；方便进行过渡圆角或倒角；延展直线、圆弧、样条曲线及曲面的长度；对于剪裁过的单个或多个曲面可使用 undo 功能恢复原曲面；快速平移、镜像、比例变换实体；等距变换实体。

2. 强大的曲面建模功能

曲面建模功能包括：使用 Loft、Ruled、Revolved、Swept、Draft、Coons patch 和 Offset 等方法生成参数曲面和非均匀有理 B 样条曲面；可产生各种复杂的熔接曲面；用矩形或任何具有封闭边界的平面形状，快速生成平坦的曲面；用无数个截面曲线生成扫描曲面；用一组曲线、一组平面或一组曲面去剪裁另一个曲面或一组曲面；用 Undo 功能恢复被剪裁的曲面时，可以一次性恢复或一次只恢复一条边界；极易延展或分割曲面；灵活的过渡曲面功能，可在曲面间产生等半径和变半径过渡曲面；在模具设计时，自动计算分模线；可用参数化的方法快速生成 3D 曲面体素，如长方体、球体、圆柱体、圆锥体和其他形状的体素；可在渲染后的曲面模型上继续构造、编辑和处理模型。

3. 绘图功能

绘图功能包括：自动尺寸标注；修改几何关系后相关的标注自动更改；可生成水平、垂直、平行、基线、尺寸链、角度、直径、半径、坐标以及点-坐标等形式的尺寸标注，还能生成注释和符号；可随意拖动或放置标注，就如同在创建它们一样；修改它们的属性也很方便；可绘制或打印出彩色的草图；系统内置有线型库和剖面线库。

4. 实体拾取

AutoCursorTM 功能是捕捉常用的特征点，便于几何构型；AutoHighlight 功能是在光标掠过实体时，改变实体的颜色，使拾取更加容易；使用鼠标右键可快速访问一些常用的功能；智能化的审接功能可一次拾取一串实体；可预设要拾取的实体的属性，如类型、颜色、图层、线型或线宽等；可成组或解组多个实体，以便拾取；用鼠标可拾取全部位于矩形或多边形外部、内部或与之相交的实体；用户可定义格栅简化几何构型。

5. 分析几何属性

可及时分析任一实体的大小、位置、类型及其他属性；在 2D 或 3D 空间，测量点与点之间的距离以及直线与直线之间的角度；检测曲面模型的完整性以及剪裁曲面边界的完整性；测量曲面上任何位置的最大、最小曲率半径，计算单个曲面或多个曲面的面积；动态分析曲面上任何一点的法矢方向（相对于垂直方向）。

6. 文件管理和数据交换

Mastercam 2017 系统内置下列数据转换器：IGES、Parasolid、SAT（ACIS solids）、DXF、CADL、STL、VDA 和 ASCII，还有直接对主流的 AutoCAD（DWG）、STEP、Catia 和 Pro/E，以及 UG NX 文件格式的数据转换器。

7. 强大的数控编程、刀具路径模拟、真实感模拟以及后处理功能

Mastercam 软件数控加工模块包含数控车、数控铣、加工中心、数控线切割、木雕和车铣复合等主流模块，已被广泛应用于通用机械、航空、船舶、军工等行业的设计与 NC 加工。该软件界面简洁直观，降低了学习难度；精炼工作流程，加快了编程速度；减少循环时间，提高了加工效率；优化加工策略，削减了生产成本。从 20 世纪 80 年代末起，我国就引进了这一款著名的 CAD/CAM 软件，这为我国制造业的迅速崛起做出了巨大贡献。

6.2.3　Mastercam 2017 工作界面

启动软件，即出现 Mastercam 2017 软件的界面，该界面包括标题栏、菜单栏、工具栏、状态栏、目标选择栏、最近使用功能工具栏和绘图区等，如图 6-2 所示。

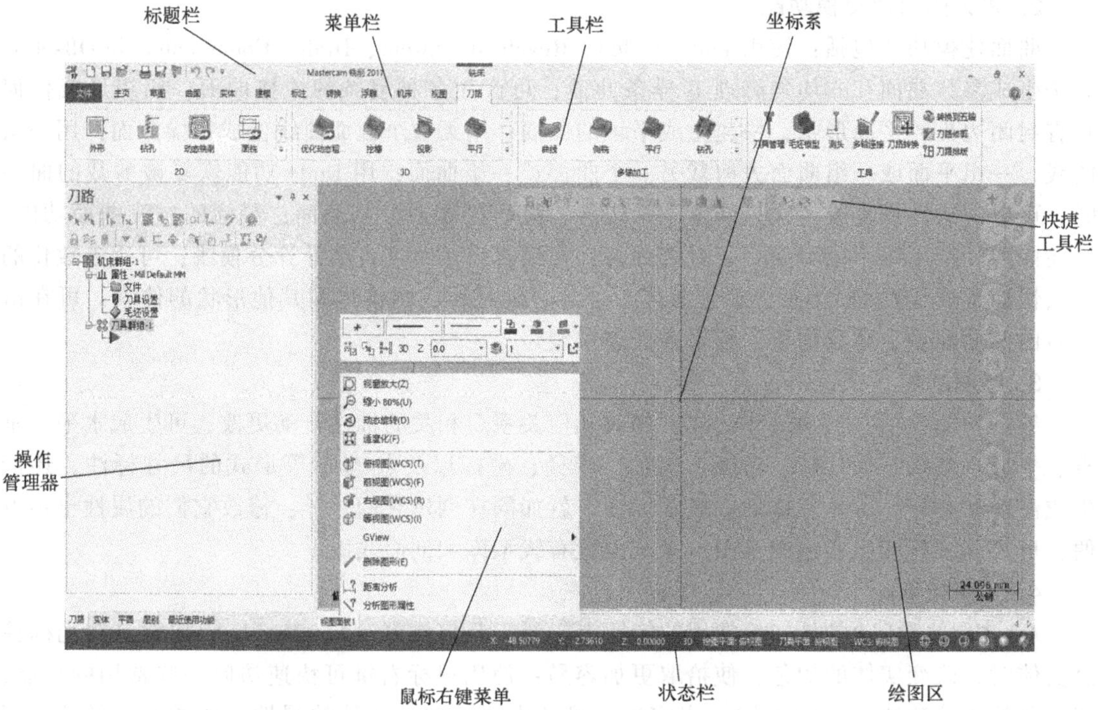

图 6-2　Mastercam 2017 界面介绍

各选项含义如下。

标题栏：显示当前软件的版本信息，还可以显示当前使用的模块、打开文件的路径及文件名称等。

菜单栏：显示软件所有的主菜单，菜单栏中包含软件当前板块的所有的命令。由于各个模块被整合为一体，所以不管哪个模块，菜单栏都相同。

工具栏：位于菜单栏下方的按钮即工具栏。工具栏其实就是常用的菜单项目命令的快捷图标。

操作管理器：用来管理实体、刀具路径、平面和图层的管理器。此管理器可以折叠，可以打开，也可以隐藏。所有与实体相关的操作都可以在实体管理器中完成，所有与刀具路径相关的操作都可以在刀具路径管理器中完成，因此，对实体和刀具路径的操作非常方便。

状态栏：用来设置或更改图形的属性信息，包括颜色、Z 轴深度、图层、线型和线宽等。

绘图区：所有的图形都显示在这里。例如，几何图形、刀具路径等。

坐标系：显示当前的工作坐标系，默认为世界坐标系，也可以在平面操作管理器中进行方便设置。

快捷工具栏：主要是对操作进行快捷选择。例如，可以快速改变选择方式：选择点还是线条，选择实体面还是体还是边界线等。

鼠标右键菜单：快速改变当前视角平面、图层和当前图素的一些构成要素，例如线图形式、颜色等。

6.2.4 Mastercam 2017 主要功能

1. 文件菜单

文件菜单如图 6-3 所示。在这些命令里面，特别应该注意打开文件格式的选择，如图 6-4 所示。Mastercam 2017 可以直接打开现今世界绝大多数设计软件所生成的文件格式，而且版本也可以自行设置。例如 CATIA、UG、Creo 等。

> 🔘 **说明**：建议线框造型保存为 *.dwg、曲面造型保存为 *.igs、实体造型保存为 *.X-T、点位数据保存为 *.txt。另外，要对软件进行设置，单击该菜单"配置"命令。

图 6-3　文件菜单对话框

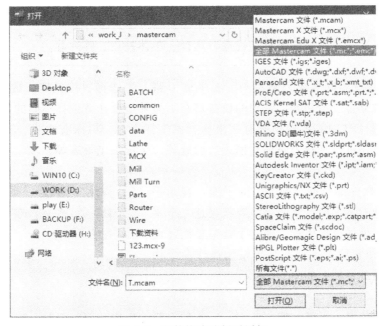

图 6-4　文件格式选择对话框

2. 主页

这个菜单主要用到的命令有：图素的隐藏/显示、图素构成要素的改变、分析、屏幕截图等。

3. 草图

这个菜单很重要，几乎所有的绘制线框的命令都在这里，包括对线框的修改命令。

> 注意：线条修剪命令的"分割/删除"，这个命令用处很大。如图 6-5 所示。

4. 曲面

在 Mastercam 2017 版本中，可以非常方便地做出很多复杂的曲面，"曲面"菜单几乎包括了所有的曲面绘制和编辑命令。

5. 实体

这个菜单可以建立各种实体和对实体进行编辑，另外，在操作对话框也可以实现这些功能。在这个菜单里还可以生成工程图。

6. 建模

在 Mastercam 老版本中，这个菜单的一些命令是包含在实体菜单里面的，现在独立出来了。

> 注意：这个菜单里面有"分解实体"命令，请读者自行尝试。

7. 标注

图形是有尺寸的，标注相关的命令都在这个菜单里面，可标注的形式。

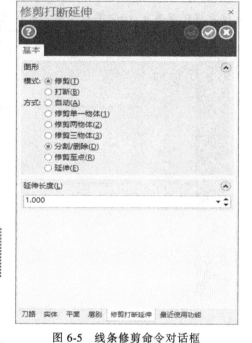

图 6-5　线条修剪命令对话框

8. 转换

这个菜单主要是对图素的偏移、镜像、选择、单体补正、阵列等。

9. 机床

Mastercam 在业界以生成刀路见长，要生成刀路，先选择数控机床。数控车、数控铣、加工中心、车铣复合、线切割，常用的设备都有。另外也要注意选择不同的数控系统以及机床的形式。例如，FANUC 数控系统有三坐标、四坐标之分，机床有立式、有卧式、有车铣复合等。该菜单还可以选择刀路仿真模式、后处理、生成加工报表等。

10. 视图

CAD/CAM 软件都具备三种类型的平面：视角平面、作图平面和刀具平面。该菜单主要就是这三个平面操作的命令。另外也要注意，在这个菜单里面还可以显示/隐藏操作管理器下方的几个常用操作命令快捷栏，它叫管理工具栏，如图 6-6 所示。

图 6-6　管理工具栏

11. 刀路

该菜单包含外形、平面、槽、曲面……各种刀路的生成和刀路修改，当然，这个菜单的大部分命令都可以在操作管理器里面单击设备右键调出来，如图6-7所示。

12. 操作管理器

操作管理器如图6-7和图6-8所示。

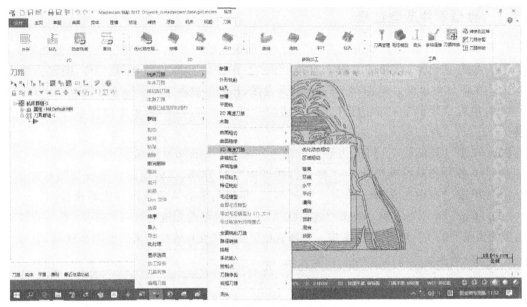

图6-7 操作管理器右键菜单（一）

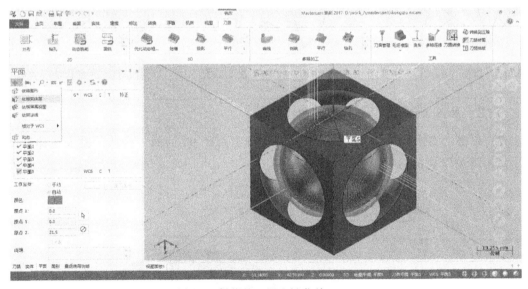

图6-8 操作管理器右键菜单（二）

13. 坐标系

如果打开软件没有显示坐标系，可以单击功能键<F9>（有些笔记本电脑单击组合键<FN+F9>）。

14. 鼠标右键快捷菜单

可使用鼠标右键改变视角平面，改变线形、图层等。

6.3 典型零件 CAD/CAM 应用实例

6.3.1 典型零件造型过程

打开 Mastercam 2017，单击"草图"（绘图前确认绘图平面和视角平面都是俯视图）。

（1）单击"已知点画圆"，输入直径"90"，单击坐标原点（0，0，0）确定，完成圆的构造。在该软件里面，单击"√"确定，或按<Enter>键确定。

（2）单击"矩形"→"多边形"，输入边数"5"、半径"45"，单击坐标系原点，五边形构造。

（3）单击"连续线"，将五边形五个顶点连起来，如图 6-9 所示。

（4）单击"修剪打断延伸"→"修剪打断延伸"→"分割"，将图形修剪成如图 6-10 所示。

（5）单击"视图"菜单，单击"等视图"，将视角平面从俯视图换成等角视图。

（6）单击"草图"菜单，单击"连续线"，鼠标任意单击五角星的一个交点，然后直接输入五角星的顶点"0，0，10"。依次类推，再将五角星其他的交点连接起来，如图 6-11 所示。

图 6-9　线框构造（修剪前）　　　图 6-10　线框构造（二维）　　　图 6-11　线框构造（三维）

> 🌐 **注意**：输入坐标数字前必须关闭中文输入法。

（7）单击"实体"菜单，单击"拉伸"，单击直径 90 的圆，确认，输入拉伸高度为"10"，如图 6-12 所示。

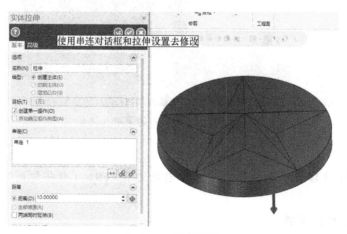

图 6-12　实体构造

（8）单击"曲面"菜单，单击"平面修剪"命令，鼠标单击任意一个封闭的三角形，如图6-13所示。单击"确认"，依此类推，做出剩余的9张曲面。

（9）为了和平时学生操作的习惯相吻合，也可以把整个零件向下移动10mm，如图6-14所示。

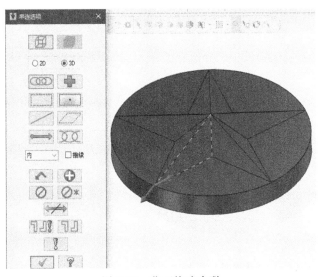

图6-13　曲面构造串联

图6-14　Z轴移动-10mm

（10）完成造型，如图6-15所示。

6.3.2　典型零件生成刀路过程

1. 二维刀具路径生成

（1）单击"机床"菜单，单击"铣床—管理列表"，在弹出的"自定义机床菜单管理"对话框中选择三坐标立式数控铣床，如图6-16所示。

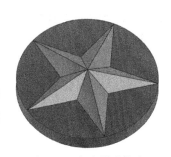

图6-15　完成图形构造

（2）在弹出的"机床群组"目录树中单击"毛坯设置"，设置该零件毛坯尺寸，如图6-17所示。

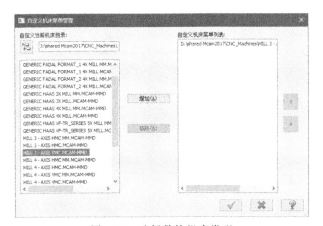

图6-16　选择数控机床类型

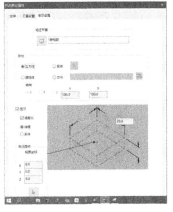

图6-17　设置毛坯

> 🌐 **注意**：毛坯尺寸在设置时应该比零件尺寸大一些。

（3）单击"刀路"菜单，单击"外形"，选择外形线条，如图 6-18 所示。铣刀一般均为右旋，铣削方式为顺铣，选择串联线条的时候外形选择顺时针方向（加工槽时逆时针为顺铣）。单击"确定"，弹出"2D 刀路-外形铣削"对话框。

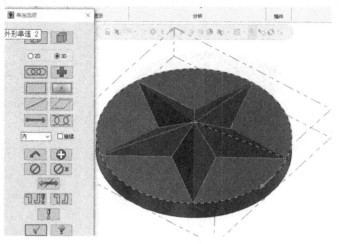

图 6-18　选择串联外形线条

（4）在"刀具"选项单击右键，在弹出的菜单中选择"创建新刀具"，如图 6-19 所示。弹出"定义刀具"对话框，设置"平底刀"，尺寸如图 6-20 所示。设置完毕，单击"完成"。

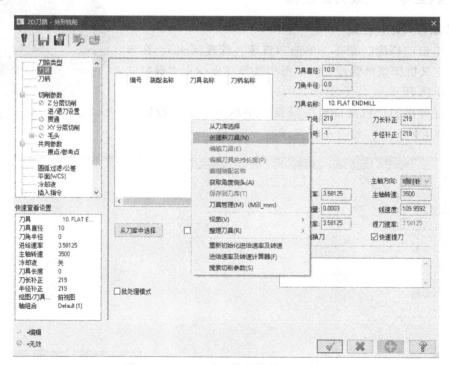

图 6-19　"2D 刀路、外形铣削"对话框

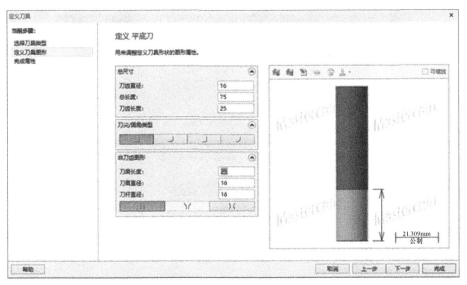

图 6-20　"定义刀具"对话框

（5）设置加工参数，即切削三要素，分别如图 6-21 ~ 图 6-25 所示，其他参数不变，单击"确认"。

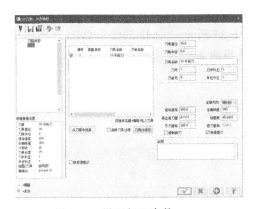

图 6-21　设置加工参数（一）

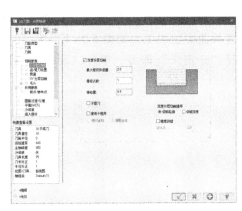

图 6-22　设置加工参数（二）

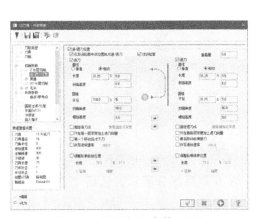

图 6-23　设置加工参数（三）

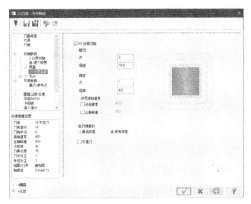

图 6-24　设置加工参数（四）

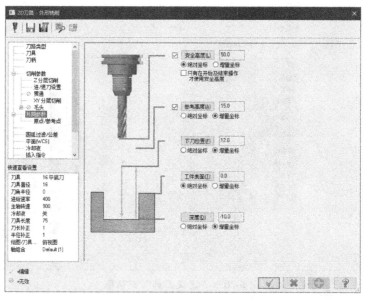

图 6-25　设置加工参数（五）

2. 三维粗加工刀具路径生成

（1）在"操作管理器"空白处单击右键，依次选择"铣床刀路→曲面粗切→放射"，先进行曲面粗加工，如图 6-26 所示。在弹出的如图 6-27 所示"选择工件形状"对话框中，选择"未定义"即可。单击"确认"，接着弹出"选择曲面"对话框。

图 6-26　选择曲面粗加工铣削方式

（2）选择被加工曲面，一共 10 个面，如图 6-28 五角星部分所示，然后单击"结束选择"。弹出"刀路曲面选择"对话框，如图 6-29 所示。

（3）选择干涉曲面。干涉曲面就是不能被切到的曲面，如图 6-30 底面部分所示。

图 6-27　选择曲面形状

图 6-28　选择被加工曲面

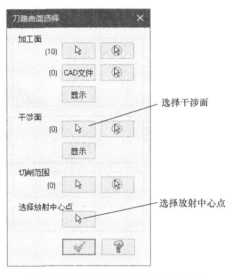

图 6-29　"刀路曲面选择"对话框

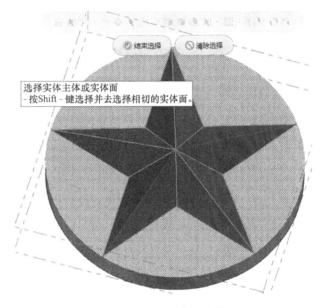

图 6-30　干涉曲面选择

（4）选择放射中心点，放射中心点选择五角星的顶点，也即是"0，0，0"。然后单击"确认"，弹出曲面粗切放射对话框。

（5）曲面粗加工工艺参数设置如图 6-31～图 6-33 所示。

3. 曲面精加工加工刀具路径生成

（1）在"操作管理器"空白区域单击右键，依次单击"铣床刀路→曲面精修→等高"，如图 6-34 所示。接着选取被加工曲面，如图 6-35 所示，然后单击"结束选择"。

（2）在弹出的"刀路曲面选择"对话框里选择干涉面，干涉面选择同粗加工，单击"确认"。

（3）在弹出的"曲面精修等高"对话框中，分别选定的加工工艺参数如图 6-36～图 6-38 所示。

以此类推，可以生成其他刀具路径，由于篇幅所限，不再一一列出。

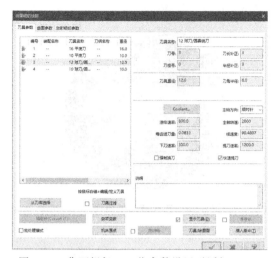

图 6-31　曲面粗加工工艺参数设置对话框（一）

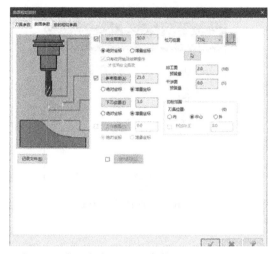

图 6-32　曲面粗加工工艺参数设置对话框（二）

图 6-33　曲面粗加工工艺参数设置对话框（三）

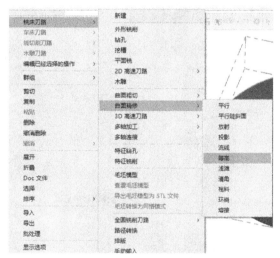

图 6-34　选择曲面精加工铣削方式

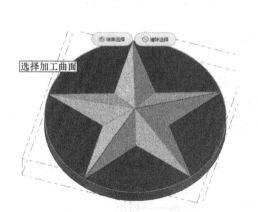

图 6-35　选择被加工曲面

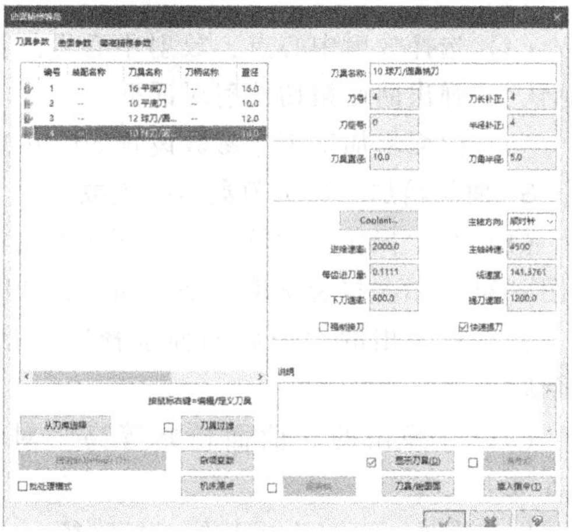

图 6-36　曲面精加工工艺参数设置对话框（一）

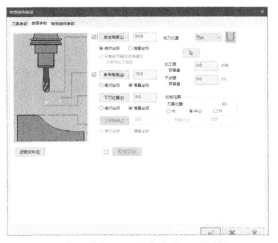 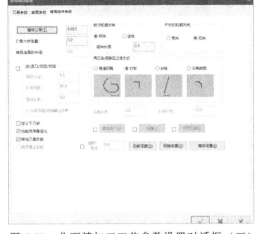

图 6-37 曲面精加工工艺参数设置对话框（二）　　图 6-38 曲面精加工工艺参数设置对话框（三）

6.3.3 实体仿真

（1）在机床群组全选所有刀具路径，如图 6-39 所示。

（2）单击"机床"菜单，单击"实体仿真"，弹出"Mastercam 模拟"刀具路径仿真对话框，单击"播放"。最后仿真效果如图 6-40 所示。经仿真，确认刀具路径无误后，方可进行后处理，根据实际使用的数控机床和数控系统生成能真实切削加工的 CNC 程序。

> 🌐 **注意**：Mastercam 2017 提供线框模拟、实体仿真、机床仿真三种仿真方式，本教材只介绍实体仿真。

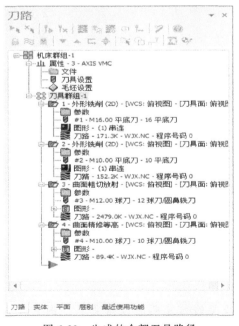 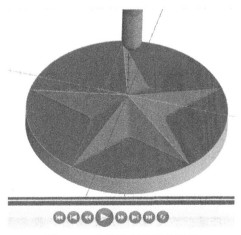

图 6-39 生成的全部刀具路径　　　　　　图 6-40 实体仿真结果效果图

6.3.4 典型零件后处理过程

（1）单击"机床"菜单，单击"G1 生成"图标，弹出"后处理程序"对话框，如图 6-41 所示。单击"确认"，弹出"CNC 文件保存"对话框。

图 6-41 后处理程序对话框

（2）在"CNC 文件保存"对话框里面输入文件名，这里的文件名最好是根据所使用的数控机床命名规则来输入，否则在将后处理程序输入到数控机床的时候就要重新更改文件名。Mastercam 默认保存的 CNC 文件名是 *.NC，绝大部分数控机床均可以识别。数控机床的文件名命名规则根据系统设计厂家不一样，也有很大不同。例如很多数控系统都是以字母"O"或者"P"开头，没有扩展名，其后是数字，西门子数控系统则前面两位必须是字母，其后可以是字母或数字。读者应该根据自己所使用的数控系统灵活处理。

（3）最后生成的 CNC 程序单如图 6-42 所示。

图 6-42 后处理 CNC 程序

🌐 **注意**：后处理的 CNC 程序一般都要将不必要的信息删除或者更正，例如注释等信息。

6.4 高速切削技术

6.4.1 高速切削的定义

高速切削是一个相对概念，是对常规切削而言，用较高的切削速度对工件进行切削。

1931 年德国物理学家 C. J. Salomom 在"高速切削原理"一文中给出了著名的"Salomom 曲线"——对应于一定的工件材料存在一个临界切削速度，此点切削温度最高，超过该临界值，随着切削速度增加，切削温度反而下降，如图 6-43 所示。Salomom 的理论与试验结果，引发了人们极大的兴趣，并由此产生了"高速切削（HSC）"的概念。

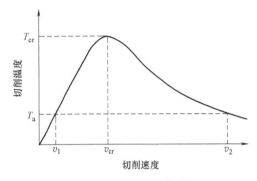

图 6-43 Salomom 曲线

他指出，在常规切削速度范围内，切削温度随着切削速度的提高而升高，但当切削速度提高到一定值后，切削温度不但不升高反而会降低，且该切削速度值与工件材料的种类有关。对每一种工件材料都存在一个速度范围，在该速度范围内，由于切削温度过高，刀具材料根本无法承受，即切削加工不可能进行，称该区为"死谷"。

高速切削尚无统一定义，一般认为高速切削是指采用超硬材料的刀具，通过极大地提高切削速度和进给速度，来提高材料切除率、加工精度和加工表面质量的现代加工技术。

6.4.2 高速切削速度范围

高速切削的速度范围与加工方法和工件材料密切相关。

1. 高速加工各种材料的切削速度范围

采用高速加工技术后，黑色金属钢和铸铁及其合金的切削速度可达 500～1500m/min，铸铁最高切削速度可达 2000m/min，而淬硬钢（35～65HRC）切削速度可达 100～400m/min；有色金属铝及其合金的一般切削速度可达 2000～4000m/min，最高达 7500m/min；难加工材料耐热合金的切削速度可达 90～500m/min，而钛合金的切削速度可达 150～1000m/min。

2. 高速范围与加工方法密切相关

车削切削速度达到 700～7000m/min，可认为是高速加工。

铣削切削速度达到 300～6000m/min，可认为是高速加工。

钻削切削速度达到 200～1100m/min，可认为是高速加工。

磨削切削速度达到 150m/s 以上，可认为是高速加工。

在切削灰铸铁时，1000m/min 以上才是高速车削，而 400m/min 就可定义为高速钻削。

6.4.3 高速切削的发展与特点

1. 高速切削的发展

高速切削现已在生产中得到了一定的推广应用。20 世纪 80 年代以来，各工业发达国家投入了大量的人力和物力，研究开发了高速切削设备及相关技术，20世纪90年代以来发展更迅速。我国也在大力推广和应用高速切削技术，例如中航工业成飞和富士康科技等企业已经有一套成熟的高速切削技术了。

高速切削已成为当今制造业中一项快速发展的新技术，正成为一种新的切削加工理念。人们逐渐认识到高速切削是提高加工效率的关键技术。

2. 高速切削的特点

随着切削速度的提高，单位时间内材料切除率增加，切削加工时间减少，切削效率提高3~5倍，加工成本可降低20%~40%。

在高速切削加工范围内，随着切削速度的提高，切削力可减小30%以上，减少了工件变形。对于大型框架件、刚性差的薄壁件和薄壁槽形零件的高精度高效加工，高速铣削是目前最有效的加工方法。

在高速切削加工时，切屑以很高的速度排出，切削热大部分被切屑带走，切削速度提高愈大，带走的热量愈多，故传给工件的热量大幅度减少，工件整体温升较低，工件的热变形相对较小。因此，有利于减少加工零件的内应力和热变形，提高加工精度，适合于热敏感材料的加工。

转速的提高，使切削系统的工作频率远离机床的低阶固有频率，加工中鳞刺、积屑瘤、加工硬化、残余应力等也受到抑制。因此，高速切削加工可大大降低加工表面粗糙度，加工表面质量可提高1~2个等级。

高速切削可加工硬度45~65HRC的淬硬钢铁件，如高速切削加工淬硬后的模具可减少甚至取代放电加工和磨削加工，满足加工质量的要求，加快产品开发周期，大大降低制造成本。

6.4.4 高速切削加工技术的应用

由于高速切削加工具有提高生产效率、减少切削力、提高加工精度和表面质量、降低生产成本并且可加工高硬材料等许多优点，因此已在汽车和摩托车制造业、模具业、轴承业、航空航天业、机床业、工程机械、石墨电极等行业中广泛应用。使得上述行业的产品质量明显提高，成本大幅度降低，获得了市场竞争优势，取得了重大的经济效益。对提高切削加工技术的水平，推动机械制造技术的进步也具有深远的意义。

1. 高速切削加工的应用举例

（1）航空航天：带有大量薄壁、细筋的大型轻合金航空整体构件加工，材料去除率达100~180cm³/min。镍合金、钛合金加工，切削速度达200~1000m/min。

（2）汽车工业：采用高速数控机床和高速加工中心组成高速柔性生产线，实现多品种、中小批量的高效生产。

（3）模具制造：高速铣削代替传统的电火花成形加工，效率提高3~5倍。

（4）仪器仪表：精密光学零件加工。

2. 高速切削可加工的工件材料

高速切削可加工的工件材料包括钢、铸铁、有色金属及其合金、高温耐热合金以及碳纤维增强塑料等合成材料的加工，其中以铝合金和铸铁的高速加工最为普遍。

几乎所有传统切削能加工的材料高速切削都能加工，甚至传统切削很难加工的材料如镍基合金、钛合金和纤维增强塑料等，在高速切削条件下将变得易于切削。

3. 高速切削的加工工艺方法

目前高速切削工艺主要在铣削和车削，各类高速切削机床的发展将使高速切削工艺范围进一步扩大，从粗加工到精加工，从车削、铣削到镗削、钻削、拉削、铰削、攻螺纹、磨削等。

随着市场竞争的进一步加剧，世界各国的制造业都将更加积极地应用高速切削技术来完成高效高精度生产。

6.5　高速切削加工技术系统及关键技术

6.5.1　高速切削加工技术系统

高速切削加工技术不是一蹴而就的，这是一个大系统，需要大的投入，需要很多的基础研究，需要大量的、长期的实践验证，高速切削加工技术系统如图 6-44 所示。

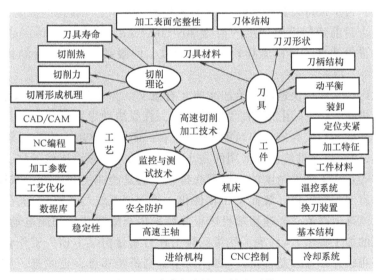

图 6-44　高速切削加工技术系统

6.5.2　高速切削加工关键技术

高速加工虽具有众多的优点，但由于技术复杂，且对于相关技术要求较高，所以使其应用受到限制。与高速加工密切相关的关键技术主要有：高速加工刀具与磨具制造技术；高速主轴单元制造技术；高速进给单元制造技术；高速加工在线检测与控制技术；其他：如高速加工毛坯制造技术、干切技术、高速加工的排屑技术、安全防护技术等。此外，高速切削与磨削机理的研究，对于高速切削的发展也具有重要意义。

1. 高速主轴系统

高速主轴系统是高速切削技术最重要的关键技术之一。目前主轴转速在 15000~30000r/min 的加工中心越来越普及，已经有转速高达 100000~150000r/min 的加工中心。高速主轴由于转速极高，主轴零件在离心力作用下会产生振动和变形，高速运转摩擦热和大功率内装电动机产生的热会引起热变形和高温，所以必须严格控制，为此对高速主轴提出如下性能要求：1）要求结构紧凑、重量轻、惯性小，可避免振动和噪音并具有良好的起、停性能；2）足够的刚性和高的回转精度；3）良好的热稳定性；4）大功率；5）先进的润滑和冷却系统；6）可靠的主轴监测系统。

高速主轴为满足上述性能要求，结构上几乎全部是交流伺服电动机直接驱动的"内装电动机"集成化结构，减少传动部件，具有更高的可靠性。高速主轴要求在极短时间内实现升降速。为此，将主轴电动机和主轴合二为一，制成电主轴，实现无中间环节的直接传动，是高速主轴单元的理想结构。

轴承是决定主轴寿命和负荷容量的关键部件。为了适应高速切削加工，高速切削机床的主轴设计采用了先进的主轴轴承、润滑和散热等新技术。目前高速主轴主要采用陶瓷轴承、磁悬浮轴承、空气轴承和液体动、静压轴承等。主轴轴承润滑对主轴转速的提高起着重要作用，高速主轴一般采用油、空气润滑或喷油润滑。

2. 快速进给系统

高速切削时，为了保持刀具每齿进给量基本不变，随着主轴转速的提高，进给速度也必须大幅度的提高。目前切削进给速度一般为 $30 \sim 60 \mathrm{m/min}$，最高达 $120 \mathrm{m/min}$，要实现并准确控制这样高的进给速度，对机床导轨、滚珠丝杠、伺服系统、工作台结构等提出了新的要求。

高速加工机床必须实现快速的进给加减速才有意义。为了适应进给运动高速化的要求，主要采取了如下措施：1）采用新型直线滚动导轨，直线滚动导轨中球轴承与钢导轨之间接触面积很小，其摩擦系数仅为槽式导轨的 1/20 左右；而且，使用直线滚动导轨后，"爬行"现象可大大降低；2）高速进给机构采用的是小螺距大尺寸高质量滚珠丝杠，或粗螺距多头滚珠丝杠，其目的是在不降低精度的前提下获得较高的进给速度和进给加减速度。3）高速进给伺服系统已发展为数字化、智能化和软件化，使伺服系统与 CNC 系统在 A/D—D/A 转换中不会有丢失或延迟现象。高速切削机床正开始采用全数字交流伺服电动机和控制技术，保证了进给速度的加工要求。4）为了尽量减轻工作台重量但又不损失工作台的刚度，高速进给机构通常采用碳纤维增强复合材料。5）为了提高进给速度，更先进、更高速的直线电动机已经发展起来。直线电动机消除了机械传动系统的间隙、弹性变形等问题，减小了传动摩擦力，几乎没有反向间隙。直线电动机具有高加、减速特性，加速度可达 $2g$，进给速度为传统进给速度的 $4 \sim 5$ 倍。采用直线电动机驱动，具有单位面积推力大、可产生高速运动以及机械结构不需维护等明显优点。

3. 高速切削对刀具材料的要求

（1）高可靠性：高速切削时速度快、自动化程度高，要求刀具应具有很高的可靠性，并且要求刀具的寿命高，质量一致性好，切削刃的重复精度高。如果刀具可靠性差，将会增加换刀时间，降低生产率。刀具可靠性差还将产生废品，损坏机床与设备，甚至造成人员伤亡。解决刀具可靠性问题，已成为高速切削加工成功应用的关键技术之一。

在选择高速切削刀具时，除需要考虑刀具材料的可靠性外，还应考虑刀具的结构和夹固的可靠性。

（2）高的耐热性、抗热冲击性能和良好的高温力学性能：随着切削速度的增大，往往会导致切削温度的急剧升高。因此，要求刀具材料具有很高的高温力学性能，如：高温强度、高温硬度、高温韧性等。同时，还要求刀具材料的熔点高、氧化温度高、耐热性好、抗热冲击性能强。

（3）刀具应具有很好的断屑、卷屑和排屑性能：切削塑性材料时切屑的折断与卷曲，常常是决定数控加工能否正常进行的重要因素。因此，刀具必须具有很好的断屑、卷屑和排屑性能，要求切屑不能缠绕在刀具或工件上、切屑不能影响工件的已加工表面、不能妨碍冷却浇注效果。数控切削机床一般都采取了一定的断屑措施（如：可靠的断屑槽型、断屑台和断屑器等），以便可靠地断屑或卷屑。

（4）刀具材料应能适应难加工材料和新型材料加工的需要：随着科学技术的发展，对工程材料提出了愈来愈高的要求，各种高强度、高硬度、耐腐蚀和耐高温的工程材料愈来愈多地被采用。它们中多数属于难加工材料，目前难加工材料已占工件的40%以上。因此，高速切削加工刀具应能适应难加工材料和新型材料加工的需要。同时，由于可持续发展的要求，还要求高速切削时不污染环境。

（5）刀具材料对高速切削加工技术的发展具有决定性意义。目前已发展的刀具材料主要有：金刚石、立方氮化硼、陶瓷刀具、TiCN基硬质合金刀具（金属陶瓷）、涂层刀具和超细硬质合金刀具等。

金刚石刀具主要用于高速加工铝、铜及其合金等有色金属和非金属材料以及钛和钛合金。立方氮化硼和陶瓷刀具主要用于高速加工铸铁及其合金和淬硬钢以及镍基合金等高温合金。

陶瓷刀具、TiCN基硬质合金刀具和涂层刀具等适于高速加工钢及其合金。超细晶粒硬质合金适于小尺寸整体刀具，高速加工孔、攻螺纹和齿轮，也可以较高速度加工钛及其合金和高温合金等超级合金。

4. 高速切削刀具结构

高速切削刀具结构主要有整体和银齿两类。银齿刀具主要采用机夹结构。高速回转刀具由于高速引起离心力作用，会造成刀体和刀片夹紧结构破坏以及刀片破裂或甩掉，所以刀体和夹紧结构必须有高的强度与断裂韧性和刚性，保证安全可靠。

刀体重量尽量轻以减小离心力，如铝合金刀体的金刚石面铣刀。高速回转刀具必须进行动平衡，以满足平衡品质的要求。

5. 高速切削刀柄系统

刀柄是高速切削加工的一个关键部件，它传递机床的动力和精度。

刀柄一端是机床主轴，另一端是刀具。高速切削加工时既要保证加工精度，又要保证高的生产率，还要保证安全可靠。所以，高速切削刀具系统必须满足：①很高的几何精度和装夹重复精度；②很高的装夹刚度；③高速运转时安全可靠。

加工中心主轴与刀具的连接大多采用7∶24锥度的单面夹紧刀柄系统，ISO、CAT、DIN、BT等都属此类，这种刀柄存在以下不足。

① 刚性不足：不能实现与主轴端面和内锥面同时定位。当拉力增大4~8倍时，联结的刚度可提高20%~50%，但是，过大的拉力在频繁换刀过程中会加速主轴内孔的磨损。高速主轴的前端锥孔由于离心力的作用会膨胀，膨胀量的大小随着旋转半径与转速的增大而增大。因此，要保证这种联结在高速下仍有可靠的接触，需有一个很大的过盈量来抵消高速旋转时主轴轴端的膨胀。

② ATC（自动换刀）的重复精度不稳定：每次自动换刀后刀具的径向尺寸可能发生变化。

③ 轴向尺寸不稳定：在主轴高速转动时，内孔因受离心力的作用会增大，使刀具轴向尺寸发生变化，在拉杆拉力的作用下，刀具的轴向位置会发生改变。

④ 刀柄锥度较大，锥柄较长，不利于快速换刀及机床小型化。

⑤ 主轴的膨胀还会引起刀具及夹紧机构质心的偏离，从而影响主轴的动平衡。标准的7：24锥柄较长，很难实现全长无间隙配合，一般只要求配合面前段70%以上接触，因此配合面后段会有一定的间隙，该间隙会引起刀具径向跳动，影响结构的动平衡。

针对这些问题，为提高刀具与机床主轴的联结刚性和装夹精度，适应高速切削加工技术发展的需要，相继开发了刀柄与主轴内孔锥面和端面同时贴紧的两面定位的刀柄。

两面定位刀柄主要有两大类：一类是对现有7：24锥度刀柄进行的改进性设计，如 BIG-PLUS、WSU、ABSC 等系统；另一类是采用新思路设计的1：10中空短锥刀柄系统，有德国开发的 HSK、美国开发的 KM 及日本开发的 NC5 等几种形式，如图 6-45 所示。

图 6-45　几种常见的高速切削刀柄

6. 高速切削加工的安全防护与实时监控系统

高速切削加工的速度相当高，当主轴转速达 40000r/min 时，若有刀片崩裂，掉下来的刀具碎片就像出膛的子弹。因此，对高速切削加工的安全问题必须充分重视。

从总体上讲，高速切削加工的安全保障包括以下诸方面：1）机床操作者及机床周围现场人员的安全保障；2）避免机床、刀具、工件及有关设施的损坏；3）识别和避免可能引起重大事故的工况；4）在机床结构方面，机床设有安全保护墙和门窗；5）刀片，特别是抗弯强度低的材料制成的机夹刀片，除结构上防止由离心力作用产生飞离倾向的保证外，还要作极限转速的测定；6）刀具夹紧、工件夹紧必须绝对安全可靠，故工况监测系统的可靠性就变得非常重要。

机床及切削过程的监测包括：切削力监测以控制刀具磨损，机床功率监测亦可间接获得刀具磨损信息；主轴转速监测以判别切削参数与进给系统间的关系；刀具破损监测；主轴轴承状况监测；电器控制系统过程稳定性监测等。

本 章 小 结

本章主要讲了 CAD/CAM 技术简介、典型 CAD/CAM 软件介绍、典型零件 CAD/CAM 应用实例、高速切削技术、高速切削加工的应用、高速切削加工研究体系及关键技术等内容。当今世界，不管是国外还是国内的机械制造生产企业，CAD/CAM 技术基本上已经普及，在很多企业已经是运用的非常成熟的技术了。而且在现代的生产制造企业中也运用很多新的制造技术和管理方法，例如高速切削、绿色生产、干切，甚至已经把工业机器人引入到了生产加工现场，但是机械生产、数控加工的核心并没有变化！本章的重点是典型零件 CAD/CAM 应用实例和高速切削技术。CAD/CAM 软件很多，但是 Mastercam 是基础，上手快，易学易用。通过本章 Mastercam 2017 实例的学习，结合高速切削技术的学习，熟练掌握企业需要的高端技术，例如 CAD/CAM 软件设计的一般流程，二维/三维绘图，二维/三维自动编程，为后续发展打下基础。

思考与练习题

6-1　简要说明 Mastercam 2017 具备哪些功能。

6-2　Mastercam 2017 可以打开或者保存的文件类型有哪些？

6-3　Mastercam 2017 "操作管理器" 有哪些命令？

6-4　Mastercam 2017 生成二维刀具路径的步骤有哪些？

6-5　Mastercam 2017 生成三维刀具路径的步骤有哪些？

6-6　Mastercam 2017 后处理的步骤有哪些？后处理的 CNC 程序一般如何修改？

6-7　Mastercam 2017 有哪些平面类型？如何建立新的构图平面？

6-8　试述高速切削的基本特点。

6-9　试述高速切削关键技术及其主要应用范围。

6-10　高速切削对刀具材料有哪些要求？

6-11　高速切削刀具材料的主要种类有哪些？

6-12　使用 Mastercam 2017 绘制图 6-46~图 6-50 所示图形并生成刀路和 CNC 程序。

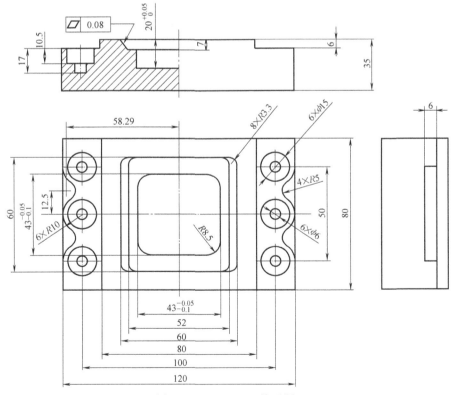

图 6-46　CAD/CAM 练习题 1

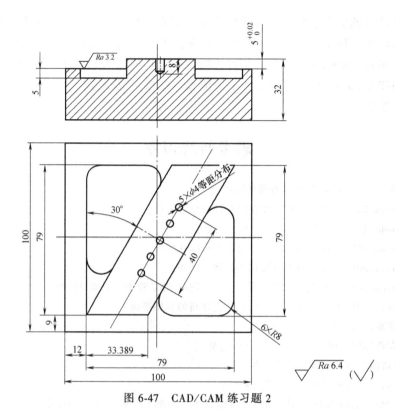

图 6-47　CAD/CAM 练习题 2

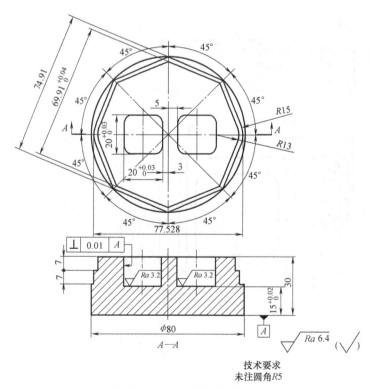

技术要求
未注圆角R5

图 6-48　CAD/CAM 练习题 3

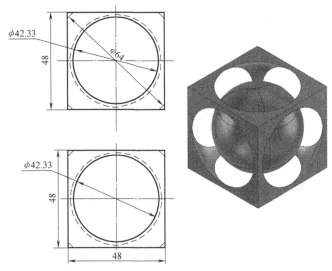

图 6-49 CAD/CAM 练习题 4

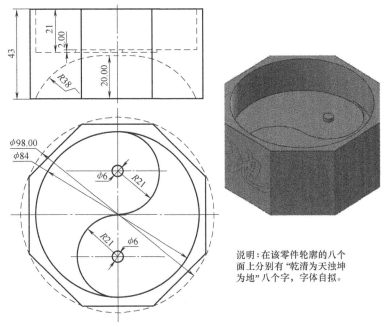

说明:在该零件轮廓的八个面上分别有"乾清为天浊坤为地"八个字,字体自拟。

图 6-50 CAD/CAM 练习题 5

第7章

数控车床操作实训

本章知识要点：

◎ 数控车床安全操作规程
◎ 数控车床操作面板
◎ 数控车床日常维护及保养
◎ 数控车床对刀
◎ 典型零件的数控车削

数控车床操
作实训

7.1 数控车床安全操作规程

为了正确合理地使用数控车床，保证机床正常运转，必须制定比较完善的数控车床安全操作规程，通常应包括以下内容。

（1）服从指导老师指挥。

（2）正确穿戴劳保用品，不能穿拖鞋、高跟鞋、短裤、裙子等不符合规定的着装进入实训室。

（3）不能带食品进入实训室。

（4）长发应该盘起来塞进帽子。

（5）检查电压、气压、油压是否正常（有手动润滑的部位要先进行手动润滑）。

（6）当机床通电后，检查各开关、按钮、按键是否正常、灵活，机床有无异常现象。

（7）检查各坐标轴是否回参考点，限位开关是否可靠；若某轴在回参考点前已在参考点位置，应先将该轴沿负方向移动一段距离后，再手动回参考点。

（8）在回参考点前，手动移动刀架，要先移动"$-Z$"，再移动"$-X$"，以避免刀架与尾座发生碰撞。

（9）回参考点时，要先移动"$+X$"，再移动"$+Z$"。

（10）机床开机后应空运转 5min 以上，使机床达到热平衡状态。

（11）装夹工件时要定位可靠，夹紧牢固，检查所用螺钉、压板是否妨碍刀具运动，以及零件毛坯尺寸是否有误。

（12）数控刀具选择正确，夹紧牢固。

（13）不能戴手套操作。

（14）首件加工应采用单段程序切削，随时注意调节进给倍率控制进给速度。

（15）在试切削和加工过程中，当刃磨刀具、更换刀具后，一定要重新对刀。

（16）不能用手直接清理切屑，加工前要关好防护门等。

（17）若未准备就绪或未做好准备，因操作失误造成机床自动运行时，请务必按下"急停"按钮。

（18）加工结束后应清扫机床并加防锈油。

（19）停机时应将各坐标轴停在正向极限位置附近。

（20）做好使用记录。

7.2 数控车床操作面板

7.2.1 数控车床组成

数控车床的组成见表7-1。

表 7-1 数控车床的组成

序号	组成部分	说明	图例
1	车床主体	目前大部分数控车床主体均已专门设计并定型生产,包括主轴箱、床身、导轨、刀架、尾座和进给机构等	
2	控制部分	控制部分是数控车床的控制核心,由各种数控系统完成对数控车床的控制	 数控系统
3	驱动部分	驱动部分是数控车床执行机构的驱动部件,包括主轴电动机和进给伺服电动机	 主轴电动机 伺服电动机

（续）

序号	组成部分	说明	图例
4	辅助部分	辅助部分是数控车床的一些配套部件,包括液压装置、气动装置、冷却系统、润滑系统和自动清屑器等	冷却系统 润滑系统

7.2.2 数控车床面板介绍

当今业界数控系统繁多,数控机床制造厂家数量庞大,几乎世界上每一个工业发达的国家都有自己的数控机床制造厂家,由于篇幅所限,不可能一一介绍,而且数控机床面板也是万变不离其宗。特别提醒读者,学习并记住数控机床面板按键可以有两个方法:一是记按键上面的文字;二是记按键上面的符号。本书以业界使用较多的两种数控系统:FANUC（发那科）0i Mate-TC 系统数控车床面板和 SINUMERIK（西门子）802S/C 系统数控车床面板为例加以介绍。

1. FANUC（发那科）0i Mate 系统数控车床面板功能

（1）CRT/MDI 数控操作面板。

1）如图 7-1 所示为 FANUC 0i Mate 的 CRT/MDI 数控操作面板。

2）CRT/MDI 数控操作面板说明。

① 数字/字母键。数字/字母键用于输入数据到输入区域,系统自动判别取字母还是取数字。字母和数字键通过上档键（shift）切换输入,如 O-P,7-A 等。如图 7-2 所示。

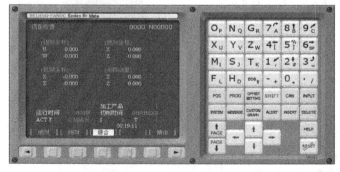

图 7-1 发那科 CRT/MDI 数控操作面板

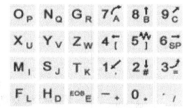

图 7-2 数字/字母键

② 编辑键:

ALTER 替换键。用输入的数据替换光标所在的数据。

DELTE 删除键。删除光标所在的数据;或者删除一个程序或全部程序。

插入键。把输入区之中的数据插入到当前光标之后的位置。

取消键。消除输入区内的数据。

回车换行键。结束一行程序的输入并且换行。

上档键。

③ 页面切换键:

程序显示与编辑页面。

位置显示页面。位置显示有三种方式，用 PAGE 按钮选择。

参数输入页面。按第一次进入坐标系设置页面，按第二次进入刀具补偿参数页面。
进入不同的页面以后，用 PAGE 键切换。

系统参数页面。

信息页面，如"报警"信息。

图形参数设置页面。

系统帮助页面。

④ 翻页键（PAGE）:

向上翻页。

向下翻页。

光标移动键（CURSOR）:

向上移动光标。

向左移动光标。

向下移动光标。

向右移动光标。

输入/复位键:

输入键。把输入区内的数据输入到参数页面。

复位键。

（2）机床操作面板（以 FANUC 0i Mate 标准操作面板为例）。

机床操作面板如图 7-3 所示。机床操作面板主要用于控制机床的运动和选择机床的运行

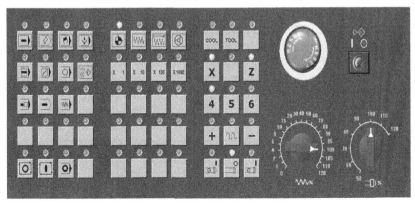

图 7-3 FANUC 0i Mate 标准操作面板

状态，由模式选择旋钮、数控程序运行控制开关等多个部分组成，每一部分的详细说明见表 7-2。

表 7-2　FANUC 0i Mate 操作面板按键功能一览表

	AUTO(MEM)键(自动模式键)：进入自动加工模式
	EDIT 键(编辑键)：用于直接通过操作面板输入数控程序和编辑程序
	MDI 键(手动数据输入键)：用于直接通过操作面板输入数控程序和编辑程序
	文件传输键：通过 RS-232 接口把数控系统与计算机相连并传输文件
	REF 键(回参考点键)：通过手动回机床参考点
	JOG 键(手动模式键)：通过手动连续移动各轴
	INC 键(增量进给键)：手动脉冲方式进给
	HNDL 键(手轮进给键)：按此键切换成手摇轮移动各坐标轴
COOL	冷却液开关键：按下此键,冷却液开
TOOL	刀具选择键：按下此键在刀库中选刀
	SINGL 键(单段执行键)：自动加工模式和 MDI 模式中,单段运行
	程序段跳键：在自动模式下按此键,跳过程序段开头带有"/"程序
	程序停键：在自动模式下,遇有 M00 指令程序停止
	程序重启键：由于刀具破损等原因自动停止后,程序可以从指定的程序段重新启动
	程序锁开关键：按下此键,机床各轴被锁住
	空运行键：按下此键,各轴以固定的速度运动
	机床主轴手动控制开关：手动模式下按此键,主轴正转
	机床主轴手动控制开关：手动模式下按此键,主轴停
	机床主轴手动控制开关：手动模式下按此键,主轴反转
	循环(数控)停止键：在数控程序运行中,按下此键停止程序运行
	循环(数控)启动键：在"AUTO"或"MDI"工作模式下按此键自动加工程序,其余时间按下无效
X	X 轴方向手动进给键
Z	Z 轴方向手动进给键

（续）

⊞	正方向进给键
⊓⌐	快速进给键,在手动方式下,同时按住此键和一个坐标轴点动方向键,坐标轴以快速进给速度移动
⊟	负方向进给
X 1	选择手动移动(步进增量方式)时每一步的距离:X1 为 0.001mm
X 10	选择手动移动(步进增量方式)时每一步的距离:X10 为 0.01mm
X 100	选择手动移动(步进增量方式)时每一步的距离:X100 为 0.1mm
X1000	选择手动移动(步进增量方式)时每一步的距离:X1000 为 1mm
	程序编辑开关:置于"ON"位置,可编辑程序
	进给速度(F)调节旋钮:调节进给速度,调节范围从 0~120%
	主轴转速调节旋钮:调节主轴转速,调节范围从 50%~120%
	紧急停止按钮:按下此按钮,可使机床和数控系统紧急停止,旋转可释放

2. 西门子 802S/C 数控车床面板功能

（1）数控操作面板介绍。

1）西门子 802S/C 数控操作面板如图 7-4 所示。

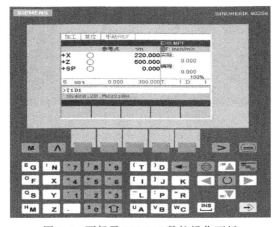

图 7-4 西门子 802 S/C 数控操作面板

2）西门子 802CRT/MDA 操作面板功能说明见表 7-3。

表 7-3　西门子 802CRT/MDA 操作面板功能一览表

区域转换键	加工显示键
返回键	菜单扩展键
报警应答键	软键
删除键（退格键）	垂直菜单键
选择/转换键	上档键
空格键（插入键）	回转/输入键
光标向上键（上档：向上翻页键）	光标向下键（上档：向下翻页键）
光标向左键	光标向右键
数字键，上档键转换对应字符	字母键，上档键转换对应字符

（2）机床操作面板如图 7-5 所示。

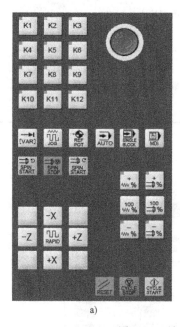

a)　　　　　　　　　　　　b)

图 7-5　西门子系统机床操作面板

a）802S/C base line　b）802S/C

机床操作面板主要用于控制机床的运动和选择机床的运行状态，每一部分的详细说明如下：

MDA（I）键（手动数据输入键）：用于直接通过面板输入程序和编辑程序。

AUTO 键（自动模式键）：进入自动加工模式。

JOG 键（手动模式键）：手动连续移动各轴。

REF 键（回参考点键）：通过手动回机床参考点。

VAR 键（增量键）：在手动模式下，选择坐标轴每次进给的步进增量（范围：1μm，10μm，100μm，1000μm）。

SINGL 键（单段执行键）：在自动加工模式和 MDA 模式中，按此键单段运行。

SPINSTAR 键（主轴正转键）：在手动模式下按此键，主轴正转。

SPINSTAR 键（主轴反转键）：在手动模式下按此键，主轴反转。

SPINSTP 键（主轴停止键）：在手动模式下按此键，主轴停止转动。

RESET 键（复位键）：在各种操作模式下按此键使 NC 系统复位。

CYCLESTAR 键（数控启动键）：在自动模式和 MDA 模式下启动执行程序。

CYCLESTOP 键（数控停止键）：停止程序运行（按下启动键可恢复程序继续运行）。

RAPID 键（快速移动键）：在手动模式下，同时按住此键和一个坐标轴点动方向键，坐标轴以快速进给速度移动。

坐标轴点动方向键：在手动模式下按相应的坐标轴方向键可使坐标轴向相应方向移动。

紧急停止按钮：按下此按钮，可使机床和数控系统紧急停止，旋转可释放。

主轴速度调节旋钮：调节主轴转速，调节范围 50%～120%。

进给速度（F）调节旋转：调节进给速度，调节范围 0～150%。

自定义功能键，K1 为进给驱动键，K6 为冷却液开关键。

左侧为西门子 802S/C base line 进给速度调节按钮。

右侧为西门子 802S/C base line 主轴转速调节按钮。

（3）手持式操作器（手轮）如图 7-6 所示。

图 7-6　手轮

功能选择旋钮：选择所需移动的轴，OFF 状态为关闭手轮模式。

步距选项旋钮：可选择 0.001×1（mm）、0.001×10

（mm）、0.001×100（mm）的进给速度。

 手轮：顺时针旋转手轮，各坐标轴正向移动；逆时针旋转手轮，各坐标轴负向移动

（机床移动方向由功能选择旋钮确定，机床移动速度由步距选项旋钮确定）。

7.3 数控车床和系统日常维护及保养

7.3.1 数控车床日常维护及保养

数控车床的日常维护及保养应注意以下几方面：

（1）保持良好的润滑状态，定期检查、清洗自动润滑系统；增加或更换油脂、油液，使丝杆、导轨等各运动部位始终保持良好的润滑状态，以降低机械磨损。

（2）进行机械精度的检查调整，以减少各运动部件之间的形状和位置误差。

（3）经常清扫，周围环境对数控机床的影响较大，如粉尘会被电路板上的静电吸引，而产生短路现象；油、气、水过滤器、过滤网太脏，会使得压力不够、流量不够、散热不好，造成机、电、液部分的故障等。数控车床日常维护及保养内容见表7-4。

表 7-4　数控车床日常维护及保养内容

序号	检查周期	检查部位	检查要求
1	每天	导轨润滑油箱	检查油标、油量，检查润滑泵能否定时启动供油及停止
2	每天	X、Z轴向导轨面	清除切屑及脏物，检查导轨面有无划伤
3	每天	压缩空气气源压力	检查气动控制系统压力
4	每天	主轴润滑恒温油箱	工作正常，油量充足能调节温度范围
5	每天	机床液压系统	油箱、液压泵无异常噪声，压力指示正常，管路及各接头无泄漏
6	每天	各种电气柜散热通风装置	各电气柜冷却风扇工作正常，风道过滤网无堵塞
7	每天	各种防护装置	导轨、机床防护罩等无松动、无漏水
8	每半年	滚珠丝杠	清洗丝杠旧润滑脂，涂上新润滑脂
9	不定期	切削液箱	检查液面高度，经常清洗过滤器等
10	不定期	排屑器	经常清理切屑
11	不定期	清理滤油池	及时取走滤油池中的废油，防外溢
12	不定期	调整主轴驱动带松紧程度	按机床说明书调整
13	不定期	检查各轴导轨上镶条	按机床说明书调整

7.3.2 数控系统日常维护及保养

为延长元器件的寿命和零部件的磨损周期，应在以下几方面注意维护。

1. 尽量少开数控柜和强电柜的门

车间空气中一般都含有油雾、潮气和灰尘，一旦它们落在数控装置内的线路板或电子元器件上，容易引起元器件间绝缘电阻下降，并导致元器件的损坏。

2. 定时清理数控装置的散热通风系统

散热通风口过滤网上灰尘积聚过多，会引起数控装置内温度过高（一般不允许超过55°~60°）致使数控系统工作不稳定，甚至发生过热报警。

3. 经常监视数控装置电网电压

数控装置允许电网电压在额定值的±10%范围内波动，如果超过此范围就会造成数控系统不能正常工作，甚至引起数控系统内某些元器件损坏。当电网电压质量差时，应加装电源稳压器。

7.4　数控车床对刀

7.4.1　数控车床基本操作

以西门子 802S/C 数控车床为例，基本操作有以下步骤：

1. 开机

（1）检查机床状态是否正常。

（2）检查电源电压是否符合要求，接线是否正确。

（3）按下"急停"按钮。

（4）机床上电。

（5）数控系统上电。

（6）检查风扇电动机运转是否正常。

（7）检查面板上的指示灯是否正常。

2. 复位（RESET）

3. 机床回参考点

（1）如果系统显示的当前工作方式不是回零方式，按一下控制面板上面的回零按键，确保系统处于回零方式。

（2）根据 X 轴机床参数"回参考点方向"，按一下"$+X$"按键，X 轴回到参考点后，"$+X$"按键的指示灯亮。

（3）用同样的方法使用"$+Z$"按键，使 Z 轴回到参考点。

4. 程序输入、文件管理及运行控制

（1）新建程序。

（2）保存程序。

（3）选择程序。

（4）运行程序。

（5）编辑程序。

（6）删除程序文件。

（7）停止运行。

（8）重新运行。

（9）后台编辑。

（10）运行控制。

5. 关机

（1）按下控制面板上的"急停"按钮，断开伺服电源。

（2）断开数控电源。

（3）断开机床电源。

7.4.2 西门子 802S/C 数控车床对刀

车床对刀主要有试切对刀法和对刀仪对刀法两种方法，本节采用试切法对刀。试切法指的是通过试切，由试切直径和试切长度来计算刀具偏置值的方法。准备三把车刀：外圆车刀（T1）、切槽刀（T2）和螺纹车刀（T3）。

1. 外圆车刀对刀（对刀之前先回机床零点）

（1）对 Z 轴：选择手动模式 ⬚→转动机床主轴→⬚→ 手轮 （如图 7-7 所示）→ ⬚ →
⬚ （如图 7-7 所示）→ 转动机床手轮，试切工件端面→Z 方向不动，沿 X 方向退出→ ⬚ →
⬚ 进入对刀界面 （如图 7-8 所示）→ ⬚ 输入 "0" → ⬚ → ⬚ →T1 刀 Z 轴对刀完毕。

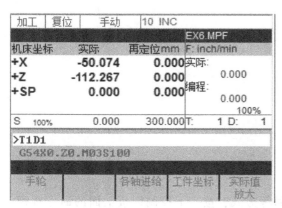 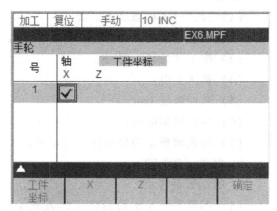

图 7-7　手轮方式选择

（2）对 X 轴：选择手动模式 ⬚→转动机床主轴→⬚→ ⬚ （如图 7-7 所示）→ ⬚ →
⬚ （如图 7-7 所示）→ 转动机床手轮，试切工件外圆→X 方向不动，沿 Z 方向退出→停机→
⬚ → ⬚ 进入对刀界面 （如图 7-8 所示）→ ⬚ 测量工件已加工面直径 （假设测量得直径

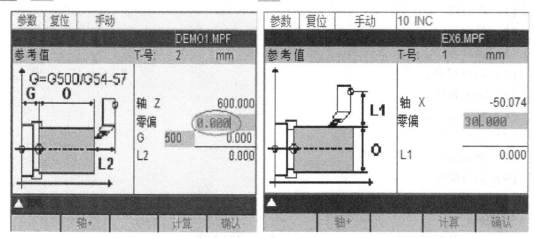

图 7-8　Z 轴和 X 轴对刀输入数据

$\phi30$）→输入"30"→ 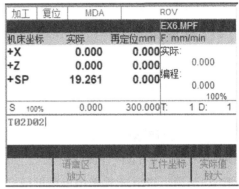 → →T1外圆车刀 X 轴对刀完毕。

2. 切槽刀对刀

（1）对 Z 轴： 模式（如图7-9所示）→输入"T02D02"→按 即可换成T2刀→碰工件端面→ Z 方向不动，沿 X 方向退出→进入对刀界面（如图7-8所示）→ →输入"0"→ → →T2刀 Z 轴对刀完毕。

（2）对 X 轴： 模式（如图7-9所示）→输入"T02D02"→按 即可换成T2刀→碰工件外圆已加工面→ X 方向不动，沿 Z 方向退出→进入对刀界面（如图7-8所示）→ →输入"30"（已加工外圆面直径）→ → →T2刀 X 轴对刀完毕。

3. T03（螺纹车刀）对刀跟T2类似，不再赘述。

图7-9 MDA手动输入数据

7.5 典型零件的数控车削

一般数控车床实训过程包括以下步骤：

（1）开机。

（2）回参考点。

（3）准备。需要准备车刀、毛坯（$\phi20$mm×200mm）、量具、垫片、刀架扳手和卡盘扳手等。

（4）安装工件和刀具。

（5）对刀。

（6）输入程序，程序见3.5节。

（7）运行程序（首件试切使用单段）。

（8）程序结束，停机后测量工件。

（9）测量工件，合格后从机床上卸下工件，再次测量工件。

（10）交付工件。

（11）打扫机床卫生、保养机床。

（12）记录当天机床状态和工作内容。

7.5.1 简单轴车削

图形见第3章（图3-41），西门子802数控车系统。

1. 加工准备

（1）按毛坯图检查坯料尺寸。毛坯为 $\phi20×200$ 铝棒。

（2）开机、回参考点。

（3）刀具与工件装夹。

外圆车刀按要求装于刀架的 T01 号刀位。铝棒夹在自定心卡盘上伸出 40mm，找正并夹紧。

（4）程序输入（程序见 3.5.1 节）。把编写好的程序通过数控面板（MDI）输入到数控机床。

2. 对刀

X、Z 轴均采用试切法对刀，通过对刀把操作得到的数据输入到相应的存储器中。

3. 空运行操作

（1）按 ![AUTO] 键选择自动加工模式，按 ![≡] 功能切换键，按 程序控制 软键，按 加工 软键，出现如图 7-10 所示画面，移动光标至"DRY 空运行"，并用 ![→]（回车键）选中，再移动光标至"PRT 程序测试有效"，用 ![→]（回车键）选中，按 确定 软键。

（2）打开程序，按 ![CYCLE START] 数控启动键即可空运行测试程序。

（3）空运行结束后，重复第一步，移动光标至"DRY 空运行"，并用回车键 ![→] 取消；再移动光标至"PRT 程序测试有效"，用回车键 ![→] 取消，按 确定 软键结束空运行。

4. 零件单段运行加工

零件单段工作模式是按下数控启动按钮后，刀具在执行完程序中的一段程序后停止。通过单段加工模式可以一段一段地执行程序，便于仔细检查数控程序。

（1）发那科系统操作步骤：打开程序，选择 MEM（自动加工）工作模式，调好进给倍率，按 ![单段] 单段运行按钮，按循环启动按钮进行加工。每段程序运行结束后，继续按循环启动按钮即可一段一段地执行程序加工。

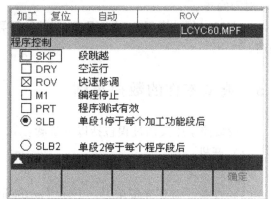

图 7-10　西门子系统空运行设置窗口

（2）西门子系统操作步骤：打开程序，选择 AUTO（自动加工）工作模式，调好进给倍率，按 ![SINGLE BLOCK] 单段运行按钮，按数控启动键进行加工。每段程序运行结束后，继续按数控启动键即可一段一段地执行程序加工。

5. 程序结束，停机

6. 测量工件

用游标卡尺或其他量具测量工件，合格后装切槽刀，手轮进给切断工件。从机床上卸下工件，再次测量工件。

7. 交付工件

8. 打扫机床卫生、保养机床

9. 记录当天机床状态和工作内容

10. 操作注意事项

（1）刀具、工件应按要求装夹。

（2）加工前做好各项检查工作。

（3）加工时应关好防护门。

（4）发那科系统机床坐标系和工件坐标系的位置关系在机床锁住前后有可能不一致，故使用机床锁住功能空运行后，应手动重回参考点，请初学者慎用机床锁定按钮。

（5）发那科系统加工时，空运行按钮必须复位，否则会发生撞刀现象。

（6）首次切削禁止采用自动连续方式加工，以避免意外事故发生。

（7）加工完毕，用切槽刀手动切断工件，手动切断时进给倍率为 1%~2%，主轴转速不宜太高。

（8）如有意外事故发生，按复位键或紧急停止按钮，查找原因。

7.5.2　槽加工及切断

图形参见第 3 章（图 3-43），工、量具准备参见 3.5.2 节。

1. 加工准备

（1）按毛坯图检查坯料尺寸。

（2）开机、回参考点。

（3）刀具与工件装夹。工件装夹在自定心卡盘上，伸出 60mm，找正并夹紧。

90°外圆车刀，装于刀架的 T01 号刀位，伸出一定长度，刀尖与工件中心等高，夹紧。切槽刀安装在 T02 号刀位，伸出不能太长，严格保证刀尖与工件中心等高、刀头与工件轴线垂直，防止因干涉而折断刀头。

（4）程序输入（参见 3.5.2 节）。把编写好的程序通过数控面板输入数控机床。

2. 对刀

（1）外圆车刀对刀：外圆车刀通过试切工件右端面对 Z 轴，通过试切外圆面对 X 轴，并把试切对刀操作得到的数据输入到刀具相应的补偿存储器中。

（2）切槽刀的对刀：切槽刀对刀时采用左侧刀尖为刀位点，与编程采用的刀位点一致。对刀操作步骤如下。

1）Z 轴对刀方法。

① 在手动模式（JOG）下，使主轴正转。或 MDA（发那科 MDI）方式中输入 M3 S500 使主轴正转。

② 在手轮模式下，移动刀具，使切槽刀左侧刀尖刚好接触工件右端面。注意，刀具接近工件时，手轮倍率为 10 左右，如图 7-11a 所示。

③ 刀具沿 +X 方向退出，然后进行面板操作，面板操作同外圆车刀对刀。注意刀具号为 T02。

2）X 轴对刀方法。

① 在手动模式（JOG）下，使主轴正转。或 MDA（MDI）方式中输入 M3 S500 使主轴正转。

② 在手轮模式下，移动刀具，使切槽刀主刀刃刚好接触工件外圆（或车一段外圆）。注意，刀具接近工件时，手轮倍率为 10 左右。

③ 刀具沿 +Z 方向退出，如图 7-11b 所示，停车测出

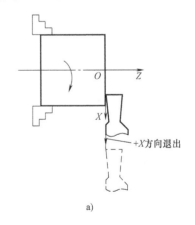

a)

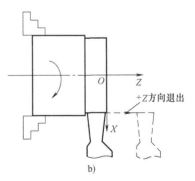

b)

图 7-11　切槽刀对刀

a）Z 轴对刀　b）X 轴对刀

外圆直径，然后进行面板操作，面板操作同外圆车刀对刀。注意刀具号为 T02。

3. 空运行及仿真

（1）发那科系统操作步骤：打开程序，选择 MEM 方式，打开机床锁住开关，按下空运行键，按循环启动按钮，观察程序运行情况；按图形显示键后再按数控启动键可进行轨迹仿真，观察加工轨迹。空运行及仿真结束后，使空运行、机床锁住功能复位，机床重新回参考点。

（2）西门子系统操作步骤：选择 AUTO 自动加工方式，通过数控面板设置空运行和程序测试有效，打开程序，按数控启动键，观察程序运行情况。按右侧扩展软键几次，出现"仿真"软键，按"仿真"软键，再按数控启动键可进行轨迹仿真。空运行及仿真结束后，取消空运行及程序测试有效等设置。

4. 零件自动加工方法

打开程序，选择 MEM（或 AUTO）自动加工方式，调好进给倍率，按数控启动键进行自动加工。当程序运行到 N190 段停车测量，继续按数控启动键，程序从 N200 开始往下加工。

5. 程序断点加工方法

当需要从程序某一段开始运行加工时，需采用断点加工方法，具体操作步骤如下。

（1）发那科系统按 EDIT 键，选择编辑工作模式。将光标移至要加工的程序段（断点处），切换成 MEM 自动工作模式，按数控启动键，程序便从断点处往后加工。

（2）西门子系统需搜索断点，并启动断点加工才能从断点处往后加工，否则会从第一段程序执行加工。操作步骤：（AUTO）自动加工方式→按 功能切换键→按 加工 软键→按软键→将光标移动到断点处→按 启动B搜索 （启动 B 搜索）软键→按数控启动键 CYCLE START （连按 2 次）。

6. 程序结束，停机

7. 测量工件

用游标卡尺或其他量具测量工件，从机床上卸下工件，再次测量工件。

8. 交付工件

9. 打扫机床卫生、保养机床

10. 记录当天机床状态和工作内容

11. 操作注意事项

（1）切槽刀刀头强度低，易折断，安装时应按要求严格装夹。

（2）加工中使用两把车刀，对刀时每把刀具的刀具号及补偿号不要弄错。

（3）对刀时，外圆车刀采用试切端面、外圆方法进行，切槽刀不能再切端面，否则，加工后零件长度尺寸会发生变化。

（4）首件加工时仍尽可能采用单步运行，程序准确无误后再采用自动方式加工，以避免意外。

（5）对刀时，在刀具接近工件过程中，进给倍率要小，避免产生撞刀现象。

（6）切槽刀采用左侧刀尖作刀位点，编程时刀头宽度尺寸应考虑在内。

7.5.3 多阶梯轴加工

图形参加第 3 章（图 3-48），工、量具准备参见 3.5.4 节。

1. 加工前准备

准备刀具、工具、夹具、量具等。毛坯尺寸 $\phi26mm\times200mm$，材料为铝合金。

（1）按毛坯图检查坯料尺寸。

（2）开机、回参考点。

（3）刀具与工件装夹。

（4）输入程序（参见 3.5.4 节）。

2. 对刀

外圆粗车刀、外圆精车刀、切槽刀分别装在刀架的 T01、T02、T03 号刀位，按要求夹紧。铝棒装夹在自定心卡盘上，伸出 65mm，找正并夹紧。

外圆精车刀采用试切法（通过车端面、车外圆）进行对刀，并把操作得到的数据输入到 T02 号刀具补偿中；外圆粗车刀和切槽刀对刀时，分别将刀位点移至工件右端面和外圆处进行对刀操作，并把操作得到的数据输入到 T01、T03 号刀具补偿中。

3. 零件自动加工及尺寸控制

（1）零件自动加工方法：选择 MEM（或 AUTO）自动加工方式，打开程序，调好进给倍率，按数控启动按钮进行自动加工。

（2）零件加工过程中尺寸控制：在数控机床上首件加工均采用试切法和试测方法保证尺寸精度，具体做法：当程序运行到 N200 程序段时，停车测量精加工余量，根据精加工余量设置精加工刀具（T02 号）磨损量，避免因对刀不精确而使精加工余量不足出现缺陷；然后运行精加工程序，程序运行至 N250 时，停车测量；根据测量结果，修调精加工车刀磨损值，再次运行精加工程序，直至达到尺寸要求为止。

例：T02 号刀具 X 方向磨损量设为 0.3mm，Z 方向磨损量设为 0.2mm。精加工程序运行后，测得 $\phi20$ 外圆实际尺寸为 $\phi20.2$，比平均尺寸还大 0.242mm，单边大 0.121mm；则把 X 方向磨损量修改为 0.3mm-0.121mm=0.179mm。

长度 31mm 尺寸实际若为 30.2mm，比平均尺寸还大 0.275mm，则把 Z 方向磨损量修改为 0.2mm-0.275mm=-0.075mm。

修改刀具磨损量后，重新运行精加工程序，直至达到尺寸要求。

首件加工尺寸调好后，将程序中 M0 M5 指令删除即可进行成批零件的生产，加工中不需要再测量和控制尺寸，直至刀具磨损为止；本教材中参考程序均指首件加工程序。

4. 程序结束，停机

5. 测量工件

用游标卡尺或其他量具测量工件，从机床上卸下工件，再次测量工件。

6. 交付工件

7. 打扫机床卫生、保养机床

8. 记录当天机床状态和工作内容

9. 操作注意事项

（1）刀具刀尖严格与工件轴心线等高，否则圆锥面会产生双曲线误差。

（2）使用刀尖半径补偿功能，需在相关刀具号中设置半径补偿值及刀尖位置号。

（3）加工循环参数必须按要求正确选择，否则会发生非正常切削情况。

（4）实训操作时，务必一个人操作，力求与企业真实环境一致进行操作，避免养成不良工作习惯。

（5）养成良好的工作习惯，应避免出现日常生活中的随意性。

（6）锻炼培养自己良好的职业道德，体现自己的价值。

7.5.4 普通三角形圆柱外螺纹加工

图形参见第3章（图3-54）。

1. 加工前准备

刀具、工具、量具、辅具以及加工程序等的准备见3.5.7节，毛坯尺寸为$\phi 24mm \times$200mm，材料为铝合金。

（1）检查毛坯尺寸。

（2）开机、回参考点。

（3）输入程序（参见3.5.7节），把编写好的程序通过数控面板输入数控机床。

（4）装夹工件。坯料装夹在自定心卡盘中，伸出约45mm左右，用划线盘校正并夹紧。

（5）装夹刀具。把外圆车刀、切槽刀、螺纹车刀按要求依次装入T01、T02、T03号刀位，其中切槽刀及螺纹车刀严格使刀头垂直于工件轴线，刀尖与工件轴心线等高。螺纹车刀安装时可借助角度样板使刀头垂直于工件轴线。

2. 对刀

三把刀依次采用试切法对刀，通过对刀把操作得到的零偏值分别输入到各自长度补偿中，加工时调用。其中螺纹车刀取刀尖为刀位点，对刀步骤如下。

（1）X轴对刀步骤：主轴正转，移动螺纹车刀，使刀尖轻轻碰至工件外圆面（可以取外圆车刀试车削的外圆表面）或车一段外圆面，Z方向退出刀具；停车，测量外圆直径，如图7-12a所示。然后进行面板操作，面板操作步骤同其他车刀对刀步骤。

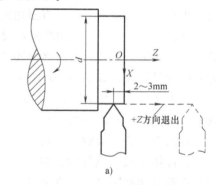

（2）Z轴对刀步骤：主轴停止转动，使螺纹车刀刀尖与工件右端面对齐，采用目测法或借助于直尺对齐，如图7-12b所示。然后进行面板操作，面板操作步骤同其他刀具对刀步骤。

3. 空运行及仿真

对输入的程序进行空运行或轨迹仿真，以检测检查程序是否正确。

4. 零件自动加工及尺寸控制方法

选择自动加工模式，打开程序，调好进给倍率，按数控启动按钮，进行自动加工。加工过程中尺寸控制方法如下：外圆及长度尺寸控制同前面小节。螺纹尺寸控制是将螺纹车刀设置一定的磨损量，当程序运行到N510段，停车用螺纹环规测量，根据螺纹旋合松紧程度调整刀具磨损量，重新运行螺纹加工程序段，直至尺寸符合要求为止（一般螺纹通规能通过，止规

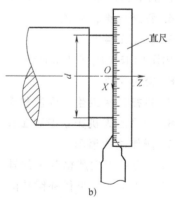

图7-12 螺纹车刀对刀

a）X轴对刀　b）Z轴对刀

通不过为合格)。

5. 程序结束,停机

6. 测量工件

用游标卡尺或其他量具测量工件,从机床上卸下工件,再次测量工件。

7. 交付工件

8. 打扫机床卫生、保养机床

9. 记录当天机床状态和工作内容

10. 操作注意事项

(1) 螺纹切削时必须采用专用的螺纹车刀,螺纹车刀角度的选取由螺纹牙型确定。

(2) 螺纹车刀装夹时,刀尖应与工件旋转中心等高,刀两侧刃角平分线必须垂直于工件轴线,否则车出的螺纹牙型会往一边倾斜。

(3) 螺纹加工期间应保持主轴倍率不变。

(4) 空刀退出量设置不能过大,预防螺纹车刀退出时撞到台阶面。

(5) 首次切削尽可能采用单段加工,熟练以后再采用自动加工方式。

7.5.5 套类零件加工

图形参见第3章(图3-51)。

1. 加工前准备

刀具、工具、量具、辅具以及加工程序等的准备参见3.5.5节,毛坯尺寸为$\phi 24mm \times 200mm$,材料为铝合金。

(1) 按坯料图检查毛坯尺寸。

(2) 开机、回参考点。

(3) 输入程序(参见3.5.5节),把编写好的程序通过数控面板输入数控机床。

(4) 装夹工件:把铝棒装入自定心卡盘,伸出约55mm左右,用划线盘校正并夹紧,调头加工用百分表校正。

(5) 装夹刀具:把外圆车刀、中心钻、麻花钻、切槽刀、内孔粗车刀、内孔精车刀按要求依次装入T01、T02、T03、T04、T05、T06号刀位(普通数控车床中心钻、麻花钻分别装夹在尾架套筒中)。其中中心钻、麻花钻应与工件轴线重合,内孔车刀刀尖也应与工件轴线等高。

> 🌐 **注意**:如果读者使用的车床,刀架只有四工位,钻头可以安装在尾座上,手工钻孔。

2. 对刀

内孔车刀对刀方法如下。

(1) X 方向对刀步骤:用内孔车刀试车一内孔,长度为3~5mm,然后沿+Z方向退出刀具,停车测出内孔直径,将其值输入到相应的刀具长度补偿中,如图7-13所示。

(2) Z 方向对刀步骤:移动内孔车刀使刀尖与工件右端面平齐,可借助直尺确定,然后将刀具位置数据输入到相应的刀具长度补偿中,如图7-14所示。

外圆车刀对刀方法同前面小节;中心钻、麻花钻只需对Z坐标,分别将中心钻、麻花钻钻尖与工件右端面对齐,再将其值输入到相应的长度补偿中;若手工钻中心孔、钻孔则中心钻、麻花钻不需对刀。

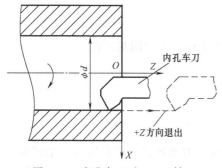

图 7-13　内孔车刀对刀（X 轴）

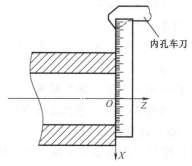

图 7-14　内孔车刀对刀（Z 轴）

3. 空运行及仿真

（1）发那科系统：选择 MEM 自动加工模式，打开程序，按下空运行按钮及机床锁住开关，按循环启动按钮，观察程序运行情况；若按图形显示键再按循环启动键可进行加工轨迹仿真。空运行结束后使空运行按钮及机床锁住开关复位，重新回机床参考点。

（2）西门子系统：打开程序，选择 AUTO 自动加工模式，通过数控面板设置空运行和程序测试有效，按数控启动键，观察程序运行情况，若按"仿真"软键再按数控启动键可进行加工轨迹仿真，空运行及仿真结束后，取消空运行及程序测试有效等设置。

4. 零件自动加工及孔径尺寸控制

打开程序，选择 MEM（或 AUTO）自动加工模式，调好进给倍率，按数控启动按钮进行自动加工。

孔径尺寸控制：内孔尺寸通过设置刀具磨损量及加工过程中试切、试测来保证。在执行调头车孔程序时，程序运行到 N90 段时停车测量，根据测量结果，设置刀具磨损量；在运行精车内孔程序时，内孔精加工结束后，测量孔径尺寸，根据测量结果，修调刀具磨损量，继续运行精车内孔程序段，直至符合尺寸要求为止。

具体示例如下：内孔精车刀（T06）刀具磨损量设为 -0.2mm，执行精车 $\phi18$ 内孔程序后测得内孔实际孔径为 $\phi17.92$，比孔径平均尺寸还小 0.122mm，单边余量小 0.061mm，则把刀具磨损量修调为 -0.2mm+0.061mm=-0.139mm。

5. 程序结束，停机

6. 测量工件

用游标卡尺或其他量具测量工件，从机床上卸下工件，再次测量工件。

7. 交付工件

8. 打扫机床卫生、保养机床

9. 记录当天机床状态和工作内容

10. 操作注意事项

（1）中心钻、麻花钻装夹时应严格与工件旋转轴线重合，预防因偏心而折断钻头。

（2）车内孔前应先检测内孔车刀是否会与工件发生干涉。

（3）车内孔时 X 轴退刀方向与车外圆刚好相反，且退刀距离不能太大，防止刀背面碰撞到工件。

（4）内孔车刀 Z 方向对刀时，工件应停转，避免对刀时发生安全事故。

（5）孔径尺寸控制时，刀具磨损量的设置、修改与外圆加工相反。

（6）调头加工，所用刀具都应重新对刀。

本 章 小 结

本章主要讲了数控车床操作规程和保养、发那科和西门子数控车床面板、一般数控车床对刀操作，以及典型零件的数控车削加工流程等。其中数控车床面板和数控车床对刀是重点内容。现在的学校和工厂，不管是国外还是国内的数控车床，其操作都大同小异，只要学会其中一种，熟练了，其他系统都能够融会贯通，很快掌握，读者不用担心由于数控系统不一样而差别很大。

思考与练习题

7-1　操作数控车床时为什么要遵守操作规程？

7-2　数控车床常用操作的六个模式是什么？

7-3　简要说明数控车床的对刀步骤。

7-4　MDI（手动数据输入）按键的主要功能是什么？举例说明。

7-5　紧急停止按钮和复位（reset）按钮有哪些区别？它们分别用在哪些场合？

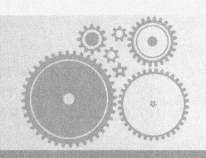

第8章

数控铣床操作实训

本章知识要点：

◎ 数控铣床安全操作规程

◎ 数控铣床操作面板介绍

◎ 数控铣床日常维护及保养

◎ 数控铣刀和刀柄

◎ 数控铣床程序操作

◎ 数控铣床对刀

◎ 典型零件的数控铣削

数控铣床操作实训

8.1 数控铣床安全操作规程

（1）实习者必须服从指导老师的安排。

（2）不能带食品进入实训室。正确穿戴劳保用品，严禁戴手套、围巾，严禁穿拖鞋或赤脚，不能穿短裤、拖鞋、裙子进入实训室，长头发要塞入帽子里面。

（3）独立完成实习课题，不能多人同时操作一台机床。

（4）工作前检查机床各部位电器设备是否正常，安全防护设施是否齐全，工、夹具等是否良好。

（5）回机床参考点的顺序一般是"$+Z$"→"$+Y$"→"$+X$"。

（6）根据工件特点采用正确的装夹方法，工件超出机床部分要做好防护措施，工具、垫铁无破损。工件装夹后要仔细检查是否牢固。

（7）装换刀具、工件、卡具及测量等必须在停车后进行，导轨和工作台等主要部位不得放置工、量、刀具。

（8）程序输入后先空运转检查动作是否合理、刀具使用是否安全合理。

（9）爱护设备，不准对设备各部位敲击、碰撞，严禁站在运转中的工作台上进行操作。

（10）在自动运行之前，为确认对刀数据是否准确无误，必须检查对刀正确与否。

（11）注意保护刀柄和数据传输接口及传输电缆线等。

（12）铣刀等刀具和刀柄都要正确安装和拆卸。

（13）在操作过程中，当设备发出的声音不正常时，要及时停车检查处理。发生机床事故，应立即关车断电，保持现场，及时报告实习指导老师检查处理。

（14）在清理切屑时，禁止直接用手去清除铣刀下面的切屑或检查工件表面。

（15）禁止戴手套操作，禁止触摸或用棉纱去擦拭正在旋转的铣刀。

（16）在试切削和加工过程中，刃磨刀具、更换刀具后，一定要重新进行 Z 轴对刀。

（17）若未准备就绪或未做好准备，因操作失误造成机床自动运行时，请务必按下"急停"按钮。

（18）停机时应将工作台停在中间适当的位置，保持机床的平衡。

（19）在切削时禁止测量工件。

（20）工作结束后按规定清洁保养设备及清理场地。

（21）使用设备后须填写使用记录。

8.2 数控铣床操作面板

1. FANUC（发那科）0i-MB 系统数控铣床面板功能

（1）CRT/MDI 数控操作面板，如图 8-1 所示。

图 8-1 发那科 CRT/MDI 数控铣床操作面板

CRT/MDI 数控操作面板说明：该面板和数控车床的面板基本上是一样的，在此不再赘述。请参阅数控车床 CRT/MDI 数控操作面板相关内容。

（2）机床操作面板，如图 8-2 所示（以 FANUC 0i-M 标准操作面板为例）。

FANUC 0i-M 机床操作面板说明见表 8-1。

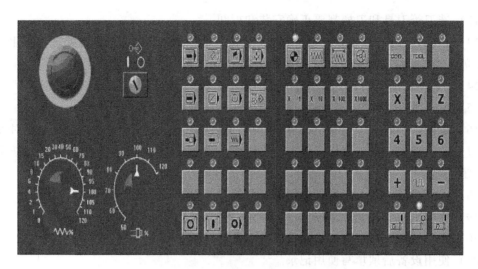

图 8-2　FANUC 0i-M 标准操作面板

表 8-1　FANUC 0i-M 机床操作面板按键功能

按钮	功能
	AUTO(MEM)键(自动模式键),进入自动加工模式
	EDIT 键(编辑键),用于直接通过操作面板输入数控程序和编辑程序
	MDI 键(手动数控输入键),用于直接通过操作面板输入数控程序和编辑程序
	文件传输键,通过 RS232 接口把数控系统与计算机相连并传输文件
	JOG 键(手动模式键),通过手动连续移动各轴
	INC 键(增量进给键),手动脉冲方式进给
	HNDL 键(手轮进给键):按此键切换成手摇轮移动各坐标轴
	切削液开关键:按下此键,切削液开
	刀具选择键:按下此键在刀库中选刀
	SINGL 键(单段执行键):自动加工模式和 MDI 模式中,单段运行
	程序段跳键,在自动模式下按此键,跳过程序段开头带有"/"程序
	程序停键:自动模式下,遇有 M00 指令程序停止
	程序重启键:由于刀具破损等原因自动停止后,程序可以从指定的程序段重新启动
	程序锁开关键:按下此键,机床各轴被锁住
	空运行键:按下此键,各轴以固定的速度运动

（续）

按钮	功能
	机床主轴手动控制开关：手动模式下按此键，主轴正转
	机床主轴手动控制开关：手动模式下按此键，主轴停
	机床主轴手动控制开关，手动模式下按此键，主轴反转
	循环（数控）停止键：数控程序运行中，按下此键停止程序运行
	循环（数控）启动键：模式选择旋钮在"AUTO"和"MDI"位置时按下此键自动加工程序，其余时间按下无效
X	X 轴方向手动进给键
Y	Y 轴方向手动进给键
Z	Z 轴方向手动进给键
+	正方向进给键
	快速进给键，在手动方式下，同时按住此键和一个坐标轴点动方向键，坐标轴以快速进给速度移动
—	负方向进给
X 1	选择手动移动时第一步的距离，X1 为 0.001mm
X 10	选择手动移动时每一步的距离，X10 为 0.01mm
X 100	选择手动移动时每一步的距离，X100 为 0.1mm
X 1000	选择手动移动时每一步的距离，X1000 为 1mm
	程序编辑开关：置于"ON"位置，可编辑程序
	调节数控程序运行中的进给速度，调节范围从 0~150%
	主轴速度调节旋钮，调节主轴速度，调节范围从 50%~120%
	紧急停止按钮：按下此旋钮，可使机床和数控系统紧急停止，旋转可释放

2. 西门子 802S/C 数控铣床面板功能

（1）数控操作面板，如图 8-3 所示。

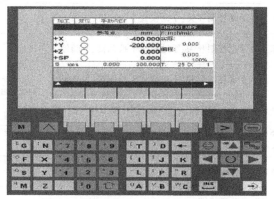

图 8-3　西门子 802S/C 数控铣床面板

各按键功能如下：

区域转换键		加工显示键	
返回键		菜单扩展键	
报警应答键		软键	
删除键（退格键）		垂直菜单键	
选择/转换键		上档键	
空格键（插入键）		回车/输入键	
光标向上键（上档：向上翻页键）		光标向下键（上档：向下翻页键）	
光标向左键		光标向右键	
数字键，上档键转换对应字符		字母键，上档键转换对应字符	

（2）机床操作面板：西门子 802S/C 及 802S/C base line 机床操作面板如图 8-4 所示。

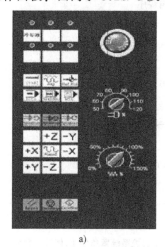
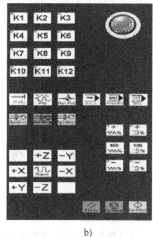

a)　　　　　　　　　　　b)

图 8-4　西门子系统机床操作面板

a）802S/C　b）802S/C base line

各按键简要说明如下。

1）　MDA 键（手动数据输入键）：用于通过操作面板直接输入程序和编辑程序。

2）　AUTO 键（自动模式键）：进入自动加工模式。

3）　JOG 键（手动模式键）：手动连续移动各轴。

4）　REF 键（回参考点键）：通过手动回机床参考点。

5）　VAR 键（增量键）：在手动模式下，选择坐标轴每次进给的步进增量（范围：1，10，100，1000）移动。

6）　SINGL 键（单段执行键）：在自动加工模式和 MDA 模式中，单段运行。

7）　SPINSTAR 键（主轴正转键）：手动方式下按此键，主轴正转。

8）　SPINSTAR 键（主轴反转键）：手动方式下按此键，主轴反转。

9）　SPINSTOP 键（主轴停止键）：手动方式下按此键，主轴停止转动。

10）　RESET 键（复位键）：在各种操作方式下按下此键使 NC 系统复位。

11）　CYCLESTAR 键（数控启动键）：在自动模式和 MDA 模式下启动执行指令程序。

12）　CYCLESTOP 键（数控停止键）：停止加工程序（按下启动键可恢复程序继续运行）。

13）　RAPID 键（快速移动键）：在手动模式下，同时按住此键和一个坐标轴点动方向键，坐标轴以快速进给速度移动。

14）　坐标轴点动方向键：在手动模式下按相应的坐标轴方向键可使坐标轴向相应方向移动。

15）　紧急停止旋钮：按下此旋钮，可使机床和数控系统紧急停止。

16）　主轴速度调节旋钮：调节主轴转速。

17）　进给速度（F）调节旋钮：调节进给速度。

18）　自定义功能键：K1 为进给驱动键，K6 为切削液开关键。

19）　左侧为西门子 802S/C base line 进给速度调节按钮。
　　　右侧为西门子 802S/C base line 主轴转速调节按钮。

3. 手持式操作器

手持式操作器，即通常所说的手轮，其各功能键含义如下。

1）　功能选择旋钮：选择所需运动轴，OFF 状态为关闭手轮模式。

2）　步距选项按钮：选择对应为 0.001×1mm，0.001×10mm，0.001×100mm。

3）![手轮图标] 手轮：顺时针旋转手轮，各坐标轴正向移动；逆时针旋转手轮，各坐标轴负向移动（机床移动方向由功能按钮确定，机床移动速度由步距选项按钮确定）。

8.3 数控铣床和系统日常维护及保养

8.3.1 数控铣床日常维护及保养

数控铣床日常维护及保养见表8-2。

表 8-2 数控铣床日常维护及保养

序号	检查周期	检查部位	检查要求
1	每天	导轨润滑油箱	油标、油量正常,润滑泵能定时起动供油及停止
2	每天	X、Y、Z轴向导轨面	清除切屑及脏物,导轨面无划伤
3	每天	压缩空气气源压力	气动控制系统压力正常
4	每天	主轴润滑恒温油箱	工作正常,油量充足并能调节温度范围
5	每天	机床液压系统	油箱、液压泵无异常噪声,压力指示正常,管路及各接头无泄漏
6	每天	各种电气柜散热通风装置	各电气柜冷却风扇工作正常,风道过滤网无堵塞
7	每天	各种防护装置	导轨、机床防护罩等无松动,无漏水
8	每半年	滚珠丝杠	清洗丝杠上旧润滑脂,涂上新润滑脂
9	不定期	切削液箱	检查液面高度,经常清洗过滤器等
10	不定期	排屑器	经常清理切屑
11	不定期	清理滤油池	及时取走滤油池中的废油,以免外溢
12	不定期	调整主轴驱动带松紧程度	按机床说明书调整
13	不定期	检查各轴导轨上镶条	按机床说明书调整

8.3.2 数控系统日常维护及保养

数控系统使用一定时间以后，某些元器件或机械部件会老化、损坏。为延长元器件的寿命和减少零部件的磨损，应做到以下几点。

1）尽量少开数控柜和强电柜的门。

2）定时清理数控装置的散热通风系统。

3）经常监视数控装置电网电压。

另外，数控机床长期不用时也应定期进行维护保养，至少每周通电空运行一次，每次不少于1h，特别是在环境温度较高的雨季更应如此。如果数控机床闲置半年以上不用，应将直流伺服电动机的电刷取出来，以免化学腐蚀作用使换向器表面腐蚀，导致换向性能变坏，甚至损坏整台电动机。机床长期不用还会出现后备电池失效，使机床初始参数丢失或部分参数改变，因此应注意及时更换后备电池。

8.4 数控铣刀和刀柄

8.4.1 认识数控铣刀

键槽铣刀、立铣刀的图形及用途见表8-3。

表8-3　键槽铣刀、立铣刀图形及用途

铣刀种类	用途	图示
二齿键槽铣刀	粗铣轮廓、凹槽等表面,可沿垂直铣刀轴线方向进给加工(垂直下刀)	
立铣刀(3~5齿)	精铣轮廓、凹槽等表面,一般不能沿垂直铣刀轴线方向进给加工	

键槽铣刀、立铣刀材料及性能见表8-4。

表8-4　键槽铣刀、立铣刀材料及性能

键槽(立)铣刀材料	价格	性能
普通高速钢	价格低	切削速度低,刀具寿命低
特种性能高速钢(钴高速钢)	价格较高	切削速度较高,刀具寿命较高
硬质合金铣刀	价格高	切削速度高,刀具寿命高
涂层铣刀	价格更高	切削速度更高,刀具寿命更高

常用铣刀外形图如图8-5所示。

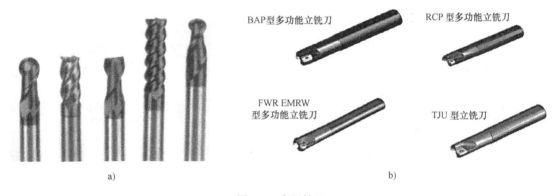

BAP型多功能立铣刀　　RCP型多功能立铣刀

FWR EMRW型多功能立铣刀　　TJU型立铣刀

a)　　　　　　　　　　b)

图8-5　常用铣刀
a)整体式铣刀　b)可转位铣刀

8.4.2　数控铣刀刀柄

数控铣床使用的刀具通过刀柄与主轴相连,刀柄通过拉钉紧固在主轴上,由刀柄夹持铣刀传递转速、转矩。数控刀柄、卡簧和拉钉如图8-6、图8-7所示。

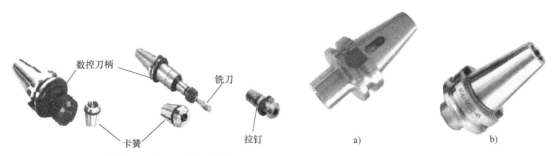

数控刀柄　　　铣刀

卡簧　　　拉钉　　　a)　　　　b)

图8-6　数控铣刀刀柄、卡簧及拉钉　　　图8-7　莫氏锥度刀柄
a)带扁尾莫氏圆锥孔刀柄　b)无扁尾莫氏圆锥孔刀柄

8.5 数控铣床程序的输入和编辑

8.5.1 数控程序的输入

1. 发那科系统新程序输入

（1）按 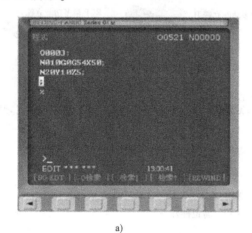 EDIT 键，选择编辑工作模式。

（2）按 PROG 程序键，显示程序画面或程序目录画面，如图 8-8 所示。

（3）输入新程序名如 "O0003"。

（4）按 INSERT 输入键，开始输入程序。

（5）按 EOB_E → INSERT 键，换行后继续输入程序，如图 8-8a 所示。

（6）按 CAN 键可依次删除最后一个字符，按 DIR 软键可显示数控系统中已有程序目录，如图 8-8b 所示。

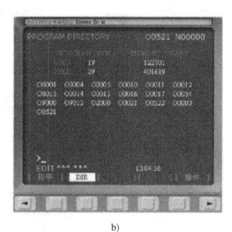

a)   b)

图 8-8   发那科系统数控程序的输入

2. 西门子系统新程序输入

（1）按功能切换键，出现如图 8-9 所示画面，按软键出现如图 8-10 所示画面。

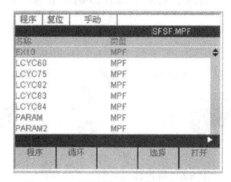

图 8-9   西门子数控系统主菜单   图 8-10   西门子数控系统程序对话框

（2）按右边扩展键，转换区域。

（3）按软键，屏幕出现新程序窗口，在此输入主程序名"SYX. MPF"或子程序名"L10. SPF"，其中主程序后缀". MPF"可不输入，如图 8-11 所示。

（4）按软键，开始输入新程序。

（5）按回车键，换行后继续程序输入，如图 8-12 所示。

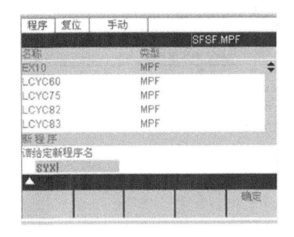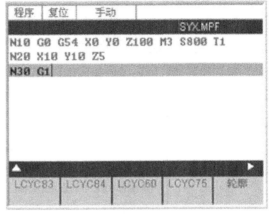

图 8-11 西门子数控系统新建程序　　　　图 8-12 西门子数控系统程序编辑

（6）程序输入结束后（如图 8-12 所示）按右侧扩展软键，出现如图 8-13 所示画面，再按软键即可退出程序输入。

8.5.2 数控程序的编辑

1. 发那科系统程序编辑

（1）程序的查找与打开

方法一：

1）按 EDIT 键或 MEM 键，使机床处于编辑状态或在自动工作模式下。

2）按程序键，显示程序画面。

3）按"程序"软键，再按"操作"软键，出现 O 检索，如图 8-8 所示。

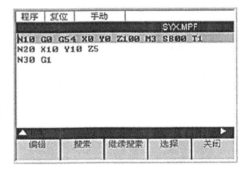

图 8-13 西门子数控系统程序编辑扩展

4）按"O 检索"软键，便可依次打开存储器中的程序。

5）输入程序名（如"O0003"），再按"O 检索"软键便可打开该程序。

方法二：

1）按 EDIT 键或 MEM 键，使机床处于编辑状态或在自动工作模式下。

2）按（程序）键，显示程序画面。

3）输入要打开的程序名，如"O0003"。

4）按光标向下移动键即可打开该程序。

（2）程序的复制（略）

8.6 数控铣床对刀

数控铣床对刀

8.6.1 MDI（MDA）手动输入操作

发那科系统与西门子系统手动输入操作步骤见表 8-5。

发那科系统与西门子系统手动输入操作系统界面如图 8-14 和图 8-15 所示。

表 8-5 发那科系统与西门子系统手动输入操作步骤

数控系统	手动输入操作步骤
发那科系统	①按下 ▣ 键，使机床运行于 MDI（手动输入）工作模式 ②按下 ▣ 程序键，屏幕显示如图 8-14 所示 ③按"MDI"软键，自动出现加工程序名"O0000" ④输入测试程序，如"M3S500" ⑤按 ▣ 数控启动键，运行测试程序 ⑥如遇 M2 或 M30 指令停止运行或按 ▣ 复位键结束运行
西门子系统	①按 ▣ MDA 手动输入方式键 ②按 ▣ 加工显示键，屏幕显示如图 8-15 所示 ③输入测试程序，如"M3 S500" ④按 ▣ 数控启动键，运行测试程序 ⑤按 ▣ 复位键结束运行

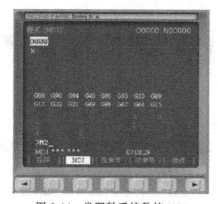

图 8-14 发那科系统数控 MDI

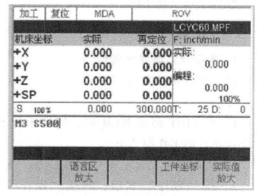

图 8-15 西门子系统数控 MDA

8.6.2 铣刀安装

（1）准备好和铣刀规格相吻合的弹簧夹头和刀柄，以及专用固定扳手。

（2）铣刀刀柄正确安放在专用卸刀器中，注意刀柄上的键槽要对准卸刀器上的键，刀柄不能转动，如图 8-16 所示。

（3）将弹簧夹头卡入刀柄，卡入后自然状态弹簧夹头不能掉下来。

（4）将铣刀插入弹簧夹头，一般铣刀插入深度为至铣刀螺旋槽尽头即可。

（5）手工旋转刀柄头部至不能转动。

（6）使用专用固定扳手转动刀柄头部，松紧合适即可。

8.6.3 刀柄在数控铣床上的装卸

1. 装刀柄步骤

（1）将模式旋钮旋至手动模式/JOG 模式下。

（2）左手握住刀柄放入主轴锥孔中（注意刀柄上面的槽要与主轴上的键对准）。

（3）按下主轴侧面/正面的气动开关，按下就抬手，不要按着不松手。

（4）吸紧以后，左手使劲晃动一下刀柄看看是否装紧了，观察刀柄是否被拉进去卡住了，拉进去卡住了再松手。切忌直接松手。

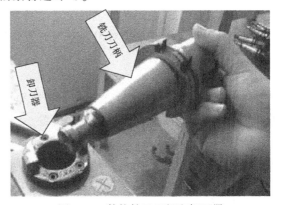

图 8-16 数控铣刀刀柄和卸刀器

（5）松手即完成。

2. 卸刀柄步骤

（1）将模式旋钮旋至手动模式/JOG 模式下。

（2）左手握紧刀柄。

（3）右手按下气动开关（连续按两次间隔 1 秒左右）按下就抬手，不要按着不松手！

（4）即完成卸刀了。

> 注意：①保证数控铣床接上气源，气压一般在 0.4MP 以上。
>
> ②操作顺序千万不可弄错，否则刀柄会掉下来，造成危险事故！

8.6.4 数控铣床对刀方法

1. 数控铣床对刀的作用

对刀的目的是为了建立工件坐标系，直观的说法是，对刀是确立工件在机床工作台中的位置，实际上就是确定对刀点在机床坐标系中的坐标。它是数控加工中最重要的操作内容，其准确性将直接影响零件的加工精度。

2. 数控铣床对刀方法

对刀方法一定要同零件形状和零件加工精度要求相适应。根据使用的对刀工具的不同，常用的对刀方法分为以下几种：

（1）试切对刀法；

（2）塞尺、标准芯棒和块规对刀法；

（3）采用寻边器、偏心棒和 Z 轴设定器等工具对刀法；

（4）顶尖对刀法；

（5）百分表（或千分表）对刀法；

（6）专用对刀器对刀法。

另外，根据选择对刀点位置和数据计算方法的不同，又可分为单边对刀法、双边对刀法、转移（间接）对刀法和"分中对零"对刀法（要求机床必须有相对坐标及清零功能）等。

3. 试切对刀法

试切对刀法种类有单边对刀、双边对刀两种。试切对刀法是在工件侧面通过试切工件双边对刀，如图 8-17 所示。

（1）X、Y 轴对刀。

1）将工件通过夹具装在工作台上，装夹时，工件的四个侧面都应留出对刀的位置。

2）启动主轴中速旋转，快速移动工作台和主轴，让刀具快速移动到靠近工件左侧有一定安全距离的位置，然后降低速度移动至接近工件左侧。

3）靠近工件时改用微调操作（一般用 0.01mm）来靠近，让刀具慢慢接近工件左侧，使刀具恰好接触到工件左侧表面（观察，听切削声音、看切痕、看切屑，只要出

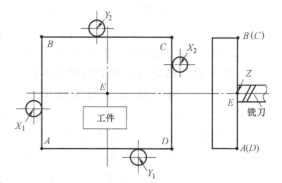

图 8-17　数控铣床对刀

现一种情况即表示刀具接触到工件），再回退 0.01mm。记下此时机床坐标系中显示的坐标值，如 -240.500。

4）沿 Z 轴正方向退刀，至工件表面以上，用同样的方法接近工件右侧，记下此时机床坐标系中显示的坐标值，如 -340.500。

5）据此可得工件坐标系 X 轴原点在机床坐标系中坐标值为 {-240.500+（-340.500）}/2 = -290.500。

6）同理可测得工件坐标系 Y 轴原点在机床坐标系中的坐标值。

（2）Z 向对刀。

1）将刀具快速移至工件上方。

2）启动主轴中速旋转，快速移动工作台和主轴，让刀具快速移动到靠近工件表面有一定安全距离的位置，然后降低速度移动，让刀具端面接近工件上表面。

3）靠近工件时改用微调操作（一般用 0.01mm）来靠近，让刀具端面慢慢接近工件表面（注意刀具特别是立铣刀最好在工件边缘下刀，刀的端面接触工件表面的面积小于半圆，

尽量不要使立铣刀的中心孔在工件表面下刀），使刀具端面恰好碰到工件上表面，再将轴抬高，记下此时机床坐标系中的 Z 值，如 -140.400，则工件坐标系原点在机床坐标系中的坐标值为 -140.400。

（3）将测得的 X、Y、Z 值输入到机床工件坐标系存储地址 G5 * 中（一般使用 G54 ~ G59 代码存储对刀参数），如图 8-18 所示。

（4）检验对刀是否正确。进入

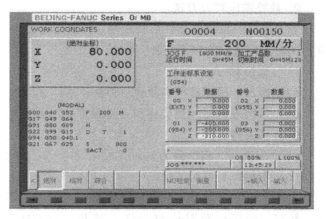

图 8-18　FANUC 工件坐标系输入

面板输入模式（MDI），输入程序段 "G54 G90 G00 X0 Y0 Z50；"，按循环启动键，运行该程序段，使其生效。

（5）检查机床运行后，观察刀具如果正好落在工件上表面中心，表明对刀已经成功。

试切法对刀口诀歌：

X 轴对刀	Y 轴对刀	Z 轴对刀
左归零右读数，	前归零后读数，	上表面蹭一蹭，
除以 2 平均值，	除以 2 平均值，	不要动定一定，
移刀至此数值，	移刀至此数值，	坐标系找 Z 轴，
坐标系找 X 轴，	坐标系找 Y 轴，	输 0 值测量成。
输 0 值测量成。	输 0 值测量成。	

4. 塞尺、标准芯棒、块规对刀法

此法与试切对刀法相似，只是在对刀时主轴不转动，在刀具和工件之间加入塞尺（或标准芯棒、块规），以塞尺恰好不能自由抽动为准，注意计算坐标时，应将塞尺的厚度减去。因为主轴不需要转动切削，所以这种方法不会在工件表面留下痕迹，但对刀精度也不够高。如图 8-19 所示。

5. 采用寻边器、偏心棒和 Z 轴设定器等工具对刀法

该对刀法的操作步骤与采用试切对刀法相似，只是将刀具换成寻边器或偏心棒，如图 8-20 所示。这是比较常用的方法，该方法效率高，能保证对刀精度。使用寻边器时必须小心，让其钢球部位与工件轻微接触，同时被加工工件必须是良导体，定位

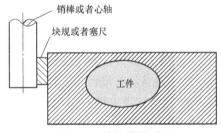

图 8-19 销棒塞尺对刀

基准面有较好的表面粗糙度。Z 轴设定器一般用于转移（间接）对刀法，Z 轴设定器如图 8-21 所示。

图 8-20 数控铣床对刀之寻边器

图 8-21 数控铣床对刀之 Z 轴设定器

6. 转移（间接）对刀法

加工一个工件常常需要用到不止一把刀，当第二把刀的长度与第一把刀的装刀长度不一样时，就需要重新对零，但有时零点被加工掉，无法直接找回零点，或不允许破坏已加工面，某些刀具或场合不好直接对刀，这时都可采用间接找零的方法。

（1）对第一把刀。

1）对第一把刀时仍然先用试切法、塞尺法等。记下此时工件原点的机床坐标 $Z1$。第一把刀加工完后，停转主轴。

2）把设定器放在机床工作台平整台面上（如虎钳大表面）。

3）在手轮模式下，利用手摇移动工作台至适合位置，向下移动主轴，用刀的底面压设定器的顶部，表盘指针转动，最好在一圈以内，记下此时 Z 轴设定器的示数并将相对坐标轴清零。

4）抬高主轴，取下第一把刀。

（2）对第二把刀。

1）装上第二把刀。

2）在手轮模式下，向下移动主轴，用刀的底端压设定器的顶部，表盘指针转动，指针指向与第一把刀相同的示数 A 位置。

3）记录此时轴相对坐标对应的数值 $Z0$（带正负号）。

4）抬高主轴，移走设定器。

5）将原来第一把刀的 G5 * 里的 $Z1$ 坐标数据加上 $Z0$（带正负号），得到一个新的坐标。

6）这个新的坐标就是要找的第二把刀对应的工件原点的机床实际坐标，将它输入到第二把刀的 G5 * 工作坐标中，这样，就设定好第二把刀的零点。其余刀与第二把刀的对刀方法相同。

7. 顶尖对刀法

（1）X、Y 轴对刀。

1）将工件通过夹具装在机床工作台上，换上顶尖。

2）快速移动工作台和主轴，让顶尖移动到靠近工件的上方，寻找工件画线的中心点，降低速度移动让顶尖接近它。

3）改用微调操作，让顶尖慢慢接近工件画线的中心点，直到顶尖尖点对准工件画线的中心点，记下此时机床坐标系中的 X、Y 坐标值。

（2）卸下顶尖，装上铣刀，用其他对刀方法如试切法、塞尺法等得到 Z 轴坐标值。

8. 百分表（或千分表）**对刀法**（一般用于圆形特征或圆形工件的对刀）

（1）X、Y 轴对刀。

将百分表的磁性座吸在主轴套筒上，或将百分表的安装杆装在刀柄上，移动工作台使主轴中心线（即刀具中心）大约移到工件中心，调节磁性座上伸缩杆的长度和角度，使百分表的触头接触工件的圆周面，用手慢慢（指针转动约 0.1mm）转动主轴，使百分表的触头沿着工件的圆周面转动，观察百分表指针的偏移情况，慢慢移动工作台的 X 轴和 Y 轴，多次反复后，待转动主轴时百分表的指针基本在同一位置（表头转动一周时，其指针的跳动量在允许的对刀误差内，如 0.02mm），这时可认为主轴的中心就是 X 轴和 Y 轴的原点。如图 8-22 所示。

（2）卸下百分表装上铣刀，用其他对刀方法如试切法、塞尺法等得到 Z 轴坐标值。

9. 专用对刀器对刀法

传统对刀方法有安全性差（如塞尺对刀法，硬碰硬刀尖易撞坏）、时间长（如试切法需反复切几次）、人为带来的随机性误差大等缺点，已经适应不了现在数控加工的节奏，更不利于发挥数控机床的功能。用专用对刀器对刀有对刀精度高、效率高、安全性好等优点，把繁琐的靠经验保证的对刀工作简单化了，保证了数控机床高效率高精度特点的发挥，已成为数控加工解决刀具对刀不可或缺的一种方法。数控铣专用对刀法如图 8-23 所示。

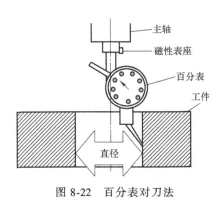

图 8-22　百分表对刀法

图 8-23　数控铣专用对刀法

8.7　典型零件的数控铣削

8.7.1　平面铣削

零件图参见第 4 章（图 4-34）。

1. 加工前准备

刀具、工具、量具、辅具、毛坯以及加工程序等的准备。

（1）检查毛坯尺寸。

（2）开机、回参考点。

（3）输入程序（参见 4.4.1 节）。把编写好的程序通过数控面板输入数控机床。

（4）装夹工件。采用通用夹具（机用虎钳）定位、夹紧。

（5）装夹刀具。把 $\phi60$ 的面铣刀刀片用专用扳手装入面铣刀刀盘；打开空压机；将面铣刀刀柄装入机床主轴。

> 🕐 **注意**：本例也可以采用直径合适的立铣刀加工平面，例如直径 $\phi16$、$\phi20$ 的立铣刀等。当然，改了刀具，必须更改程序。

2. 对刀

X、Y、Z 轴均采用试切法对刀，并把操作得到的零偏值输入到 G54 寄存器中。

3. 空运行

发那科系统空运行是指刀具按系统参数指定的速度运行，而与程序中指定的进给速度无关，主要用来在机床不装工件时检查刀具的运动（一般做法是，为了避免撞刀，常把基础坐标系中 Z 值适当提高一定距离后运行程序）。西门子系统空运行是刀具不做移动，仅数控程序运行一遍，与发那科系统机床锁住、辅助功能锁住功能相同，仅检查数控程序是否正确。

（1）发那科系统空运行操作。

1）机床锁住操作：按下机床操作面板上的机床锁住开关，启动程序后，刀具不再移动，但是显示器上每一轴运动的位移在变化，就像刀具在运动一样。

2）辅助功能锁住操作：按下机床操作面板上辅助功能锁住开关，M、S、T代码被禁止输出并且不能执行，只运行一遍程序。

（2）西门子系统空运行操作。

1）选择自动加工模式，按功能切换键，按软键，出现如图8-24所示画面，移动光标至"DRY空运行"，并用回车键选中，再移动光标至"PRT程序测试有效"，用回车键选中，按软键。

2）打开程序，按数控启动键即可空运行测试程序。

3）空运行结束后，重复第一步，把光标移动至"DRY空运行"，并用回车键取消；再移动光标至"PRT程序测试有效"，用回车键取消，按软键结束空运行。

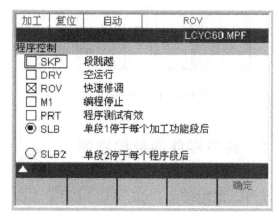

图8-24　西门子空运行设置

4．零件单段运行加工

零件单段工作模式是按下数控启动按钮后，刀具在执行完程序中的一段程序后停止。通过单段加工模式可以逐段地执行程序，便于仔细检查数控程序。

5．程序结束，停机后测量工件

加工程序结束后，用游标卡尺或其他量具测量工件；从机床上卸下工件，再次测量工件。

6．学生交付工件，老师评分

教师应该将检测结果写入评分表和相关成绩册中。教师可以自制零件评分表，用于给学生评分的依据。

7．打扫机床卫生、保养机床

8．记录当天机床状态和工作内容

9．操作注意事项和必须掌握的技能

（1）学会面铣刀刀片的选择和安装。

（2）学会机用虎钳的安装和校正。

（3）学会铣刀刀柄的装卸。

（4）学会空压机的操作。

（5）学会机用虎钳上工件的装夹方法。

（6）学会平面质量的检验。

（7）坐标偏置（G54~G59）的灵活运用。

（8）数控铣床操作面板的熟练操作。

8.7.2　外轮廓铣削

零件图参见第4章（图4-35、图4-37）。

1. 加工前准备

刀具、工具、量具、辅具、毛坯以及加工程序等的准备。

（1）检查毛坯尺寸。

（2）开机、回参考点。

（3）输入程序（参见 4.4.2 节）。把编写好的程序通过数控面板输入数控机床。

（4）装夹工件。采用通用夹具（机用虎钳）定位、夹紧。

（5）装夹刀具。把 φ16 的立铣刀用专用扳手装入铣刀刀柄；打开空压机；将铣刀刀柄装入机床主轴。

> 💿 **说明**：本例也可以采用其他立铣刀加工，例如直径 φ12、φ14、φ20 的立铣刀等。当然，改了刀具，必须更改程序。

2. 对刀

X、Y 方向对刀：X、Y 方向采用试切法对刀，将机床坐标系原点偏置输入到工件坐标系原点上，通过对刀操作得到 X、Y 偏置值输入到 G54 中，G54 中 Z 坐标测量输入 Z0（注意不是输入后 Z 值为零）。

3. 刀具半径补偿值的调整

采用刀具半径补偿功能时，机床中刀具半径补偿值相应调整，调整方法如下。

（1）发那科系统：按"参数"键，按"补正"软键，出现如图 8-25 所示画面；把光标移动至所用刀具号的"（形状）D"处，输入刀具半径值"8"，按"输入"软键即可。

（2）西门子系统：按功能切换键，按软键，出现如图 8-26 所示画面，按 T 选择刀具号，按 D 选择刀沿号，再把光标移至"半径"→"几何尺寸"位置，输入半径值"8"，按回车键即可。

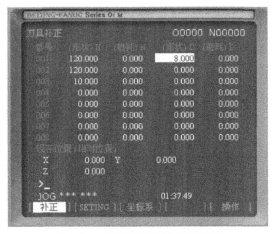

图 8-25 发那科刀具补偿寄存器

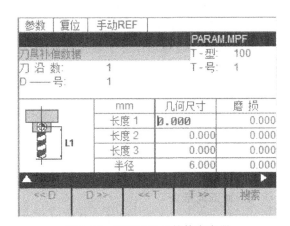

图 8-26 西门子刀具补偿寄存器

4. 空运行及仿真（发那科系统）

调整机床刀具半径补偿值，把基础坐标系中 Z 方向值变为"+50"。打开程序，选择 MEM 工作模式，按下"空运行"按钮，按"循环启动"按钮，观察加工情况及程序运行情况；或用机床锁住功能进行空运行。空运行结束后，使空运行按钮复位。

> 🔲 **说明：** 也可以用仿真软件先在计算机上进行仿真练习，测试程序及加工情况，再用真实数控铣床加工零件。

5. 零件自动加工及尺寸控制

加工时先用 $\phi16$ 键槽铣刀进行粗加工，再用 $\phi16$ 立铣刀进行精加工。因粗、精加工轮廓子程序相同，故粗加工轮廓时把机床中刀具半径补偿值设置为 8.3mm，轮廓留 0.3mm 精加工余量，深度方向也留 0.3mm 精加工余量，由程序控制。用立铣刀精加工时机床中刀具半径补偿值先设置为 8.2mm，运行完精加工程序后，根据轮廓实测尺寸再修改机床中的刀具半径补偿值，然后重新运行精加工程序，以保证轮廓尺寸符合图样要求，具体做法如下：若第一次运行精加工程序后，用游标卡尺测得轮廓实际尺寸为 70.55mm，比图样要求尺寸还大 $0.45 \sim 0.55$mm，单边大 $0.225 \sim 0.275$mm（取中间值 0.25mm），则机床中的刀具半径补偿值应修改为 8.2mm－0.25mm＝7.95mm，然后重新运行精加工程序进行精加工，即可保证轮廓尺寸符合要求。

深度尺寸也用类似方法进行控制，通过设置长度补偿值（或长度磨损值）第一次精加工程序运行后，测量实际深度尺寸，再修改长度补偿值（或长度磨损值），然后重新运行精加工程序以保证深度尺寸。

6. 程序结束，停机后测量工件

加工程序结束后，用游标卡尺或其他量具测量工件；从机床上卸下工件，再次测量工件。

7. 学生交付工件，老师评分

教师应该将检测结果写入评分表和相关成绩册中。教师可以自制零件评分表，用于给学生评分的依据。

8. 打扫机床卫生、保养机床

9. 记录当天机床状态和工作内容

10. 操作注意事项和必须掌握的技能

（1）学会立铣刀的选择和安装。

（2）学会刀具半径补偿指令 G40、G41、G42 的使用。

（3）学会刀具长度补偿指令 G43、G49 的运用。

8.7.3 内轮廓铣削

零件图参见第 4 章（图 4-39、图 4-40）。

1. 加工前准备

刀具、工具、量具、辅具、毛坯以及加工程序等的准备。

（1）检查毛坯尺寸。

（2）开机、回参考点。

（3）输入程序（参见 4.4.3 节）。把编写好的程序通过数控面板输入数控机床。

（4）装夹工件。采用通用夹具（机用虎钳）定位、夹紧。

（5）装夹刀具。把 $\phi10$ 的立铣刀用专用扳手装入铣刀刀柄；打开空压机；将铣刀刀柄装入机床主轴。

> **说明**：本例也可以采用其他立铣刀加工，例如直径 $\phi 8$ 的立铣刀。当然，改了刀具，必须更改程序。

2. 对刀

X、Y 方向对刀：X、Y 方向采用试切法对刀，将机床坐标系原点偏置输入到工件坐标系原点上，通过对刀操作得到 X、Y 偏置值输入到 G54 中，G54 中 Z 坐标测量输入 $Z0$（注意不是输入后 Z 值为零）。

3. 机床刀具半径补偿值的调整（略）

4. 空运行及仿真

（1）发那科系统：调整机床中的刀具半径补偿值，把基础坐标系中 Z 方向值变为 "+50"。打开程序，选择 MEM 工作模式，按下"空运行"按钮，按"循环启动"按钮，观察程序运行及加工情况；或用机床锁住功能进行空运行，空运行结束后，使空运行按钮复位。

（2）西门子系统：调整机床中的刀具半径补偿值，设置空运行和程序测试有效，打开程序，选择 AUTO 自动加工模式，按下"循环启动"键，观察程序运行情况。

5. 零件自动加工及尺寸控制

加工时先用 $\phi 10$ 键槽铣刀进行粗加工，再用 $\phi 10$ 立铣刀进行精加工。因粗、精加工轮廓子程序相同，故粗加工轮廓时把机床中的刀具半径补偿值设置为 5.3mm，轮廓留 0.3mm 精加工余量，深度方向留 0.3mm 精加工余量，由程序控制。用立铣刀精加工时机床中的刀具半径补偿值先设置为 5.2mm，运行完精加工程序后，根据轮廓实测尺寸再修改机床中的刀具半径补偿值，然后重新运行精加工程序，以保证轮廓尺寸符合图样要求。

6. 程序结束，停机后测量工件

加工程序结束后，用游标卡尺或其他量具测量工件；从机床上卸下工件，再次测量工件。

7. 学生交付工件，老师评分

教师应该将检测结果写入评分表和相关成绩册中。教师可以自制零件评分表，用于给学生评分的依据。

8. 打扫机床卫生、保养机床

9. 记录当天机床状态和工作内容

10. 操作注意事项和必须掌握的技能

（1）学会内轮廓加工刀具参数（直径、长度以及铣刀底角半径）的选择。

（2）进一步巩固刀具半径补偿指令 G40、G41、G42 的使用。

（3）进一步巩固刀具长度补偿指令 G43、G49 的运用。

（4）学会内轮廓加工刀具 Z 轴下刀方法。

（5）学会内轮廓走刀路线的规划。

（6）精加工余量是通过设置不同的刀具半径补偿值来实现的，精加工尺寸也是通过实际测量尺寸和调节刀具半径补偿值来控制的，操作中注意及时调整刀具半径补偿值。

（7）铣刀半径必须小于或等于工件内轮廓凹圆弧最小半径的大小，否则无法加工出内轮廓圆弧。机床中半径参数设置也不能大于内轮廓圆弧半径，否则会发生报警。另外，铣刀的长度必须和内轮廓高度相匹配。

（8）型腔类零件下刀方法：加工型腔类零件在垂直进给时切削条件差，轴向抗力大，切削较为困难。一般根据具体情况采用以下几种方法进行加工。

1）用钻头在铣刀下刀位置预钻一个孔，铣刀在预钻孔位置下刀进行型腔的铣削。此方法对铣刀种类没有要求，下刀速度不用降低，但需增加一把钻头，也增加了换刀和钻孔时间。

2）用键槽铣刀（或有端面刃的立铣刀）直接垂直下刀进给，再进行型腔铣削。此方法下刀速度不能过快，否则会产生振动，损坏切削刃。

3）使用 X/Y 和 Z 方向的线性坡切削下刀，达到轴向深度后再进行型腔铣削。此方法适宜加工宽度较窄的型腔。

4）螺旋下刀，铣刀在下刀过程中沿螺旋线路径下刀，它产生的轴向力小，工件加工质量高，对铣刀种类也没什么要求，是最佳下刀方式。

8.7.4 孔的加工

零件图参见第 4 章（图 4-43）。

1. 加工前准备

刀具、工具、量具、辅具、毛坯以及加工程序等的准备。

（1）检查毛坯尺寸。

（2）开机、回参考点。

（3）输入程序（参见 4.5 节）。把编写好的程序通过数控面板输入数控机床。

（4）装夹工件。采用通用夹具（机用虎钳）定位、夹紧。

（5）装夹刀具。把 $\phi 10$ 的麻花钻头用专用扳手装入一体式钻夹头刀柄；打开空压机；将一体式钻夹头刀柄装入机床主轴。

2. 对刀

一般孔加工之前，平面已经加工了，也即是说已经有 X、Y 的坐标原点了。所以钻孔的时候只是对 Z 值即可（X、Y 原点与平面原点相同）。G54 中 Z 坐标测量输入 Z0（注意不是输入后 Z 值为零），Z 轴对刀方法参见 8.6.4。

3. 空运行及仿真

4. 零件自动加工及尺寸控制

孔加工比较简单，孔系零件一般检测孔径、孔深、孔位、孔壁四个要素，主要有刀具、机床、程序三个条件保证。

5. 程序结束，停机后测量工件

加工程序结束后，用游标卡尺或其他量具测量工件；从机床上卸下工件，再次测量工件。

6. 学生交付工件，老师评分

教师应该将检测结果写入评分表和相关成绩册中。教师可以自制零件评分表，用于给学生评分的依据。

7. 打扫机床卫生、保养机床

8. 记录当天机床状态和工作内容

9. 操作注意事项和必须掌握的技能

（1）学会孔加工加工刀具参数（直径、长度以及切削刃角度）的选择。

（2）学会孔加工程序的编制，包括子程序。

（3）学会固定循环指令的运用。

（4）学会一体式钻夹头的正确使用方法。

（5）学会孔系加工走刀路线的规划。

（6）掌握深孔加工要领。

本 章 小 结

本章主要讲了数控铣床操作规程和保养、发那科系统和西门子系统数控铣床面板、数控铣床程序操作、数控铣床对刀操作以及典型零件的数控铣削加工流程等。其中数控铣床面板和数控铣床对刀是重点。数控铣床操作按键和数控车床很多是相同的，只是数控铣床在数控车床的基础上增加了一个 Y 轴，也多了一个数控刀柄，所以在数控铣床上对零件的工艺制造编程方法设计、机床操作差别都很大。请读者仔细阅读机床操作规程及相关系统说明书，按照指导老师要求学习，按规范做事、按正确的工艺方法编程、加工零件，切忌胡点乱按。

思考与练习题

8-1 常用数控铣床刀柄有哪些？

8-2 数控铣床常用的铣刀有哪些？各用在什么场合？

8-3 简要说明数控铣床对刀有哪些方法？

8-4 手轮的主要功能是什么？

8-5 数控铣床面板上的"RUN"按键是什么意思，这个按键有什么用处？

第9章

加工中心机床操作实训

本章知识要点：

◎ 加工中心刀库操作实训
◎ 加工中心操作面板介绍
◎ 加工中心基本操作实训
◎ 加工中心夹具系统介绍
◎ 加工中心机床对刀及操作实训
◎ 加工中心机床典型零件加工实训

加工中心
操作实训

9.1 加工中心刀库操作实训

加工中心（Machining Center）简称MC，是一种功能较全的数控机床。它把铣削、镗削、钻削、螺纹加工等功能集中在一台设备上，使其具有多种工艺手段。加工中心设置有刀库，刀库中存放着不同数量的各种刀具或检具，在加工过程中由程序自动选用或更换，这是加工中心与数控铣床、数控镗床的主要区别。加工中心所配置的数控系统各有不同，各种数控系统程序编制的内容和格式也不尽相同，但是程序编制方法和使用过程是基本相同的。本章所述内容，以配置 FANUC 0i -MC 数控系统的 TH5650 立式镗铣加工中心为例展开讨论。

9.1.1 加工中心的自动换刀装置

1. 刀库

在加工中心上使用的刀库主要有两种：盘式刀库和链式刀库。盘式刀库装刀容量相对较小，一般在 1~30 把刀具，主要适用于小型加工中心；链式刀库装刀容量大，一般在 1~100 把刀具，主要适用于大中型加工中心。

2. 刀具的选择方式

按数控系统装置的刀具选择指令，从刀库将所需要的刀具转换到取刀位置，称为自动选刀。在刀库中选择刀具通常采用两种方法：顺序选择刀具和任意选择刀具。

（1）顺序选择刀具：装刀时所用刀具按加工工序设定的刀具号顺序插入刀库对应的刀

座号中，使用时按顺序转到取刀位置，用过的刀具放回原来的刀座内。此方法驱动控制比较简单，工作可靠，但要求刀具号与刀座号一致，增加了换刀时间。

（2）任意选择刀具：刀具号在刀库中不一定与刀座号一致，由数控系统记忆刀具号与刀座号的对应关系，根据数控指令任意选择所需要的刀具，刀库将刀具送到换刀位置。此方法主轴上刀具采用就近放刀原则，相对会减少换刀时间。

3. 换刀方式

加工中心的换刀方式一般有两种：机械手换刀和主轴换刀。

（1）机械手换刀：由刀库选刀，再由机械手完成换刀动作，这是加工中心普遍采用的形式。机床结构不同，机械手的形式及动作也不一样。

（2）主轴换刀：通过刀库和主轴的配合动作来完成换刀，适用于刀库中刀具位置与主轴上刀具位置一致的情况。一般是采用把盘式刀库设置在主轴可以运动到的位置，或整个刀库能移动到主轴可以到达的位置。换刀时，主轴运动到刀库上的换刀位置，由主轴直接取走或放回刀具。此种换刀方式多用于采用 40 号以下刀柄的中小型加工中心。

9.1.2　加工中心的换刀指令

换刀程序一般包括选刀指令（T）和换刀动作指令（M06）。选刀指令用 T 表示，其后是所选刀具的刀具号，如选用 2 号刀，写为"T02"。T 指令的格式为 T××，表示允许有两位数，即刀具最多允许有 99 把。M06 是换刀动作指令，数控装置读入 M06 代码后，送出并执行 M05（主轴停转）、M19（主轴准停）等信息，接着换刀机构动作，完成刀具的变换。

不同的加工中心，其换刀程序是不同的，通常选刀和换刀分开进行。换刀完毕启动主轴后，方可执行后面的程序段。选刀可与机床加工重合起来，即利用切削时间进行选刀。多数加工中心都规定了换刀点位置，主轴只有运动到这个位置，机械手或刀库才能执行换刀动作。一般立式加工中心规定的换刀点位置在机床 Z 轴零点处，卧式加工中心规定在机床 Y 轴零点处。

编制换刀程序一般有两种方法。

方法一：…

N100 G91 G28 Z0；

N110 T02 M06；

…

N800 G91 G28 Z0；

N810 T03 M06；

…

即一把刀具加工结束，主轴返回机床原点后准停，然后刀库旋转，将需要更换的刀具停在换刀位置，接着进行换刀，再开始加工。选刀和换刀先后进行，机床有一定的等待时间。

方法二：…

N100 G91 G28 Z0；

N110 T02 M06；

N120 T03；

…

N800 G91 G28 Z0；

N810 M06；

N810 T04；

…

这种方法换刀，整个换刀过程所用的时间比第一种方法要短一些。在单机作业时，可以不考虑这两种换刀方法的区别，当然，在柔性生产线上则有实际的作用。

加工中心其他的一些操作和数控铣床基本上是一样的，这里就不再赘述了。

9.2 加工中心操作面板

FANUC 0i-MC 系统的 TH5650 立式镗铣加工中心操作面板由 CRT/MDI 数控面板和机床操作面板组成。

9.2.1 CRT/MDI 数控面板

CRT/MDI 数控面板由一个 CRT 显示器和一个 MDI 键盘构成，如图 9-1 所示。MDI 键盘上各键及软体键功能参见第 7 章 7.2.2 节，此处不再赘述。

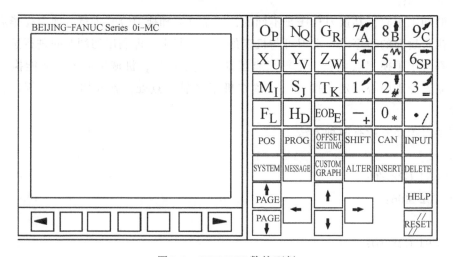

图 9-1 CRT/MDI 数控面板

9.2.2 机床操作面板

机床操作面板如图 9-2 所示。机床操作面板上各键名称与功能见表 9-1（按键）与表 9-2（主要是旋钮）。

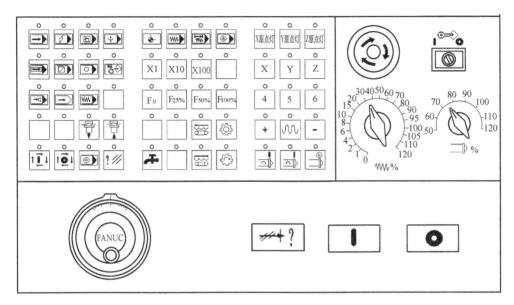

图 9-2　机床操作面板

表 9-1　机床操作面板上各键名称与功能表（1）

按键	名称	功能
	自动工作方式	在此方式下,执行加工程序
	编辑工作方式	在此方式下,进行工件程序的编辑
	手动数据输入方式	当选择了 MDI 面板上<PROG>键时,可输入并执行程序指令;当选择了 MDI 面板上<SYSTEM>键,并按下软键[PARAM] 时,可设定和修改参数
	在线加工方式	在此方式下,可进行在线加工（即 DNC 运行）
	返回参考点方式	在此方式下,手动进行 X、Y、Z 三个坐标返回参考点操作
	手动连续进给方式	在此方式下,手动进行 X、Y、Z 三个坐标的连续进给
	增量进给方式	此机床中无实际意义
	手轮操作方式	在此方式下,手轮生效,可进行 X、Y、Z 三个坐标的微量进给
	单段按钮	在自动方式下,按下此按钮后,程序在执行过程中,每执行完一个程序段即停止,须再按一下循环启动按钮来执行下一个程序段
	跳读按钮	在自动方式下,按下此按钮后,将程序段前带"/"的程序段跳过,不执行

（续）

按键	名称	功能
	可选停按钮	在自动方式下,按下此按钮后,在执行程序中 M01 指令时,停止自动操作,须再按一下循环启动按钮 $\boxed{\uparrow\downarrow}$,程序继续执行
	手动绝对值	按下此按钮,在自动操作中介入手动操作时,其移动量进入绝对记忆中
	程序再启动按钮	用于自动操作停止后,程序从指定的程序段重新启动
	机械锁住按钮	按下此按钮后,各轴不移动,但显示器屏幕上显示坐标值的变化
	空运行按钮	在自动方式下,按下此按钮,各轴不以编程速度而以参数中设定的速度移动刀具。此功能通常用于空切检验刀具的运动
	主轴刀具松开按钮	在手动方式下,按下此按钮,可进行主轴刀具松开
	主轴刀具夹紧按钮	在手动方式下,按下此按钮,可进行主轴刀具夹紧
	循环启动按钮	在 MDI 方式或自动方式下,按一下此按钮自动运行开始
	循环停止按钮	在自动运行时,按下此按钮自动运行停止,但主轴不停。再按一下循环启动按钮,自动运行继续
	进给暂停指示灯	在自动操作中用 M00 程序停止时,该按钮指示灯亮
	PLC 报警清除按钮	当显示器上有 PLC 报警文本时,按住此键的同时按 MDI 面板上<RESET>键来清除报警文本
	冷却启动按钮	按下此按钮,冷却液喷出,且指示灯亮;再按此按钮,冷却液停止,且指示灯灭
	排屑传送器启动按钮	按下此按钮,排屑传送器启动,且指示灯亮;再按此按钮,排屑传送器停止,且指示灯灭
	排屑传送器倒屑启动按钮	按下此按钮,排屑传送器倒屑启动,且指示灯亮;再按此按钮,排屑传送器倒屑停止,且指示灯灭
	刀库调整按钮	在手动方式下,当 D499 设置为 1 时,按一下此按钮,可以调整刀库位置
	刀库步进按钮	在手动方式下,按一下此按钮,刀库转动一个位置。刀库停在正常的位置上时,指示灯亮
+	正方向按钮	在手动方式下,按住此按钮,使所选择的坐标轴正向运动
−	负方向按钮	在手动方式下,按住此按钮,使所选择的坐标轴负向运动

（续）

按键	名称	功能
	快速选择按钮	按住此按钮,同时按正方向 $+$ 或负方向 $-$,可进行手动快速运动。运动速度受 F_0 $F_{25\%}$ $F_{50\%}$ $F_{100\%}$ 控制
	主轴正转按钮	在手动方式下,按一下此按钮,主轴以一固定速度正向旋转。当 NC 启动后,没有使用过主轴转速指令时,主轴转速为 D55 设定的转速;使用过主轴转速指令时,主轴转速为最近使用过的主轴转速
	主轴反转按钮	在手动方式下,按一下此按钮,主轴以一固定速度反向旋转。主轴转速值同主轴正转
	主轴停止按钮	在手动方式下,按一下此按钮,可以停止主轴。 在自动方式下,循环启动后,按循环停止按钮 $\boxed{\uparrow\!\bullet\!\downarrow}$,主轴旋转不停,按此按钮,可以停止主轴
	程序保护锁	防止工件程序被修改,当钥匙锁上时,程序修改无效
	超程解除按钮	机床出现超程后,数控系统处于急停状态,在显示器屏幕上显示"NOT READY"字样,按住此键的同时按 MDI 面板上<RESET>键,系统重新启动,"NOT READY"字样消失,在手动方式下,把超程坐标反方向开出,脱离超程开关后,松开此键
	NC 启动按钮	在机床总电源接通后,按此按钮,NC 启动的同时显示器屏幕点亮
	NC 停止按钮	按此按钮切断 NC 电源。在机床总电源断电之前,须先切断 NC 电源

表 9-2　机床操作面板上各键名称与功能表（2）

按键或旋钮	名称	功能
	急停按钮	当加工中心发生紧急状况时,按下此按钮后,加工中心所有动作立即停止;欲解除时,顺时针方向旋转此钮(切不可往外硬拽,以免损坏此按钮)即可恢复待机状态。在重新运行前必须执行返回参考点操作
	进给速度倍率旋钮	在自动方式下,用以选择程序指定的进给速度倍率,以改变进给速度;在手动连续进给方式下,选择连续进给的速度倍率,以改变手动连续进给速度
	主轴转速倍率旋钮	在自动或手动操作主轴时,通过此开关来调整主轴转速的大小

(续)

按键或旋钮	名称	功能
	手摇脉冲发生器	在手轮操作方式 下,旋转手摇脉冲发生器可运行选定的坐标轴
X原点灯　Y原点灯　Z原点灯	参考点返回指示灯	在返回参考点方式或自动运行回参考点指令时,当机床到达参考点后,指示灯亮
X　Y　Z	坐标轴按钮	在手动方式下,按下其中的一个坐标轴按钮,其指示灯亮,且选定该轴为欲移动的坐标轴
4　5　6	坐标轴(多轴)按钮	在此机床中无实际意义
X1　X10　X100	手轮倍率按钮	在手轮操作方式下,通过选择此倍率旋钮(X1、X10、X100分别表示一个脉冲移动0.001mm、0.01mm、0.1mm)来改变手轮进给速度
F0　F25%　F50%　F100%	快速运动倍率按钮	对自动及手动运转时的快速进给速度进行调整

9.3　加工中心基本操作实训

对操作按钮等的说明:

① 机床操作面板上的各键用图标表示,如: 、 等。

② < >是指 MDI 键盘上的按键,如<POS>、<CAN>等。

③ [ ] 是指 CRT 显示器所对应的软键,如 [绝对]、[程序] 等。

9.3.1　开机

加工中心开机步骤如下。

(1) 检查 CNC 机床的外观是否正常。

(2) 打开外部总电源,启动空气压缩机。

(3) 气压达到规定值 (一般 0.4MP) 后,将伺服柜左上侧总空气开关合上。

(4) 按下操作面板上 NC 启动按钮 ,系统将进入自检。

(5) 自检结束后,检查位置屏幕是否显示。如果通电后出现报警,就会显示报警信息,必须排除故障后才能继续以后的操作。

(6) 检查风扇电动机是否旋转。

9.3.2　返回参考点

这是开机后,为了使数控系统对机床零点进行记忆所必须进行的操作。其操作步骤如下：

按返回参考点方式按钮 ⊙ →按快速运动倍率按钮 F50% （或 F25% 、 F100% ）→ Z → + → X →

+ → Y → + ，等参考点返回指示灯 X原点 、 Y原点 、 Z原点 三个按钮上面的指示灯全部亮后，机床返回参考点结束。加工中心返回参考点后，按<POS>键可以看到综合坐标显示页面中的机械坐标 X、Y、Z 皆为 0。

> ◉ **注意**：有时因紧急情况而按下急停按钮 ⊙ 或机床锁住按钮 ⊡ 运行程序后，需重新进行机床返回参考点操作，否则数控系统会对机床零点失去记忆而造成事故。

9.3.3 主轴的启动/停止

主轴的启动/停止步骤如下。

（1）按手动数据输入方式按钮 ⊡ →<PROG>→［程序］→<S>→<3>→<0>→<0>→<M>→<3>→<EOB>→<INSERT>。

（2）按循环启动按钮 ⊡ ，此时主轴作正转。

（3）按手动连续进给方式按钮 ⊞ 或手轮操作方式按钮 ⊙ ，如果此时主轴处于停止状态：按 ⊡ ，此时主轴正转；按 ⊡ → ⊡ ，此时主轴反转。在主轴转动时，通过转动 ⊙ 可使主轴的转速发生修调，其范围为 50%~120%。

9.3.4 手动连续进给与快速进给

1. 手动连续进给

按下手动连续进给方式按钮 ⊞ →旋转进给速度倍率旋钮 ⊙ ，将进给速率设定至所需要数值→按坐标轴按钮 X Y Z ，选择要移动的轴→持续按方向按钮 - （或 + ），实现坐标轴的手动连续移动。

2. 快速进给

按下手动连续进给方式按钮 ⊞ →按快速运动倍率按钮 F0 F25% F50% F100% ，将快速进给速率设定至所需要数值→按坐标轴按钮 X Y Z ，选择要移动的轴→同时持续按方向按钮 - （或 + ）和快速选择按钮 ⋀ ，实现坐标轴的快速移动。

9.3.5 手轮进给

按下手轮操作方式按钮 ⊙ →按手轮倍率按钮 X1 X10 X100 ，将手轮进给速率设定至所需要数值→按坐标轴按钮 X Y Z ，选择要移动的轴→转动手轮，顺时针转动坐标轴正向移动，逆时针转动坐标轴负向移动，实现坐标轴的移动。

9.3.6 加工程序的输入和编辑

通过 MDI 面板对程序的输入和编辑，FANUC 0i-MC 与 FANUC 0i-M 数控系统相同，相关内容见第 7 章。此时输入以下给定的程序，为自动工作方式时运行程序做准备。

O0100;

G92 X200. Y200. Z20.;

/S500 M03;

G00 G90 X-100. Y-100. Z0;

G01 X100. F500;

/Y100.;

X-100.;

Y-100.;

M01;

G91 G28 Z0;

G28 X0 Y0;

M30;

9.3.7 自动运行

1. MDI 运行

在手动数据输入方式中，通过 MDI 面板可以编制最多 10 行（10 个程序段）的程序并被执行，程序格式和通常程序一样。MDI 运行适用于简单的测试操作，因为程序不会存储到内存中，一旦执行完毕就被清除。MDI 运行过程如下。

（1）按手动数据输入方式按钮 ⊡→<PROG>→［程序］，进入手动数据输入编辑程序页面。

（2）输入所需程序段（与通常程序的输入与编辑方法相同），如 "G00 G91 X-50"；程序段。

（3）把光标移回到 O0000 程序号前面。

（4）按循环启动按钮 ⊡ 执行。

2. 自动运行

以前面输入的 O0100 程序为例，自动运行实训过程如下。

（1）执行 Z、X、Y 返回参考点操作。

（2）打开 O0100 程序，确认程序无误且光标在 O0100 程序号前面。

（3）把进给速度倍率旋钮 ⟲ 旋至 10%；主轴转速倍率旋钮 ⟲ 旋至 50%。

（4）按下自动工作方式按钮 ⊟ 后，按循环启动按钮 ⊡，使加工中心进入自动操作状态。

（5）把主轴转速倍率旋钮逐步调大至 120%，观察主轴转速的变化；把进给速度倍率旋钮逐步调大至 120%，观察进给速度的变化。理解自动加工时程序给定的主轴转速与切削速度能通过对应的倍率开关实时地调节。

（6）程序执行完后，按下单段按钮▣➡，按循环启动按钮▣，重新运行程序，此时执行完一个程序段后，进给停止，必须重新按循环启动按钮▣，才能执行下一个程序段。

（7）程序执行完后，按下跳读按钮▣、可选停按钮▣与空运行按钮▣后，按循环启动按钮▣，注意观察机床运行的变化，对照表9-1中跳读按钮▣、可选停按钮▣与空运行按钮▣的功能，理解其在自动运行程序进行零件加工时的实际意义。

（8）程序执行完后，按下机械锁住按钮➡，按循环启动按钮▣，此时由于机床锁住，程序能运行，但无进给运动。通常可使用此功能，发现程序中存在的问题。使用此功能后，需重新执行返回参考点操作。

3. DNC 运行（在线加工）

现在 DNC 运行方式一般是指通过 RS232 接口和 USB 接口或者 CF 卡接口等，一边读入程序，一边进行加工（DNC 运行）。在进行 DNC 运行时，必须预先设定相关接口的相关参数。操作步骤参见《FANUC-0i-MD 车床系统加工中心系统通用用户手册》。

9.3.8 装刀与自动换刀

加工中心在运行时，是从刀库中自动换刀并装入的，所以我们在运行程序前，要把刀具装入刀库。实训过程如下：

（1）按加工程序要求，在机床外将所用刀具安装好，并设定好刀具号，如 T1 为面铣刀，T2 为立铣刀，T3 为钻。

（2）按手动数据输入方式按钮▣→<PROG>→［程序］，输入"T01 M06;"程序段。

（3）把光标移回到 O0000 程序号前面，按循环启动按钮▣。

（4）待加工中心换刀动作全部结束后，按手动连续进给方式按钮▣或手轮操作方式按钮▣，若此时主轴有刀具，左手拿稳刀具，右手按主轴刀具松开按钮▣，取下主轴刀具后，按主轴刀具夹紧按钮▣（停止吹气）；主轴无刀具后，左手拿稳刀具 T1，将刀柄放入主轴锥孔，右手按主轴刀具松开按钮▣后，按主轴刀具夹紧按钮▣，将刀具 T1 装入主轴。

（5）同第（2）至（4）步，将 T1 分别换成 T2 和 T3，将刀具 T2 和 T3 装入主轴。

上述步骤完成后，此时主轴上为 T3 刀具。执行返回参考点操作，分别运行下面 O0101 与 O0102 两个数控程序（见表9-3），加深对两种换刀方法的理解。

表 9-3 换刀验证程序

O0101;	O0102;
T01 M06;	T01 M06 T02;
G01 G91 X-100 F200;	G01 G91 X-100 F200;
T02 M06;	M06 T03;
G01 G91 Y-100;	G01 G91 Y-100;
T03 M06;	M06 ;
M30;	M30;

9.3.9　冷却液的开关

按下冷却启动按钮 ![icon]，开启冷却液，且指示灯亮；再按此按钮，冷却停止，且指示灯灭。

> ⊙注意：在自动工作方式时，应在程序中使用 M8 指令开启冷却液、M9 指令关闭冷却液，当然如果需要也可通过此手动方法开启冷却液或关闭冷却液。

9.3.10　自动排屑

在手动连续进给方式 ![icon] 或手轮操作方式 ![icon] 下，按排屑传送器启动按钮 ![icon] 进行切屑的排出。

9.3.11　关机

（1）一般按下急停按钮 ![icon] →按下 NC 停止按钮 ![icon]。

（2）关闭伺服柜左上侧总空气开关。

（3）关闭空气压缩机；关闭外部总电源。

9.4　加工中心夹具系统

9.4.1　加工中心机床夹具的基本要求

1. 精度和刚度要求

加工中心机床具有多型面连续加工的特点，所以对加工中心机床夹具精度和刚度的要求也同样比一般机床要高，这样可以减少工件在夹具上的定位和夹紧误差以及粗加工的变形误差。

2. 定位要求

工件相对夹具一般应完全定位，且工件的基准相对于机床坐标系原点应具有严格的确定位置，以满足刀具相对于工件正确运动的要求。同时，夹具在机床上也应完全定位，夹具上的每个定位面相对于数控机床的坐标系原点均应有精确的坐标尺寸，以满足加工中心机床简化定位和安装的要求。

3. 敞开性要求

加工中心机床的加工方式为刀具自动进给加工。夹具及工件应为刀具的快速移动和换刀等快速动作提供较宽敞的运行空间。尤其对于需多次进出工件的多刀、多工序加工，夹具的结构更应尽量简单、开敞，使刀具容易进出，以防刀具运动中与夹具工件系统相碰撞。此外，夹具的敞开性还能使得排屑通畅、清除切屑方便。

4. 快速装夹要求

为适应高效、自动化加工的需要，夹具结构应适应快速装夹的需要，以尽量减少工件装夹辅助时间，提高机床切削运转利用率。

9.4.2 工件的装夹与找正

1. 平口钳和压板及其装夹与找正

（1）平口钳与压板，常用的平口钳如图9-3所示。

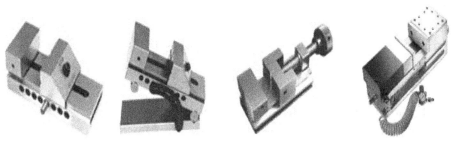

图9-3 常用平口钳

对于中大型工件，无法采用平口钳或其他夹具装夹时，可直接采用压板进行装夹。加工中心压板通常采用 T 形螺母与螺栓的夹紧方式，如图9-4所示。

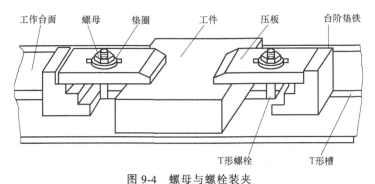

图9-4 螺母与螺栓装夹

（2）装夹与找正

1）长方体工件如果用压板装夹，需要找正顶面和侧面，如图9-5所示。

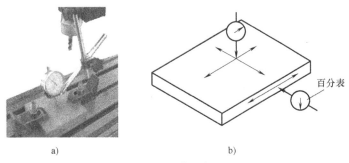

a)　　　　　　　　　b)

图9-5 长方体工件找正

找正时，将百分表用磁性表座固定在机床主轴上，百分表触头接触工件，在前后或左右方向移动主轴，从而找正工件上下平面与工作台面的平行度。同样在侧平面内移动主轴，找正工件侧面与轴进给方向的平行度。如果不平行，则可用铜棒轻敲工件或垫塞尺的办法进行纠正，然后再重新进行找正。

2）平口钳钳口的找正。找正方法类似于工件装夹后的找正方法，首先将百分表用磁性表座固定在主轴上，百分表触头接触钳口，沿平行于钳口方向移动主轴，如图9-6所示，根据百分表读数用铜棒轻敲平口钳进行调整，以保证钳口与主轴移动方向平行或垂直。

图9-6　平口钳找正

2. 自定心卡盘和分度头及其装夹与找正

（1）自定心卡盘（左）和分度头（右）如图9-7所示。

许多机械零件，如花键、离合器、齿轮等零件在加工中心上加工时，常采用分度头分度的办法来等分每一个齿槽，从而加工出合格的零件。分度头是数控铣床或普通铣床的主要部件。在机械加工中，常用的分度头有万能分度头和简单分度头（现在也大量采用数控转台）两种。

（2）装夹与找正。在加工中心上使用卡盘时，通常用压板将卡盘压紧在工作台面上，使卡盘轴心线与主轴平行，然后找正，如图9-8所示。

图9-7　自定心卡盘和分度头　　　　图9-8　自定心卡盘装夹与找正

使用分度头装夹工件时，找正方法类似，此处不再赘述了。

9.5　加工中心对刀操作和实训

加工中心对刀

9.5.1　关于G54和G92指令的注意事项

1. G92 与 G54~G59 的区别

（1）G54~G59设置加工坐标系的方法是一样的，只是当电源接通时，自动选择G54坐标系。

（2）G92指令与G54~G59指令都是用于设定工件加工坐标系的，但在使用中是有区别的。G92指令是通过程序来设定、选用加工坐标系的，它所设定的加工坐标系原点与当前刀具所在的位置有关，这一加工原点在机床坐标系中的位置是随当前刀具位置的不同而改变的。

（3）G54~G59指令是通过MDI在设置参数方式下设定工件加工坐标系的，一旦设定，加工原点在机床坐标系中的位置是不变的。它与刀具的当前位置无关，除非再通过MDI方式修改。

2. 常见错误

当执行程序段"G92 X50. Y100."时，常会认为是刀具在运行程序后到达工件坐标系（X50 Y100）点上。其实，G92 指令程序段只是设定加工坐标系，并不产生任何动作，这时刀具已在加工坐标系中的（X50 Y100）点上。

G54～G59 指令程序段可以和 G00、G01 指令组合，如当执行程序段"G54 G90 G01 X10. Y10."时，运动部件在选定的加工坐标系中进行移动。程序段运行后，无论刀具当前点在哪里，它都会移动到加工坐标系中的（X10 Y10）点上。

9.5.2　与对刀有关的操作

1. 坐标位置显示方式操作

加工中心坐标位置显示方式有三种：综合、绝对、相对。按<POS>键后分别按［绝对］、［相对］、［综合］可进入相应的页面。相对坐标可以在任何位置进行清零及坐标值的预定处理，特别在对刀操作中利用坐标位置的清零及预定可以带来许多方便。

（1）相对坐标清零

进入相对坐标页面，按<X>（或<Y>、<Z>）→按［起源］，此时 X 轴（或 Y 轴、Z 轴）的相对坐标被清零（另外也可按<X>（或<Y>、<Z>）、<0>→按［预定］，同样可以使 X 轴（或 Y 轴、Z 轴）的相对坐标清零）。

（2）相对坐标预定

如果预定 Y 相对坐标为 50，其设定过程为：进入相对坐标页面，按<Y>、<5>、<0>→按［预定］，此时 Y 相对坐标预定为 50。

（3）所有相对坐标清零

进入相对坐标页面，按<X>（或<Y>、<Z>）→按［起源］→按［全轴］，此时相对坐标值将显示全部为零。

2. 刀具半径偏置量和长度补偿量的设置

（1）在任何方式下按<OFFSET/SETTING>→按［补正］，进入刀具补偿存储器页面。

（2）利用<←、→、↑、↓>四个箭头可以把光标移动到所要设置的位置。

（3）输入所需值→按<INPUT>或［输入］，设置完毕；如果按［+输入］则将把当前值与存储器中已有的值叠加。

3. 工件坐标系 G54～G59 的设置

（1）在任何方式下按<OFFSET/SETTING>→按［坐标系］，进入工件坐标系设置页面。

（2）按<PAGE↓>可进入其余设置页面。

（3）利用<↑、↓>箭头可以把光标移动到所要设置的位置。

（4）输入所需值→按<INPUT>或［输入］，设置完毕；如果按［+输入］则将把当前值与存储器中已有的值叠加。

9.5.3　对刀实训

对刀的目的是通过刀具或对刀工具确定工件坐标系与机床坐标系之间的空间位置关系，并将对刀数据输入到相应的存储位置。它是数控加工中最重要的操作内容，其准确性将直接影响零件的加工精度，对刀方法一定要与零件的加工精度相适应。

1. X、Y 向对刀实训

X、Y 向常采用试切对刀、寻边器对刀、心轴对刀、打表找正对刀等对刀方法。其中试切对刀法与心轴对刀法精度较低，寻边器对刀法和打表找正对刀法易保证对刀精度，但打表找正对刀法所需时间较长，效率较低。

（1）工件坐标系原点（对刀点）为两相互垂直直线交点时的对刀方法（即"四面分中"对刀法），如图 9-9 所示。

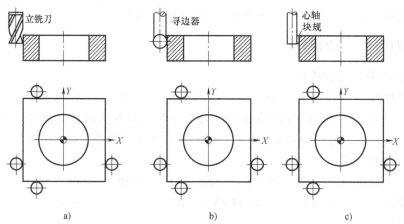

图 9-9 "四面分中"对刀法

a）试切对刀法 b）寻边器对刀法 c）心轴对刀法

1）试切对刀法。如图 9-9a 所示，其操作步骤如下。

① 开机回参考点后，将工件通过夹具装在机床工作台上，装夹时，工件的四个侧面都应留出对刀位置。

② 将所用铣刀装入机床主轴，通过 MDI 方式使主轴中速正转。

③ 快速移动工作台和主轴，让刀具靠近工件的左侧。

④ 改用手轮操作，让刀具慢慢接触到工件左侧，直到铣刀周刃轻微接触到工件左侧表面，即听到刀刃与工件的摩擦声但没有切屑。

⑤ 将机床相对坐标 X、Y、Z 置零或记下此时机床机械坐标系中的 X 坐标值，如 -335.670。

⑥ 将铣刀沿 +Z 方向退离至工件上表面之上，快速移动工作台和主轴，让刀具靠近工件右侧（最好保持 Y、Z 坐标与上次试切一样，即 Y、Z 相对坐标为零）。

⑦ 改用手轮操作，让刀具慢慢接触到工件右侧，直到铣刀周刃轻微接触到工件右侧表面，即听到刀刃与工件的摩擦声但没有切屑。

⑧ 记下此时机床相对坐标的 X 坐标值，如 120.020；或机床机械坐标系中的 X 坐标值，如 -215.650。

⑨ 根据前面记录的机床机械坐标系中的 X 坐标值 -335.670 和 -215.650，可得工件坐标系原点在机床坐标系中的 X 坐标值为 $(-335.670+(-215.650))/2=-275.660$；或将铣刀沿 +Z 方向退离至工件上表面之上，移动工作台和主轴，使机床相对坐标的 X 坐标值为 120.020 的一半，即 120.020/2=60.01，此时机床机械坐标系中的 X 坐标值，即为工件坐标系原点在机床坐标系中的 X 坐标值。

⑩ 同理可测得工件坐标系原点在机床坐标系中的 Y 坐标值。

2）寻边器对刀法。寻边器主要用于确定工件坐标系原点在机床坐标系中的 X、Y 值，也可以测量工件的简单尺寸。寻边器有偏心式和光电式等类型，其中以光电式较为常用。光电式寻边器的测头一般为 10mm 的钢球，用弹簧拉紧在光电式寻边器的测杆上，碰到工件时可以退让，并将电路导通，发出光信号。

如图 9-9b 所示，其操作步骤与试切对刀法相似，只要将刀具换成寻边器即可。但要注意，使用光电式寻边器时，主轴可以不旋转，若旋转，转速应为低速（可取 50~100r/min）；使用偏心式寻边器时，主轴必须旋转，且主轴旋转不易过高（可取 300~400r/min）。当寻边器与工件侧面的距离较小时，手摇脉冲发生器的倍率旋钮应选择×10 或×1，且一个脉冲、一个脉冲地移动，当出现指示灯亮时应停止移动。在退出时应注意其移动方向，如果移动方向发生错误会损坏寻边器，导致寻边器歪斜而无法继续准确使用。一般可以先沿 +Z 方向移动退离工件，然后再做 X、Y 方向移动。

3）心轴对刀法。如图 9-9c 所示，其操作步骤与试切对刀法相似，只要将刀具换成心轴即可。但要注意，对刀时主轴不旋转，须配合块规或塞尺完成，当心轴与工件侧面的距离与块规或塞尺尺寸接近时，在心轴与工件侧面间放入块规或塞尺，在移动工作台和主轴的同时，来回移动块规或塞尺，当出现心轴与块规或塞尺接触时应停止移动。

（2）工件坐标系原点（对刀点）为圆孔（或圆柱）时的对刀方法，如图 9-10 所示。

1）寻边器对刀法。如图 9-10a 所示，其操作步骤如下。

① 将所用寻边器装入机床主轴；

② 依 X、Y、Z 的顺序快速移动工作台和主轴，将寻边器测头靠近被测孔，其大致位置在孔的中心上方；

③ 改用手轮操作，让寻边器下降至测头球心超过被测孔上表面的位置；

④ 沿 +X 方向缓慢移动测头，直到测头接触到孔壁，指示灯亮，反向移动至指示灯灭；

⑤ 通过手摇脉冲发生器的倍率旋钮，逐级降低手轮倍率，移动测头至指示灯亮，再反向移动至指示灯灭，最后使指示灯稳定发亮；

⑥ 将机床相对坐标 X 置零；

⑦ 使用手轮操作将测头沿 -X 方向移向另一侧孔壁，直到测头接触到孔壁，指示灯亮，反向移动至指示灯灭；

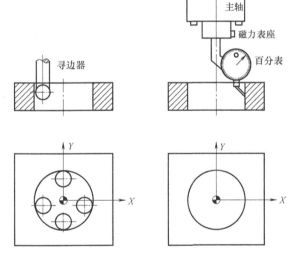

a) b)

图 9-10 百分表找正对刀

a）寻边器对刀 b）打表找正对刀

⑧ 重复第⑤步操作，记下此时机床相对坐标的 X 坐标值；

⑨ 将测头沿 +X 方向移动至前一步记录的 X 相对坐标值的一半，此时机床机械坐标中的 X 坐标值，即为被测孔中心在机床坐标系中的 X 坐标值；

⑩ 沿 Y 方向，同上述④至⑨步操作，可测得被测孔中心在机床坐标系中的 Y 坐标值。

2）打表找正对刀法。如图 9-10b 所示，其操作步骤如下。

① 快速移动工作台和主轴，使机床主轴轴线大致与被测孔（或圆柱）的轴线重合（为方便调整，可在机床主轴上装入中心钻）；

② 调整 Z 坐标（若机床主轴上有刀具，取下刀具），用磁力表座将杠杆百分表吸在机床主轴端面；

③ 改用手轮操作，移动 Z 轴，使表头压住被测孔（或圆柱）壁；

④ 手动转动主轴，在 $+X$ 与 $-X$ 方向、$+Y$ 与 $-Y$ 方向分别读出表的差值，同时判断需移动的坐标方向，然后移动 X、Y 坐标为 $+X$ 与 $-X$ 方向、$+Y$ 与 $-Y$ 方向各自表差值的一半；

⑤ 通过手摇脉冲发生器的倍率旋钮，逐级降低手轮倍率，重复第④步操作，使表头旋转一周时，其指针的跳动量在允许的对刀误差内；

⑥ 此时机床机械坐标系中的 X、Y 坐标值，即为被测孔（或圆柱）中心在机床坐标系中的 X、Y 坐标值。

2. Z 向对刀

（1）工件坐标系原点 Z 的设定方法。

工件坐标系原点 Z 的设定一般采用以下两种方法。

1）工件坐标系原点 Z 设定在工件上与机床 XY 平面平行的平面上。此方法必须选择一把刀具作为基准刀具（通常选择加工 Z 轴方向尺寸要求比较高的刀具为基准刀具），将基准刀具测量的工件坐标系原点 $Z0$ 值输入到 G54 中的 Z 坐标，其他刀具根据与基准刀具的长度差值，通过刀具长度补偿的方法来设定编程时的工件坐标系原点 $Z0$，该长度补偿的方法一般称为相对长度补偿。

2）工件坐标系原点 Z 设定在机床坐标系的 $Z0$ 处（设置 G54 等时，Z 后面为 0）。此方法没有基准刀具，每把刀具通过刀具长度补偿的方法来设定编程时的工件坐标系原点 $Z0$，该长度补偿的方法一般称为绝对长度补偿。

Z 向对刀时，通常使用 Z 轴设定器对刀、试切对刀、机外对刀仪对刀等对刀方法。

（2）Z 轴设定器对刀法。

Z 轴设定器主要用于确定工件坐标系原点在机床坐标系中的 Z 轴坐标，或者说是确定刀具在机床坐标系中的高度，如图 9-11 所示。

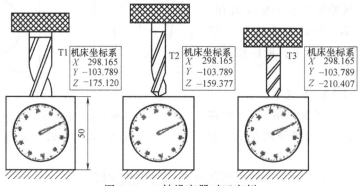

图 9-11　Z 轴设定器对刀实例

Z 轴设定器有光电式和指针式等类型，通过光电指示或指针判断刀具与对刀器是否接触，对刀精度一般可达 0.005mm。Z 轴设定器带有磁性表座，可以牢固地附着在工件或夹具上，其高度一般为 50mm 或 100mm。

Z 轴设定器对刀详细步骤如下：

1）将所用刀具 T1 装入主轴；

2）将 Z 轴设定器放置在工件编程的 Z0 平面上；

3）快速移动主轴，让刀具端面靠近 Z 轴设定器上表面；

4）改用手动操作，让刀具端面慢慢接触到 Z 轴设定器上表面，使指针指到调整好的"0"位；

5）记下此时机床坐标系中的 Z 值，如 -175.120；

6）卸下刀具 T1，将刀具 T2 装入主轴，重复 3）、4）步操作，记下此时机床坐标系中的 Z 值，如 -159.377；

7）卸下刀具 T2，将刀具 T3 装入主轴，重复 3）、4）步操作，记下此时机床坐标系中的 Z 值，如 -210.407；

8）工件坐标系原点 Z 的计算（T1 为基准刀具，且长度补偿使用 G43）见下表：

Z0 设定 方法	G54 的值	T1 长度 补偿量	T2 长度 补偿量	T3 长度补偿量
相对长度 补偿	-175.120-50= -225.120	0	-159.377- (-175.120)= 15.743	-210.407-(-175.120) =-35.387
绝对长度 补偿	0	-175.120-50 =-225.120	-159.377-50 =-209.377	-210.407-50 =-260.407

（3）试切对刀法。

其操作步骤与 Z 轴设定器对刀相似，只是将刀具直接试切工件编程的 Z0 平面即可。

（4）机外对刀仪对刀法。

对刀仪的基本结构如图 9-12 所示。在图 9-12 中，对刀仪平台 7 上装有刀柄夹持轴 2，用于安装被测刀具。通过快速移动单键按钮 4 和微调旋钮 5 或 6，可调整刀柄夹持轴 2 在对刀仪平台 7 上的位置。当光源发射器 8 发光，将刀具刀刃放大投影到显示屏幕 1 上时，即可测得刀具在 X（径向尺寸）、Z（刀柄基准面到刀尖的长度尺寸）方向的尺寸。

使用对刀仪对刀时可以测量刀具的半径值和刀具长度补偿量。当测量刀具长度补偿量时，一般需要在机床上通过 Z 轴设定器对刀法或试切对刀法来设定基准刀具的长度量，为方便说明，现仍使用 Z 轴设定器对刀时 T1 刀具的对刀值，且为基准刀具。

操作过程如下：

1）将刀具 T1 的刀柄插入对刀仪上的刀柄夹持轴 2 中，并紧固；

2）打开光源发射器 8，观察刀刃在显示屏幕 1 上的投影；

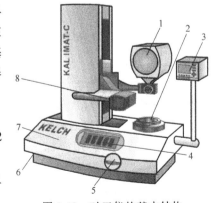

图 9-12 对刀仪的基本结构

3）通过快速移动单键按钮 4 和微调旋钮 5 或 6，可调整刀刃在显示屏幕 1 上的投影位置，使刀具的刀尖对准显示屏幕 1 上的十字线中心的水平线；

4）当使用相对长度补偿时，通过操作屏 3，将轴向尺寸修改为 0；当使用绝对长度补偿时，通过操作屏 3，将轴向尺寸修改为 −225.120；

5）取出刀具 T1，将刀具 T2 的刀柄插入对刀仪上的刀柄夹持轴 2 中，同 3）步操作，此时在操作屏 3 上显示的轴向尺寸即为该刀具的长度补偿量；

6）同第 5）步，可测量其他刀具的长度补偿量。

3. 对刀操作注意事项

（1）根据加工要求采用正确的对刀工具，控制对刀误差。

（2）在对刀过程中，可通过改变微调进给量来提高对刀精度。

（3）对刀时需小心谨慎操作，尤其要注意移动方向，避免发生碰撞危险。

（4）对刀数据要存入与程序对应的存储地址，防止调用错误产生严重后果。

9.6 加工中心机床典型零件加工实训

9.6.1 坐标旋转（G68）实训

零件图参见第 5 章（图 5-24）。

1. 加工前准备

刀具、工具、量具、辅具、毛坯以及加工程序等的准备。

（1）检查毛坯尺寸。

（2）开机、回参考点。

（3）输入程序。把编写好的程序通过数控面板输入加工中心机床，也可以通过 U 盘或者 RS-232 接口把程序输入到加工中心机床。

（4）装夹工件。采用通用夹具（机用虎钳）定位、夹紧。

（5）装夹刀具及刀柄装入刀库。把 $\phi16$ 的立铣刀用专用扳手装入铣刀刀柄；打开空压机；将铣刀刀柄装入刀库 T1。

2. 对刀

加工中心机床对刀和数控铣床对刀原理基本相同，参见本书 9.5.3 节。

3. 空运行及仿真

加工中心机床和数控铣床操作方法基本相同，此处不再赘述。

4. 零件自动加工及尺寸控制（略）

5. 程序结束，停机后测量工件

加工程序结束后，用游标卡尺或其他量具测量工件；从机床上卸下工件，再次测量工件。

6. 学生交付工件，教师评分

教师应该将检测结果写入评分表和相关成绩册中，可以自制零件评分表，用于给学生评分的依据。

7. 打扫机床卫生、保养机床

8. 记录当天机床状态和工作内容

9．操作注意事项和必须掌握的技能

（1）学会在使用不同刀具时选择不同的切削用量，当不清楚的时候，多问指导教师，也可以查阅相关技术手册。

（2）学会坐标旋转 G68 指令的运用，判断该指令运用场合。

（3）学会多台阶加工走刀路线的规划。

9.6.2　极坐标（G15、G16）实训

零件图参见第 5 章（图 5-22、图 5-23）

1．加工前准备

刀具、工具、量具、辅具、毛坯以及加工程序等的准备。

（1）检查毛坯尺寸（100mm×100mm×45mm）。

（2）开机、回参考点。

（3）输入程序。把编写好的程序通过数控面板输入加工中心机床，也可以通过 U 盘或者 RS-232 接口把程序输入到加工中心机床。

（4）装夹工件。采用通用夹具（机用虎钳）定位、夹紧。

（5）装夹刀具及刀柄装入刀库。把 $\phi16$ 的立铣刀用专用扳手装入铣刀刀柄；打开空压机；将铣刀刀柄装入刀库 T1。

2．对刀

加工中心机床对刀和数控铣床对刀原理基本相同，参见本书 9.5.3 节。

3．空运行及仿真

加工中心机床和数控铣床操作方法基本相同，此处不再赘述。

4．零件自动加工及尺寸控制（略）

5．程序结束，停机后测量工件

加工程序结束后，用游标卡尺或其他量具测量工件；从机床上卸下工件，再次测量工件。

6．学生交付工件，教师评分

教师应该将检测结果写入评分表和相关成绩册中，可以自制零件评分表，用于给学生评分的依据。

7．打扫机床卫生、保养机床

8．记录当天机床状态和工作内容

9．操作注意事项和必须掌握的技能

（1）学会在使用不同刀具时选择不同的切削用量，当不清楚的时候，多问指导教师，也可以查阅相关技术手册。

（2）学会极坐标 G15、G16 指令的运用，判断该指令运用场合。

（3）学会中心对称工件加工走刀路线的规划。

9.6.3　镜像加工实训

零件图参见第 5 章（图 5-25）。

1. 加工前准备

刀具、工具、量具、辅具、毛坯以及加工程序等的准备。

（1）检查毛坯尺寸（130mm×90mm×45mm）。

（2）开机、回参考点。

（3）输入程序。把编写好的程序通过数控面板输入加工中心机床，也可以通过 U 盘或者 RS-232 接口把程序输入到加工中心机床。

（4）装夹工件。采用通用夹具（机用虎钳）定位、夹紧。

（5）装夹刀具及刀柄装入刀库。把 $\phi16$ 的立铣刀用专用扳手装入铣刀刀柄；打开空压机；将铣刀刀柄装入刀库 T1。

2. 对刀

加工中心机床对刀和数控铣床对刀原理基本相同，请参见本书 9.5.3 节。

3. 空运行及仿真

加工中心机床和数控铣床操作方法基本相同，此处不再赘述。

4. 零件自动加工及尺寸控制（略）

5. 程序结束，停机后测量工件

加工程序结束后，用游标卡尺或其他量具测量工件；从机床上卸下工件，再次测量工件。

6. 学生交付工件，教师评分

教师应该将检测结果写入评分表和相关成绩册中，可以自制零件评分表，用于给学生评分的依据。

7. 打扫机床卫生、保养机床

8. 记录当天机床状态和工作内容

9. 操作注意事项和必须掌握的技能

（1）学会在使用不同刀具时选择不同的切削用量，当不清楚的时候，多问指导教师，也可以查阅相关技术手册。

（2）学会比例缩放 G51 指令的运用，判断该指令运用场合。

（3）学会对称工件加工走刀路线的规划。

9.6.4 二维零件加工综合实训

零件图参见第 5 章（图 5-27）。

1. 加工前准备

刀具、工具、量具、辅具、毛坯以及加工程序等的准备。

（1）检查毛坯尺寸（100mm×100mm×45mm）。

（2）开机、回参考点。

（3）输入程序（见 5.3.7 节），把编写好的程序通过 U 盘或者 RS-232 接口把程序输入到加工中心机床。

（4）装夹工件。采用通用夹具（机用虎钳）定位、夹紧。

（5）装夹刀具及刀柄装入刀库。把 $\phi12$ 的立铣刀用专用扳手装入铣刀刀柄；打开空压机；将铣刀刀柄装入刀库 T1。将 $\phi8$ 麻花钻头装入一体式钻夹头刀柄；将一体式钻夹头刀柄装入刀库 T2。

2. 对刀

加工中心机床对刀和数控铣床对刀原理基本相同，参见本书 9.5.3 节。

3. 空运行及仿真

加工中心机床和数控铣床操作方法基本相同，此处不再赘述。

4. 零件自动加工及尺寸控制（略）

5. 程序结束，停机后测量工件

加工程序结束后，用游标卡尺或其他量具测量工件；从机床上卸下工件，再次测量工件。

6. 学生交付工件，教师评分

教师应该将检测结果写入评分表和相关成绩册中，可以自制零件评分表，用于给学生评分的依据。

7. 打扫机床卫生、保养机床

8. 记录当天机床状态和工作内容

9. 操作注意事项和必须掌握的技能

（1）学会在使用不同零件特征时选择不同的刀具，当不清楚的时候，多问指导教师，也可以查阅相关技术手册。

（2）学会判断不同零件特征选择不同指令。

（3）学会复杂零件走刀路线的规划。

（4）学会多把刀具的对刀、程序调用等。

（5）学会加工中心机床刀库的使用。

（6）学会加工中心机床其他一些附件的使用，例如自动排屑装置的使用等。

9.6.5　三维自动编程综合加工实训

零件图参见第 6 章 6.3 节。

1. 加工前准备

刀具、工具、量具、辅具、毛坯以及加工程序等的准备。

（1）检查毛坯尺寸（100mm×100mm×45mm）。

（2）开机、回参考点。

（3）输入程序。编写好检查无误的程序，通过 U 盘或者 RS-232 接口输入到加工中心机床。

（4）装夹工件。采用通用夹具（机用虎钳）定位、夹紧。

（5）装夹刀具及刀柄装入刀库。把 ϕ16 的立铣刀和 ϕ10 的球头铣刀用专用扳手装入铣刀刀柄；打开空压机；将装有 ϕ16 立铣刀刀柄装入机床主轴；将装有 ϕ16 立铣刀刀柄装入刀库 T1；将装有 ϕ10 球头铣刀刀柄装入刀库 T2。

2. 对刀

加工中心机床对刀和数控铣床对刀原理基本相同，参见本书 9.5.3 节。

3. 空运行及仿真

加工中心机床和数控铣床操作方法基本相同，此处不再赘述。

4. 零件自动加工及尺寸控制

在此不再赘述，需要说明的是，该零件的数控程序较长，需要用到 DNC 加工。

5. 程序结束，停机后测量工件

加工程序结束后，用游标卡尺或其他量具测量工件；从机床上卸下工件，再次测量工件。

6. 学生交付工件，教师评分

教师应该将检测结果写入评分表和相关成绩册中，教师可以自制零件评分表，用于给学生评分的依据。

7. 打扫机床卫生、保养机床

8. 记录当天机床状态和工作内容

本 章 小 结

本章主要讲了加工中心机床的刀库操作、发那科加工中心面板、加工中心常用对刀方法、较复杂零件在加工中心机床上的加工流程等内容。其中加工中心刀库操作、加工中心机床面板和加工中心对刀是重点。加工中心机床操作按键基本上和数控铣床是相同的，但是，加工中心机床在数控铣床的基础上增加了一个刀库，也高了一个档次，所以在加工中心机床上对零件的工艺制造编程方法设计、机床操作都有一定差别。请读者仔细阅读相关说明书，按照指导教师要求学习，按规范做事、按正确的工艺方法编程、加工零件，切忌胡点乱按，特别是要注意刀库的正常使用。

思考与练习题

9-1 常用加工中心换刀方式有哪些？它们有什么区别？

9-2 加工中心常用的对刀工具有哪些？各用在什么场合？

9-3 简要说明加工中心自动运行过程有哪些流程？

9-4 DNC（在线加工）按键的主要功能是什么？

9-5 举例说明试切对刀法的对刀过程。

参 考 文 献

[1]　王军，王申银. 数控加工编程与应用 ［M］. 武汉：华中科技大学出版社，2009.

[2]　顾京. 数控加工编程及操作 ［M］. 北京：高等教育出版社，2003.

[3]　魏杰. 数控机床编程与操作 ［M］. 北京：电子工业出版社，2012.

[4]　刘玉春，李壮斌. 数控编程技术项目教程 ［M］. 北京：机械工业出版社，2016.

[5]　张思弟. 数控编程加工技术 ［M］. 北京：化学工业出版社，2011.

[6]　曹成. 高级数控加工必备技能与典型实例 ［M］. 北京：电子工业出版社，2008.

[7]　人力资源和社会保障部教材办公室. 数控车工（FANUC 系统）编程与操作实训 ［M］. 北京：中国劳动社会保障出版社，2014.

[8]　人力资源和社会保障部教材办公室. 数控铣工（FANUC 系统）编程与操作实训 ［M］. 北京：中国劳动社会保障出版社，2014.

[9]　李锋，朱亮亮. 数控加工工艺与编程 ［M］. 北京：化学工业出版社，2019.

[10]　数控加工技术师手册编委会. 数控加工技师手册 ［M］. 北京：机械工业出版社，2015.

[11]　刘蔡保. 数控编程从入门到精通 ［M］. 北京：化学工业出版社，2019.

[12]　机械工业职业技能鉴定指导中心，国家职业技能培训鉴定教材办公室. 数控机床装调维修工：基础知识 ［M］. 北京：中国劳动社会保障出版社，2011.